机械设计课程设计

主　编　周　海
副主编　袁　健　郁　倩　邢　莉
主　审　朱龙英

科 学 出 版 社

北 京

内 容 简 介

本书按照机械类教学质量国家标准，根据应用型工科高校机械设计课程的教学要求编写而成。

本书详细阐述了课程设计的内容和设计方法。全书共 12 章，第 1～7 章介绍减速器总体设计、结构设计、零件设计的方法和步骤，第 8 章介绍设计标准和技术规范，第 9 章给出两种类型的课程设计任务书，第 10 章给出设计说明书范例，第 11 章给出参考图例，第 12 章介绍三维设计方法。

本书采用现代信息技术，在书中重点、难点内容处设置了二维码，关联相应的三维动画演示，便于学生理解学习。

本书可作为高等工科院校机械类、近机类专业的教材，也可供有关工程技术人员参考。

图书在版编目（CIP）数据

机械设计课程设计 / 周海主编. —北京：科学出版社，2023.3
ISBN 978-7-03-075147-8

Ⅰ. ①机… Ⅱ. ①周… Ⅲ. ①机械设计－课程设计－高等学校－教学参考资料 Ⅳ. ①TH122-41

中国国家版本馆 CIP 数据核字（2023）第 044927 号

责任编辑：邓 静 / 责任校对：王 瑞
责任印制：赵 博 / 封面设计：迷底书装

科 学 出 版 社 出版
北京东黄城根北街 16 号
邮政编码：100717
http://www.sciencep.com
保定市中画美凯印刷有限公司印刷
科学出版社发行 各地新华书店经销
*
2023 年 3 月第 一 版 开本：787×1092 1/16
2024 年 8 月第三次印刷 印张：13 3/4
字数：340 000
定价：49.80 元
（如有印装质量问题，我社负责调换）

前　　言

本书是按照教育部高等学校教学指导委员会编制的《普通高等学校本科专业类教学质量国家标准》中的机械类教学质量国家标准，依据机械设计制造及其自动化专业的工程教育认证要求，结合教师的教改实践和教研成果，遵循"加强基础理论，强化设计训练，培养创新精神，注重工程应用"的原则编写而成的。

本书的主要特点如下。

（1）体系完整，内容精简，宜教易学。经过仔细精选和反复推敲，将机械设计方法、设计资料、参考图册有机地编排在书中，方便学生设计时查阅。

（2）加强计算机辅助机械设计的能力训练。基于 NX 三维设计软件，系统讲解零件的三维设计、三维装配、二维工程图的自动生成过程、零件的有限元分析，引导学生掌握现代机械设计方法。

（3）提供整机设计和传动装置设计两类课程设计任务书，并附有经过验证的设计原始数据，供不同专业、不同学时的学生选择使用。

（4）采用模块化结构，兼顾不同层次的需求，在教学时可根据具体教学计划做适当取舍。

（5）采用最新的机械设计标准、技术规范。配有规范完整的课程设计说明书范例，方便学生自学。

（6）本书采用现代信息技术，在书中重点、难点内容处设置了二维码，关联相应的三维动画演示，便于学生理解学习。

本书编写过程中参考、借鉴了许多优秀教材和专著，同时得到编者所在单位和出版单位的大力支持，并得到盐城工学院精品教材建设项目、江苏省高等学校品牌专业和国家级一流本科专业建设项目的资助，在此一并表示衷心感谢。

参加本书编写的有周海（第 1 章、第 2 章、第 7 章、第 8 章、第 9 章、第 12 章）、袁健（第 3 章、第 4 章）、郁倩（第 5 章、第 6 章）、邢莉（第 10 章）、马一梓（第 11 章），徐彤彤、蒋网负责图表的校对，周海负责统稿。

朱龙英教授担任本书主审，对本书提出了许多宝贵意见和建议，在此表示衷心感谢。

由于编者水平有限，书中难免存在不足及欠妥之处，真诚希望读者批评指正，可发电子邮件至 zhouhai@ycit.cn。

编　者
2022 年 6 月

目　　录

第1章 概　　述

1．机械设计课程设计的主要目的

课程设计是机械设计课程教学中的一个重要的实践环节，也是学生第一次进行较为全面的机械设计训练。其主要目的如下。

(1)培养学生理论联系实际的设计思想，训练学生综合运用已学的理论知识，结合生产实际进行设计实践，使理论知识和生产实践密切地结合起来，从而使这些知识得到进一步巩固、加深和提高，使知识转化为能力和工程素质。

(2)在课程设计中学习通用零件、机械传动装置或简单机械的设计方法和步骤，培养学生全面分析复杂机械工程问题的能力，以及提出合理解决方案的能力。

(3)通过课程设计，提高学生的计算、制图能力，不仅使学生能查阅和使用标准、规范、手册、图册及相关技术资料，还能经验估算、类比设计、数据处理、计算机辅助设计，以完成一个工程技术人员在机械设计方面所必须具备的基本技能训练。

2．机械设计课程设计的基本内容

机械设计课程设计通常选择一般用途的机械传动装置或简单机械作为设计对象。目前采用较多的是以减速器为主体的机械传动装置，如图 1-1 所示的带式输送机中的减速传动装置。这是因为减速器包括机械设计课程所学的大部分通用零部件，能够全面地达到上述训练目的。对于不同专业，由于培养目标和学时不同，本书第 9 章提供了不同类型的设计题目，供选题时参考。

机械设计课程设计的主要内容包括：机械系统的总体设计，传动方案的分析和拟定，原动机的选择，传动装置的参数计算，传动零件、轴、轴承、联轴器的设计和选择，装配图和零件图的设计，设计说明书的编写，以及设计总结。

3．机械设计课程设计的任务

机械设计课程设计要求学生独立完成以下任务。

(1)绘制装配图 1 张(用 A0 或 A1 图幅)。

(2)绘制零件工作图 2～3 张(传动零件、轴、箱体等，根据专业要求而定)。

(3)编写设计计算说明书 1 份(约 8000 字)。

4．机械设计课程设计的一般方法

机械设计课程设计的方法通常是在分析传动方案的基础上，进行必要的计算和结构设计，最后以二维工程图纸(或者三维造型)来表达设计结果，以设计说明书来阐述设计的依据。由于影响机械零件形状结构尺寸的因素很多，不可能完全由计算来确定，还需要借助画图、初步选择参数、初步估计尺寸等手段，所以采用边计算、边画图、边修改的"三边设计法"交叉进行，逐步完成机械设计。

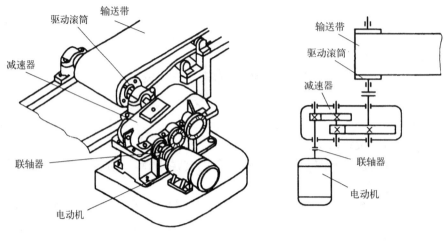

带式输送机

(a) 输送机传动装置   (b) 机构简图

图 1-1 带式输送机的传动装置及机构简图

5. 机械设计课程设计的一般步骤

机械设计课程设计的步骤通常包含设计准备、机械系统的总体设计、装配草图的设计、装配工作图的绘制、零件工作图的绘制、零件的三维设计和装配、设计说明书的编写、课程设计总结和答辩等几个设计阶段。表 1-1 是以齿轮减速器为例来说明每一个设计阶段需要完成的具体工作任务和所占总工作量的比例。

表 1-1 机械设计课程设计的一般步骤

阶段	工作内容	具体工作任务	约占总工作量的比例
1	设计准备	① 阅读设计任务书，了解原始数据、设计内容、设计要求 ② 通过参观(模型、实物、生产现场)、观看视频及参阅设计资料等途径了解设计对象 ③ 阅读教材有关内容，明确并拟定设计过程和进度计划	5%
2	机械系统的总体设计	① 分析机械系统运动方案，绘制运动简图 ② 选择原动机 ③ 计算传动系统总传动比和分配各级传动比 ④ 计算传动系统运动和动力参数	10%
3	装配草图的设计	① 分析并选定减速器结构方案 ② 设计传动零件 ③ 设计传动轴，选择轴承 ④ 设计减速器箱体及附件	30%
4	装配工作图的绘制	① 绘制减速器装配图 ② 标注尺寸和公差配合 ③ 编写减速器特性、技术要求、标题栏和明细表等	20%
5	零件工作图的绘制	① 绘制必要的视图 ② 标注尺寸、公差及表面粗糙度 ③ 编写技术要求、齿轮的啮合特性及标题栏	10%
6	零件的三维设计和装配	① 齿轮、蜗轮、轴、箱体等零件的三维设计 ② 零件的装配、生成爆炸视图	10%

续表

阶段	工作内容	具体工作任务	约占总工作量的比例
7	设计说明书的编写	根据计算草稿，编写设计说明书	10%
8	课程设计总结和答辩	针对设计题目完成情况和设计体会，进行课程设计总结，完成答辩准备工作	5%

6. 课程设计中应注意的问题

(1)端正设计态度。在课程设计中要树立刻苦钻研、精益求精的工作态度。在设计工作中应科学分析问题，积极解决问题。

(2)熟悉设计任务。学生在领到课程设计任务之后，先要把课程设计的任务书、指导书认真学习一遍，熟悉自己的设计课题的内容和具体要求，了解课程设计的分组情况，对整个设计任务有整体印象。

(3)独立思考，继承创新。在课程设计中需要查阅《机械设计手册》、标准规范，仔细分析参考图例的结构，充分利用已有资料的信息。参考已有资料是提高设计质量的重要保证，使用资料也是需要培养的基本设计能力。在参考已有资料的基础上，根据设计任务的具体要求，吸收新的技术成果，独立思考，大胆地创新设计，实现继承与创新有机结合。

(4)正确处理结构设计计算和制造工艺要求的关系。机械零件的尺寸不完全由理论计算确定，需要综合考虑强度、结构和制造工艺等方面的要求来确定。因此，不能把设计片面理解为只是理论计算，更不能把所有尺寸计算都看成是绝对不能改变的。

(5)正确处理计算和画图的关系。在机械设计时，有些零件可以先计算结构尺寸，再画结构图。但是许多机械零件，需要先画草图，以便获得计算所需的条件。例如，在设计轴时，通常是先画草图，决定轴承的支点、齿轮的受力点的位置。由此进行受力分析，绘制弯矩图等，然后进行强度计算。根据计算结果，修改草图。因此，计算和画图是不能截然分开的，而是相互依赖、交叉进行的。所以，设计时应贯彻"三边设计法"，即"边计算、边画图、边修改"。只有这样，才能提高设计质量。另外，需要在设计过程中发扬精益求精的"工匠精神"。

(6)树立标准化意识，正确使用标准和规范。在设计工作中，要遵守国家颁布的有关标准和技术规范。设计工作中要贯彻"三化"（标准化、序列化、通用化），有利于机械零件的互换性，减少设计工作量，提高产品质量，从而提高经济效益。正确使用标准和规范，既是降低成本的重要原则，又是评价设计质量的一项重要指标，因此，熟练使用标准和规范是课程设计的一项重要任务。

(7)树立正确的产品设计意识，掌握科学的产品设计方法。在课程设计中要树立绿色设计观念，培养环境保护意识，全面考虑机械产品的材料选择、可回收性和可拆卸性。

(8)提倡独立思考和团队合作相结合。因为每一位学生的设计题目数据不同，所以必须独立完成。学生遇到的相似技术问题，应该相互合作，就技术问题的解决方案展开讨论，集思广益。

第2章 机械系统总体设计

机械系统包括执行机构、传动装置和原动机，因此机械系统总体设计应包括拟定执行机构运动方案、拟定传动装置传动方案、选择原动机等方面的内容。

2.1 执行机构运动方案的拟定

2.1.1 执行构件的运动形式与基本机构

为使执行机构满足机器的功能要求，首先应将机器的总功能分解成若干个分功能，每个分功能由一个机构去完成，执行构件根据机构的功能要求完成规定的动作。按运动有无往复性和间歇性，基本运动分为单向转动、往复摆动、单向移动、往复移动和间歇运动。曲线运动则是由两个或两个以上基本运动合成的复合运动。

原动机的种类繁多，随着现代控制技术的发展，新型电动机（如变频电动机、伺服电动机、直线电动机等）随之出现，在许多场合已可大大简化传统的机械传动链。因此设计中可创造性地选用新型电动机。原动机最普遍的运动形式是转动，当原动机运动的单一性与生产要求执行构件具有的运动多样性之间存在矛盾时，可应用各种不同的机构进行运动变换。运动变换包括运动形式、运动速度和运动方向的变换及运动合成（或分解）等。实现运动变换的基本机构类型、特点及适用性可参见相关教材，如《机械原理》。

2.1.2 机构类型选择的一般要求

1. 实现机器的功能要求

机器的功能要求是选择机构类型的先决条件，且满足这一条件的机构也只是待选方案，还应通过进一步分析比较做出选择。

2. 满足机器的性能要求

机构运动方案的多解性使设计者可以拟定出许多不同的方案，但它们彼此的性能差异可能非常大。从运动性能来看，应选择实现所需运动规律、运动轨迹、运动参数准确度高的机构，对有急回、自锁、增程、增力要求的，也应选择具有相应性能且可靠性高的机构。从动力性能来看，应选择传力性能好，以及抗冲击、振动小、磨损低、变形小和运动平稳性高的机构。

3. 满足经济性要求

为减少能耗，应优先选用机械效率高的机构，而且机构运动链要尽量短，即构件和运动副数目要尽可能少。此外，所选机构类型还应符合生产率高、体积小、工艺性好、易于维修保养等技术经济要求。

2.2　传动装置传动方案的拟定

　　传动装置用于将原动机的运动和动力传给工作机构，并协调二者的转速和转矩，以满足工作机对运动和动力的要求。

　　传动装置传动方案的拟定主要包括传动装置的选择、总传动比的确定、各级传动比的分配、传动装置的运动和动力参数的计算。

　　传动装置传动方案的拟定是机器总体设计的主要组成部分，传动装置传动方案设计的优劣，对机器的工作性能、工作可靠性、外廓尺寸等均有一定程度的影响。因此，合理地设计传动装置是机械设计工作的重要组成部分。

2.2.1　传动机构类型的比较

　　在拟定传动方案时，首先应综合考虑各种机构的传动性能和应用范围，然后根据工作机的具体工作要求合理选择机构类型。为了便于选择机构类型，将常用传动机构的主要性能和主要特点列于表 2-1。

表 2-1　常用传动机构的主要性能和主要特点

机构名称	单级最大传动比	功能(常用值)/kW	许用线速度/(m/s)	主要特点
圆柱齿轮传动	8	300	25	速度、功率范围大，效率高，精度高，互换性好，需要考虑润滑
圆锥齿轮传动	5	100	5	满足相交轴传动
蜗杆传动	80	50	15	传动比大，传动平稳，噪声小，结构紧凑，可实现自锁
平带传动	5	20	25	价格低，效率低，中心距大，可实现交叉及有导轮的角度传动
V 带传动	10	100	25	当量摩擦系数大，传动比大，预紧力较小
摩擦轮传动	10	20	20	传动平稳，噪声小，能过载保护。表面有磨损
链传动	8	100	15	无弹性滑动，对工作环境要求低，瞬时传动比不恒定

　　减(增)速器是典型的传动机构，常用减速器的形式、特点和应用列于表 2-2。

表 2-2　常用减速器的形式、特点和应用

类型	简图	传动比	特点和应用
单级圆柱齿轮减速器		常用：<10 直齿轮≤4 斜齿轮≤6	直齿轮用于较低速度($v \leqslant 8$m/s)的传动中，斜齿轮用于较高速度的传动中，人字齿轮用于载荷较大的传动中

单级
减速器

类型		简图	传动比	特点和应用
二级圆柱齿轮减速器	展开式		8～40	一般采用斜齿轮，低速级也可采用直齿轮。总传动比较大，结构简单，应用最广。由于齿轮相对于轴承为不对称布置，因此沿齿宽载荷分布不均匀，需要轴有较大刚度
	同轴式		8～40	减速器横向尺寸较小，两大齿轮浸油深度可以大致相同。结构较复杂，轴向尺寸大，中间轴较长、刚度差，处于两齿轮中间的轴承润滑较困难
	分流式		8～40	一般为高速级分流，且常采用斜齿轮；低速级可用直齿轮或人字齿轮。载荷较大的低速齿轮位于两轴承的中间，齿轮相对于轴承为对称布置，沿齿宽载荷分布较均匀。减速器结构较复杂，常用于大功率、变载荷的传动中
单级圆锥齿轮减速器			直齿轮≤6 常用≤3	传动比不宜太大，以减小圆锥齿轮的尺寸，便于加工
圆锥-圆柱齿轮减速器			8～40	圆锥齿轮应置于高速级，以免使圆锥齿轮尺寸过大，加工困难
蜗杆减速器			10～80	结构紧凑，传动比较大，但传动效率低，适用于中、小功率和间歇式工作场合。蜗杆下置时，润滑、冷却条件较好。当蜗杆圆周速度 $v≤5m/s$ 时用下置式，$v>5m/s$ 时用上置式

(a) 蜗杆下置式

续表

类型	简图	传动比	特点和应用
蜗杆 减速器	(b) 蜗杆上置式	10～80	结构紧凑,传动比较大,但传动效率低,适用于中、小功率和间歇式工作场合。蜗杆下置时,润滑、冷却条件较好。当蜗杆圆周速度 $v \leq 5\text{m/s}$ 时用下置式,$v > 5\text{m/s}$ 时用上置式

2.2.2 传动形式的合理布置

如果采用几种传动形式组成的多级传动,在拟定传动方案时要考虑以下几点。

(1) 带传动具有传动平稳、缓冲吸振、过载保护等优点,应尽量将带传动布置在传动装置的高速级。

(2) 链传动因多边形效应而存在运动不均匀现象、有一定的冲击振动,应尽量将链传动布置在传动装置的低速级。

(3) 圆柱齿轮传动具有承载能力大、效率高、允许转速高、尺寸紧凑等特点,因此,在传动装置中应优先选择圆柱齿轮传动。

(4) 对于圆锥齿轮传动,当尺寸较大时,圆锥齿轮加工比较困难,故圆锥齿轮传动一般应放在高速级。

(5) 蜗杆传动的传动比大且传动平稳,但效率较低,承载能力没有齿轮传动高。当与齿轮传动同时布置时,最好将蜗杆传动布置在高速级。

2.3 原动机的选择

原动机是机器中运动和动力的来源,其种类很多,有电动机、内燃机、蒸汽机、水轮机、汽轮机、液动机等。电动机因构造简单、工作可靠、控制简便、维护容易,所以一般机械采用电动机驱动。下面简单介绍电动机的选择。

2.3.1 选择电动机的类型

电动机的类型可以根据电源种类、工作环境、工作载荷、启动性能、安装要求等条件进行选择。

工业上广泛应用 Y 系列三相交流异步电动机,它具有高效、节能、振动小、噪声小和运行安全可靠等特点,安装尺寸和功率等级符合国际标准,适用于空气中不含易燃、易爆或腐蚀性气体的场所和无特殊要求的各种机械设备。机械设计课程设计中的原动机一般可选用这种类型的电动机。

对于频繁启动、制动和换向的机械(如起重机械)，宜选用转动惯量小、过载能力强、允许有较大振动和冲击的 YZ 型或 YZR 型三相异步电动机。

为适应不同的安装需要，同一类型的电动机结构又有若干种安装形式，供设计时选用。有关电动机的技术数据、外形及安装尺寸可查阅本书第 8 章电动机的相关内容。

2.3.2　确定电动机的功率

电动机功率的确定，主要与负载大小、工作时间长短、发热多少有关。对于长期连续运转、恒定载荷(或变化很小)、室温下工作的机械，只要所选电动机的额定功率 P_m 等于或略大于所需电动机功率 P_0，电动机在工作时就不会过热，因而不必校验发热情况和启动力矩对工作机的影响。电动机功率的具体计算步骤如下。

1. 计算工作机所需功率 P_w

工作机所需功率 P_w(kW)应由机器的工作阻力和运动参数确定。课程设计中，可由设计任务书中给定的工作机参数(F_w、v_w、T_w、n_w 等)按下式计算：

$$P_w = \frac{F_w v_w}{1000\eta_w} \qquad (2\text{-}1)$$

或

$$P_w = \frac{T_w n_w}{9550\eta_w} \qquad (2\text{-}2)$$

式中，F_w 为工作机的阻力(N)；v_w 为工作机的线速度(m/s)；T_w 为工作机的转矩(N·m)；n_w 为工作机的转速(r/min)；η_w 为工作机的效率，对于带式运输机，一般取 $\eta_w = 0.94\sim0.96$。

2. 计算电动机所需功率 P_0

电动机所需功率根据工作机所需功率和传动装置的总效率按下式计算，即

$$P_0 = \frac{P_w}{\eta} \qquad (2\text{-}3)$$

式中，η 为由电动机至工作机的传动装置总效率。传动装置总效率 η 应为组成传动装置的各个运动副或传动副效率的乘积，即

$$\eta = \eta_1\eta_2\eta_3\cdots\eta_n \qquad (2\text{-}4)$$

式中，$\eta_1, \eta_2, \eta_3, \cdots, \eta_n$ 分别为传动装置中每一级传动副(如齿轮传动、蜗杆传动、带传动或链传动等)、每对轴承或每个联轴器的效率。表 2-3 给出了常见机械传动效率的概略值。

在计算传动装置的总效率时，应注意以下几点。

(1)表 2-3 给出的效率 η 数值为取值范围，一般可取中间值。若工作条件差、加工精度低或维护不良，应取低值，反之取高值。

(2)轴承的效率指的是一对轴承的效率。

(3)同类型的几对传动副、轴承或联轴器，要分别计入各自的效率。

表 2-3　常见机械传动效率的概略值

种类		效率 η	种类		效率 η
圆柱齿轮传动	经过跑合的 6 级精度和 7 级精度齿轮传动(油润滑)	0.98~0.99	联轴器	弹性联轴器	0.99~0.995
	8 级精度的一般齿轮传动(油润滑)	0.97		金属滑块联轴器	0.97~0.99
	9 级精度的齿轮传动(油润滑)	0.96		齿轮联轴器	0.99
	加工齿的开式齿轮传动(脂润滑)	0.94~0.96		万向联轴器	0.95~0.98
锥齿轮传动	经过跑合的 6 级精度和 7 级精度齿轮传动(油润滑)	0.97~0.98	链传动	滚子链	0.96
	8 级精度的一般齿轮传动(油润滑)	0.94~0.97		齿形链	0.97
	加工齿的开式齿轮传动(脂润滑)	0.92~0.95	带传动	平带无张紧轮的传动	0.98
蜗杆传动	自锁蜗杆(油润滑)	0.40~0.45		V 带传动	0.96
	单头蜗杆(油润滑)	0.70~0.75	滑动轴承	润滑不良	0.94(一对)
	双头蜗杆(油润滑)	0.75~0.82		润滑良好	0.97(一对)
	三头和四头蜗杆(油润滑)	0.80~0.92		润滑很好(压力润滑)	0.98(一对)
丝杠传动	滑动丝杠	0.30~0.60		液体摩擦润滑	0.99(一对)
	滚动丝杠	0.85~0.95	滚动轴承	球轴承	0.99(一对)
				滚子轴承	0.98(一对)
				卷筒	0.94~0.97

3. 确定电动机的额定功率 P_m

通常电动机的额定功率 P_m 等于或略大于所需电动机功率 P_0,也可以按下式计算:

$$P_m = (1 \sim 1.3)P_0 \tag{2-5}$$

2.3.3　确定电动机的转速

对于额定功率相同的同类型电动机,其同步转速有 3000r/min、1500r/min、1000r/min 和 750r/min 四种。电动机的转速越高,则磁极数越少,尺寸和重量越小,价格也越低。但电动机的转速与工作机的转速相差过多,势必造成传动装置的总传动比加大,致使传动装置的外廓尺寸加大,且重量增加,从而使传动装置的制造成本增加。而选用较低转速的电动机时,情况正好相反,即传动装置的外廓尺寸和重量减小,电动机的尺寸和重量增大,价格就相应提高。因此,在确定电动机的转速时,应同时考虑电动机和传动装置的尺寸、重量和价格,进行充分比较,权衡利弊,最后选择最优方案。

一般最常用、市场上供应最多的是同步转速为 1500r/min 或 1000r/min 的电动机,设计时应该优先选用。如果无特殊要求,一般不选用同步转速为 3000r/min 和 750r/min 的电动机。

根据选定的电动机类型、结构、功率和转速,由本书第 8 章查出电动机型号,并将其型号、额定功率、满载转速、外形尺寸、电动机中心高、轴伸尺寸、键连接尺寸等记录下来,以备后用。

设计通用传动装置时,常以电动机的额定功率 P_m 作为计算功率;设计专用传动装置时,常以实际需要的电动机功率 P_0 作为计算功率,以电动机在额定功率时的转速(即满载转速)n_m 作为计算转速。

2.4　传动装置的总传动比确定及分配

2.4.1　传动装置的总传动比确定

电动机选定以后，根据电动机的满载转速 n_m 和工作机的转速 n_w，就可计算出传动装置的总传动比 i，即

$$i = \frac{n_m}{n_w} \qquad (2\text{-}6)$$

根据传动方案，传动装置的总传动比 i 是各串联机构传动比的乘积，即

$$i = i_1 i_2 i_3 \cdots i_n \qquad (2\text{-}7)$$

式中，i_1，i_2，i_3，$\cdots$，i_n 为传动装置中各级传动机构的传动比。

2.4.2　传动比分配的一般原则

分配传动比时应考虑以下原则。

（1）各级传动的传动比最好在推荐的合理范围之内，不应超过其允许的最大值，以符合各种传动形式的工作特点，并使结构尽可能紧凑。各类机械传动的传动比推荐值和最大值可参见表 2-2。

（2）应注意使各级传动的尺寸协调、结构匀称，避免相互干涉碰撞。例如，在由带传动和单级圆柱齿轮减速器组成的传动装置中，带传动的传动比不宜过大。否则，就有可能使大带轮半径大于减速器中心高，如图 2-1 所示，使带轮与底座平面相碰，造成安装不便。

（3）传动零件之间不能相互干涉，在图 2-2 所示的二级圆柱齿轮减速器中，由于高速级传动比过大，高速级大齿轮与低速轴发生干涉，因而无法安装齿轮。

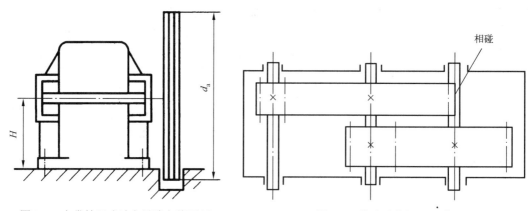

图 2-1　大带轮尺寸过大导致安装不便　　　　　图 2-2　传动零件相互干涉

（4）尽量使传动装置外廓尺寸紧凑或重量较小。图 2-3 所示的是二级圆柱齿轮减速器两种传动比分配方案的对比，在中心距和总传动比相同的条件下，由于传动比分配不同，减速器

的外廓尺寸不同。图 2-3(a)所示的方案 1(高速级 $i_1 = 5.51$，低速级 $i_2 = 3.63$)，外廓尺寸相对较小，而图 2-3(b)所示的方案 2(高速级 $i_1' = 3.95$，低速级 $i_2' = 5.06$)，外廓尺寸相对较大。相比较而言，方案 1 要优于方案 2。

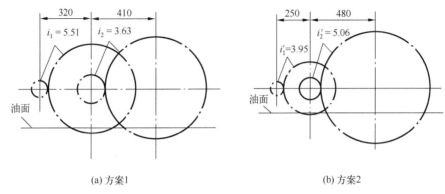

(a) 方案1　　　　　　　　　　　　　　　　　(b) 方案2

图 2-3　两种传动比分配方案的对比

(5)尽量使减速器各级大齿轮浸油深度大致相等。一般在卧式齿轮减速器中，通常将各级齿轮传动的大齿轮直径设计得相近，如图 2-3(a)所示的方案 1。而在图 2-3(b)所示的方案 2 中，若要保证高速级大齿轮浸到油，则低速级大齿轮的浸油深度将过大，致使搅油能量损失增大。

2.4.3　传动比分配的参考值

根据上述传动比分配的一般原则，对于减速器，可参考下列数据来分配传动比。

(1)对于二级展开式圆柱齿轮减速器，考虑各级齿轮传动的润滑合理，应使得各级大齿轮直径相近，取

$$i_{高} = (1.3 \sim 1.5)i_{低} \tag{2-8}$$

式中，$i_{高}$、$i_{低}$ 分别为高速级和低速级的齿轮传动比。

(2)对于二级同轴式圆柱齿轮减速器，取

$$i_{高} = i_{低} \approx \sqrt{i} \tag{2-9}$$

式中，$i_{高}$、$i_{低}$ 分别为高速级和低速级的齿轮传动比；i 为减速器总传动比。

(3)对于锥齿轮-圆柱齿轮减速器，为了便于锥齿轮的加工，高速级锥齿轮的传动比 $i_{锥}$ 可以取

$$i_{锥} \approx 0.25i \quad 且 \quad i_{锥} < 3 \tag{2-10}$$

式中，$i_{锥}$ 为锥齿轮传动的传动比；i 为减速器总传动比。

(4)对于蜗杆-齿轮减速器，为了提高传动效率，低速级圆柱齿轮传动比 $i_{齿}$ 可以取

$$i_{齿} \approx (0.03 \sim 0.06)i \tag{2-11}$$

式中，$i_{齿}$ 为齿轮传动的传动比；i 为减速器总传动比。

(5)对于齿轮-蜗杆减速器，高速级圆柱齿轮传动比 $i_{齿}$ 可以取

$$i_{齿} = 2 \sim 2.5 \tag{2-12}$$

式中，$i_{齿}$ 为齿轮传动的传动比。

（6）对于二级蜗杆减速器，为了结构紧凑，取

$$i_{高} \approx i_{低} \tag{2-13}$$

式中，$i_{高}$、$i_{低}$ 分别为高速级和低速级蜗杆传动的传动比。

分配的各级传动比只是初步选定的数值，各级传动机构的实际传动比要通过传动件最终确定的参数（如齿轮齿数、带轮直径等）来准确计算。因此，在传动件的传动比计算完成后，要对工作机的实际转速进行核算。如果实际转速不在允许误差范围之内，则应重新调整传动件参数（如齿轮齿数、带轮直径等），甚至重新分配传动比。

2.5　传动装置的运动和动力参数计算

为了便于后续传动件的设计计算，需要求出每一个轴的转速、转矩和功率。若将传动装置各轴由高速轴至低速轴依次编号为 0 轴（为电动机轴）、Ⅰ轴、Ⅱ轴、……，并设：

n_{I}、n_{II}、n_{III}、……为各轴的转速（r/min）；

P_{I}、P_{II}、P_{III}、……为各轴的输入功率（kW）；

T_{I}、T_{II}、T_{III}、……为各轴的转矩（N·m）；

$\eta_{0\mathrm{I}}$、$\eta_{\mathrm{I\,II}}$、$\eta_{\mathrm{II\,III}}$、……为相邻两轴间的传动效率；

i_0、i_1、i_2、……为相邻两轴间的传动比。

则可按电动机轴至工作机轴的运动传递路线，计算出各轴的运动参数和动力参数。

1. 各轴的转速

$$\begin{cases} n_{\mathrm{I}} = \dfrac{n_{\mathrm{m}}}{i_0} \\[2mm] n_{\mathrm{II}} = \dfrac{n_{\mathrm{I}}}{i_1} = \dfrac{n_{\mathrm{m}}}{i_0 i_1} \\[2mm] n_{\mathrm{III}} = \dfrac{n_{\mathrm{II}}}{i_2} = \dfrac{n_{\mathrm{m}}}{i_0 i_1 i_2} \end{cases} \tag{2-14}$$

式中，n_{m} 为电动机满载转速（r/min）；i_0 为电动机至Ⅰ轴的传动比。其余各轴的转速以此类推。

2. 各轴的功率

$$\begin{cases} P_{\mathrm{I}} = P_0\, \eta_{0\mathrm{I}} \\[1mm] P_{\mathrm{II}} = P_{\mathrm{I}}\, \eta_{\mathrm{I\,II}} = P_0\, \eta_{0\mathrm{I}}\, \eta_{\mathrm{I\,II}} \\[1mm] P_{\mathrm{III}} = P_{\mathrm{II}}\, \eta_{\mathrm{II\,III}} = P_0\, \eta_{0\mathrm{I}}\, \eta_{\mathrm{I\,II}}\, \eta_{\mathrm{II\,III}} \end{cases} \tag{2-15}$$

式中，P_0 为电动机所需要的输出功率（kW）。其余各轴功率以此类推。

3. 各轴的转矩

$$\begin{cases} T_{\mathrm{I}} = 9550 \times \dfrac{P_{\mathrm{I}}}{n_{\mathrm{I}}} \\[2mm] T_{\mathrm{II}} = 9550 \times \dfrac{P_{\mathrm{II}}}{n_{\mathrm{II}}} \\[2mm] T_{\mathrm{III}} = 9550 \times \dfrac{P_{\mathrm{III}}}{n_{\mathrm{III}}} \end{cases} \tag{2-16}$$

式中，转矩 T 的单位为 N·m。其余各轴的转矩以此类推。

将计算出的各轴运动参数和动力参数的数据，整理成表 2-4 所示的格式，以备传动零件设计计算时使用。

表 2-4　各轴的运动参数和动力参数

参数	轴名称				
	电动机轴	I 轴	II 轴	III 轴	卷筒轴
转速 $n/(\mathrm{r/min})$					
功率 P/kW					
转矩 $T/(\mathrm{N \cdot m})$					
传动比 i					
效率 η					

关于传动装置的运动参数和动力参数的具体计算方法,可以参阅本书第10章的设计示例。

第 3 章　机械传动件的设计

3.1　机械传动件设计概述

传动零件是传动系统最主要的零件，对传动系统的工作性能、结构布置和尺寸起决定性作用。因此，一般先设计传动零件，确定其材料、主要参数、结构尺寸；然后进行其他零部件(支承零件和连接零件等)的设计，这些工作是为装配图设计做准备。

传动系统中由于减速器是一个独立、完整的传动部件，故通常是先设计减速器外部传动零件，如带传动、链传动和开式齿轮传动等，再设计减速器内部传动零件。

各类传动零件的设计方法，可参照《机械设计》教材。下面仅就设计传动零件时应注意的问题做简要说明。

3.2　减速器外部的传动件设计

减速器等外部常用的传动零件有普通 V 带传动、链传动和开式齿轮传动等。设计时需要注意这些传动件与其他部件的协调问题。

1．V 带传动

设计普通 V 带传动时，需要设计的内容是：确定 V 带的型号、长度和根数；确定中心距及张紧装置；选择大(小)带轮的直径、材料、结构尺寸和加工要求等。

V 带传动设计时需注意以下问题。

(1)检查带轮尺寸与传动装置外廓尺寸的相互关系。例如，小带轮外圆半径与电动机的中心高是否相称；小带轮轴孔直径和长度与电动机轴径和长度是否对应；大带轮外圆是否过大而与箱体底座干涉(图 2-1)等。若有不合理的情况，应该考虑改选带轮直径甚至改选 V 带型号，并重新设计。

(2)设计参数应保证带传动良好的工作性能。例如，带速 v 满足 $5\text{m/s} \leqslant v \leqslant 25\text{m/s}$，小带轮包角 $\alpha_1 \geqslant 120°$，一般带的根数 $Z = 3 \sim 6$，最多不超过 8 根。

(3)带轮参数确定后，由带轮直径和滑动率计算实际传动比和从动轮的转速，并以此来修正减速器等闭式传动所要求的传动比和输入转矩。

(4)在确定大带轮轴孔直径和长度时，应与减速器输入轴的轴伸直径和长度相适应。轴孔直径应符合标准规定。带轮轮毂长度与带轮轮缘长度不一定相同，一般轮毂长度 l 可按轴孔直径 d 的大小确定，常取 $l = (1.5 \sim 2)d$。而轮缘长度由带的型号和根数来决定。

2. 链传动

链传动设计的主要内容是：选择传动链的类型、链条的型号(链节距)、排数和链节数；确定链传动中心距、链轮齿数、链轮材料和结构尺寸；确定链传动润滑方式、张紧装置和维护要求等。

链传动设计时需注意以下问题。

(1)检查链轮尺寸与传动装置外廓尺寸的相互关系。例如，链轮轴孔直径和长度与减速器或工作机轴径和长度是否协调；为控制链传动的外廓尺寸，大链轮尺寸不宜过大，对速度较低的链传动，齿数不宜取得过多。

(2)设计链传动参数时，应尽量保证链传动有较好的工作性能。例如，如果采用单排链传动而计算出的链节距较大时，应改选双排链或多排链；大、小链轮的齿数最好选择奇数或不能整除链节数的数，一般限定最少齿数 $z_{min} \geqslant 17$，而最多齿数 $z_{max} \leqslant 120$；为避免使用过渡链节，链节数最好取偶数等。

(3)链轮齿数确定后，应计算实际传动比和从动轮的转速，并考虑是否修正减速器等闭式传动所要求的传动比和输入转矩。

3. 开式齿轮传动

开式齿轮传动设计的主要内容是：选择齿轮的材料及热处理方式；确定齿轮传动的参数(中心距、齿数、模数、齿宽等)；设计齿轮的结构及其他几何尺寸；作用在轴上力的大小和方向；验算传动比。

开式齿轮传动设计时需注意以下几点。

(1)由于开式齿轮传动的主要失效形式是磨损，一般只须进行轮齿弯曲强度计算，考虑因齿面磨损引起的轮齿强度的削弱，应将强度计算求出的模数增大 10%～20%，用以补偿磨损的作用，不必进行接触疲劳强度计算。

(2)开式齿轮传动一般用于低速传动，为使支承结构简单，通常采用直齿轮。由于齿轮暴露在空中，灰尘大，润滑条件差，故应注意材料配对的选择，使之具有较好的减摩和耐磨性能。选择大齿轮材料时还应考虑其毛坯尺寸和制造方法。

(3)开式齿轮传动精度低，一般都在轴的悬臂端，支承刚度小，故齿宽系数应取得小些，以减轻轮齿偏载的程度，一般取 0.1～0.3，常取 0.2。小齿轮的齿数应尽量取得少一些，同时适当加大模数，以提高轮齿的抗弯曲能力和耐磨能力。

(4)检查齿轮尺寸与工作机是否相称；按大、小齿轮的齿数计算实际传动比和从动轮的转速；考虑是否修正减速器等闭式传动所要求的传动比和输入转矩。

3.3　减速器内部的传动件设计

在设计减速器内部的传动零件时，它们前一级传动的传动比可能已经有误差，为了不使传动比误差累积过大，应对箱体内部传动比做相应调整，然后进行设计。减速器内部的传动零件主要有圆柱齿轮传动、圆锥齿轮传动和蜗杆传动。

1. 圆柱齿轮传动

圆柱齿轮传动设计计算时应注意的主要问题有以下几点。

(1)齿轮材料及热处理方法的选择。要考虑齿轮毛坯的制造方法,当齿顶圆直径$d_a \leqslant 500mm$时,一般采用锻造毛坯;当$d_a > 500mm$时,因受锻造设备能力的限制,多采用铸造毛坯;当小齿轮的齿根圆直径与轴的直径相差不大时,应将齿轮和轴做成一体。选择材料时要兼顾齿轮及轴的一致性要求。

(2)齿轮传动的几何参数和尺寸是有严格要求的,应分别进行标准化、圆整或计算其精确值。例如,齿轮模数必须标准化,齿轮中心距和齿宽尽量圆整,啮合尺寸(节圆、分度圆、齿顶圆及齿根圆直径、螺旋角、变位系数)必须计算出精确值。计算时要求长度尺寸精确到小数点后2～3位(单位为mm),角度精确到秒("),中心距应尽量圆整成尾数为0或5,对于直齿轮传动可以调整模数m和齿数z,或采用角变位来实现中心距圆整,对于斜齿轮传动可通过调整螺旋角β来实现。

(3)齿轮的结构尺寸最好为整数,以便于制造和测量。例如,轮毂直径和长度、轮辐厚度和孔径、轮缘长度和内径等,按设计资料给定的经验公式计算后,都应尽量进行圆整。

(4)齿宽b应是一对齿轮的工作宽度,为了易于补偿齿轮轴向位置误差,应使小齿轮宽度大于大齿轮宽度,若大齿轮宽度取b_2,则小齿轮宽度取$b_1 = b_2 + (5 \sim 10) mm$。

2. 圆锥齿轮传动

圆锥齿轮传动设计时,除了圆柱齿轮传动设计时要注意的问题,还应注意以下几点。

(1)直齿圆锥齿轮传动的锥距R、分度圆直径d等几何尺寸,均应以大端模数来计算,且精确到小数点后3位,不得圆整。

(2)两轴交角为90°时,分度圆锥角δ_1和δ_2可以由齿数比$u = z_2 / z_1$算出,其中小锥齿轮的齿数z_1可取17～25。u值的计算应达到小数点后四位,δ值的计算应精确到秒(")。

(3)大、小锥齿轮的齿宽应相等,按齿宽系数$\varphi_R = b/R$计算出数值再圆整。

3. 蜗杆传动

蜗杆传动设计的主要内容为:选择蜗杆和蜗轮的材料及热处理方式;确定蜗杆传动的参数(蜗杆分度圆直径、中心距、模数、蜗杆头数、导程角、蜗轮螺旋角、蜗轮齿数和蜗轮齿宽等);设计蜗杆和蜗轮的结构及其他几何尺寸。

蜗杆传动设计时应注意以下问题。

(1)蜗杆的材料选择与滑动速度有关,一般是在初估滑动速度的基础上选择材料。待蜗杆传动尺寸确定后,校核滑动速度,若与初估值有较大出入,则应重新修正计算,甚至重新选择蜗杆材料。

(2)为了便于加工,蜗杆和蜗轮的螺旋线方向应尽量取为右旋。

(3)模数m和蜗杆分度圆直径d_1要符合标准规定。在确定m、d_1、z_2后,中心距应尽量圆整成尾数为0或5(单位为mm),为此,有时需要将蜗杆传动做成变位传动(只对蜗轮进行变位,蜗杆不变位)。

(4)当蜗杆分度圆的圆周速度$v \leqslant 5m/s$时,一般将蜗杆下置;当$v > 5m/s$时,则将蜗杆上置。

(5)蜗杆强度和刚度验算、蜗杆传动热平衡计算,应在画出装配图、确定蜗杆支点距离和箱体轮廓尺寸后进行。

3.4　联轴器的选择

联轴器工作时，其主要功能是连接两轴并起到传递转矩的作用，除此之外还应具有补偿两轴因制造和安装误差而造成的轴线偏移、吸振缓冲、安全保护等功能。要根据传动系统具体的工作要求来选择联轴器类型。

1. 选择联轴器的类型

当减速器输入轴与电动机轴相连时，因转速高、转矩小，为了减小启动载荷、缓和冲击，应选用具有较小转动惯量的弹性联轴器，如弹性柱销联轴器(GB/T 5014—2017)、弹性套柱销联轴器(GB/T 4323—2017)、梅花形弹性联轴器(GB/T 5272—2017)。

当减速器输出轴与工作机轴连接时，由于转速较低、转矩较大，减速器与工作机常不在同一底座上而要求有较大的轴向偏移，常选用无弹性元件的挠性联轴器，如十字滑块联轴器等。

2. 联轴器的型号和主要结构尺寸

根据计算转矩(T_{ca})、转速和孔径要求，参阅本书第 8 章联轴器的相关标准，选择联轴器的型号。选择时要注意，该型号最大、最小孔径尺寸必须与两连接轴相适应，还应注意减速器高速轴外伸段轴径与电动机的轴径不应相差很大。

第4章 机械结构设计

4.1 机械结构设计概述

机械结构设计是实施机械运动方案的重要步骤。机械的性能不仅取决于运动方案设计的正确性，还取决于结构设计的合理性。因此，机械结构设计是保证机械设计质量的重要环节。

结构设计的主要原则有：

(1) 机械结构必须要能够满足机器的性能要求；

(2) 受力状态合理，避免应力集中，以提高零件的疲劳强度、系统刚度，减小变形；

(3) 工艺性好，包括制造、安装、调整、维修等方面；

(4) 宜人化设计，机械结构布置应该操作方便、减轻操作者的疲劳；

(5) 结构紧凑，以节约材料和空间。

机械结构设计涉及面广且较为灵活，无确定规律可循。本章以减速器设计为例，通过分析其结构，剖析机械结构设计的一些共性问题，掌握机械结构设计的一般方法。

4.2 减速器的结构设计

减速器的类型很多，但其基本结构都由轴系部件、箱体及附件三大部分组成。设计前应熟悉各类减速器的结构特点，了解减速器中各个零部件的功用。图 4-1～图 4-3 分别为二级圆柱齿轮减速器、锥齿轮-圆柱齿轮减速器和蜗杆减速器的结构图。图中标出减速器的主要零部件名称、相互关系及箱体的结构尺寸。下面对组成减速器的三大部分进行简要介绍。

4.2.1 轴系部件

轴系部件包括传动件、轴和轴承组合。

1. 传动件

减速器箱外传动件有链轮、带轮等；箱内传动件有圆柱齿轮、圆锥齿轮、蜗杆、蜗轮等。传动件决定减速器的技术特性。减速器通常是根据传动件的种类来命名的。

2. 轴

传动件装在轴上以实现回转运动和传递功率的功效。减速器普遍采用阶梯轴。传动件和轴多以平键连接，传递功率较大时采用花键连接。

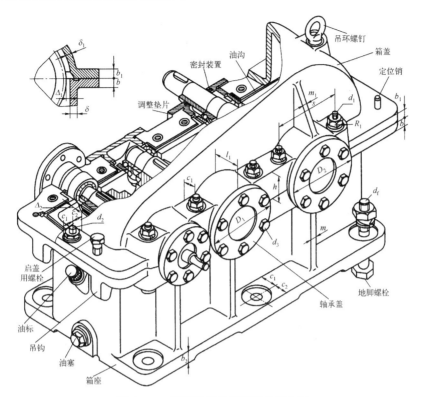

图 4-1　二级圆柱齿轮减速器(展开式)

二级圆柱
齿轮
减速器

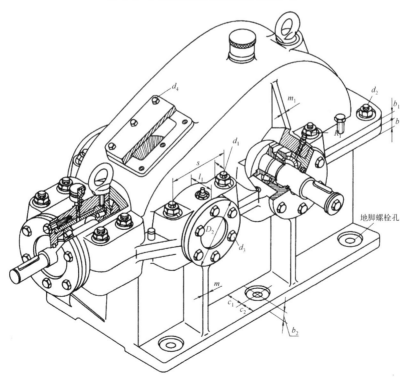

图 4-2　锥齿轮-圆柱齿轮减速器

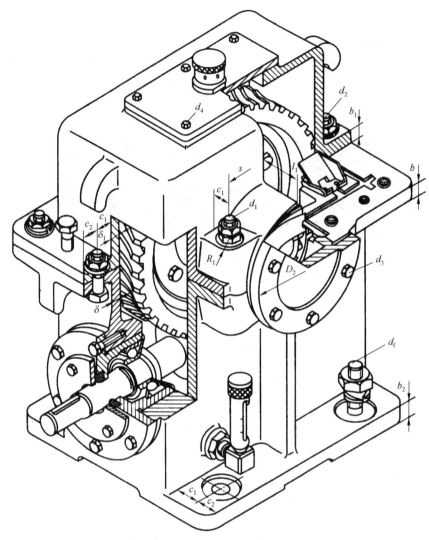

蜗杆
减速器

图 4-3 蜗杆减速器(蜗杆下置式)

3．轴承组合

轴承组合包括轴承、轴承盖、密封装置以及调整垫片等。

(1)轴承。轴承是支承轴的部件。由于滚动轴承的摩擦系数比普通滑动轴承的小，而且运动精度高，在轴颈尺寸相同时，滚动轴承的宽度比滑动轴承的小，可使减速器轴向结构紧凑，润滑、维护简便等，所以减速器广泛采用滚动轴承。

(2)轴承盖。轴承盖用来固定轴承，承受轴向力，调整轴承间隙。轴承盖有凸缘式和嵌入式两种。凸缘式轴承盖调整轴承间隙方便，密封性好；嵌入式轴承盖的质量较轻。

(3)密封装置。在输入轴和输出轴外伸处，为防止灰尘、水气及其他杂质进入轴承，引起轴承急剧磨损和腐蚀，以及为了防止润滑剂外漏，需要在轴承盖孔中设置密封装置。

(4)调整垫片。为了调整轴承间隙，有时也为了调整传动件(如圆锥齿轮、蜗轮)的轴向位置，需放置调整垫片。调整垫片由若干厚度不同的钢片组成。

4.2.2　箱体

　　减速器箱体用来支承和固定轴系零部件，是保证传动零件的啮合精度、良好润滑及密封的重要零件。因此，箱体结构对减速器的工作性能、制造工艺及制造成本有很大的影响，设计时必须全面考虑。

　　1．箱体的结构形式

　　根据箱体结构形式的不同，箱体可分为整体式（图 4-4）和剖分式（图 4-5）。

　　（1）整体式箱体。整体式箱体零件少、加工方便、外形简洁，但是轴系零件的装配相对困难。图 4-4 为整体式蜗杆减速器铸造箱体。

　　（2）剖分式箱体。剖分式箱体主要由箱座和箱盖组成，箱盖和箱座由两个圆锥销精确定位，并用一定数量的螺栓连成一体。剖分面一般取在轴线所在的水平面内，以利于加工。齿轮、轴、轴承等可在箱体外装配成轴系部件后再装入箱体，使装拆较为方便。为了保证箱体的刚度，一般在轴承座处设有加强肋板，如图 4-5 所示。

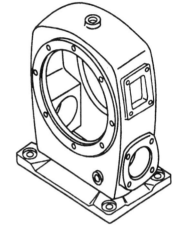

整体式
箱体

图 4-4　整体式蜗杆减速器铸造箱体

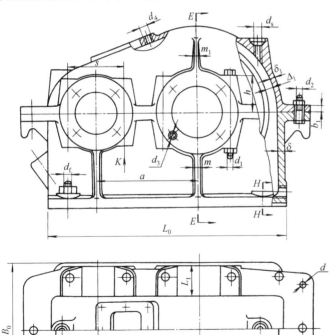

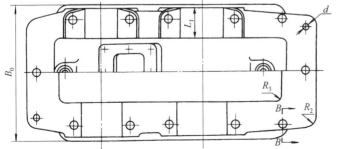

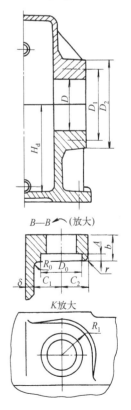

剖分式
铸造箱体

图 4-5　剖分式铸造箱体（齿轮减速器）

按照毛坯制造方法的不同，箱体可分为铸造箱体(图 4-5 和图 4-6)和焊接箱体(图 4-7)。由于铸造箱体刚性好，易切削，并可获得复杂外形，一般大多采用铸造箱体。铸造箱体常用的材料是 HT150 或 HT200，受冲击载荷的重型减速器可采用铸钢箱体。在单件生产中，为了简化工艺、减轻重量、降低成本，可采用钢板焊接箱体，焊接箱体的壁厚比铸造箱体的壁厚小。

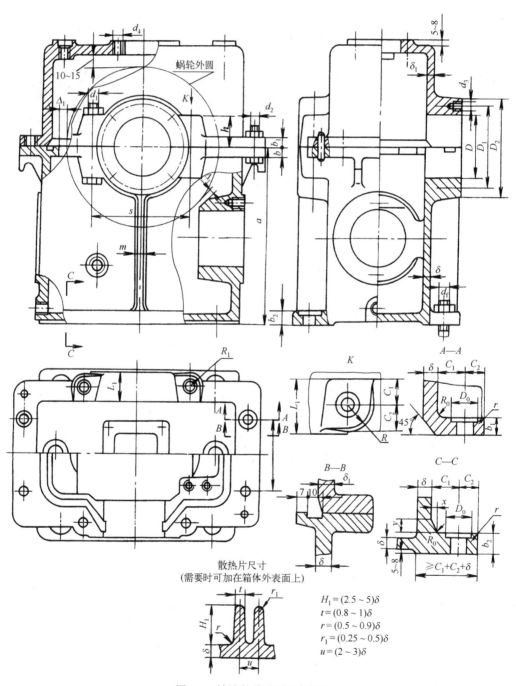

$$H_1 = (2.5 \sim 5)\delta$$
$$t = (0.8 \sim 1)\delta$$
$$r = (0.5 \sim 0.9)\delta$$
$$r_1 = (0.25 \sim 0.5)\delta$$
$$u = (2 \sim 3)\delta$$

散热片尺寸
(需要时可加在箱体外表面上)

图 4-6 铸造箱体(蜗杆减速器)

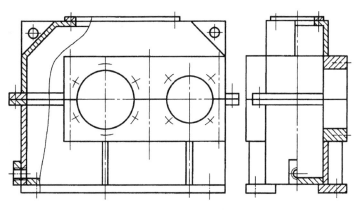

图 4-7　剖分式焊接箱体

2. 箱体的结构尺寸确定

一般减速器箱体采用剖分式铸造箱体。表 4-1 给出了齿轮减速器、蜗杆减速器的铸造箱体主要结构尺寸以及零件间相互位置关系的计算值。这是在保证箱体强度和刚度的条件下，考虑结构紧凑、制造方便等要求，由经验决定的。所以，根据表 4-1 计算的箱体结构尺寸，有的要做适当圆整，有的要根据具体情况做适当修改。表中的符号参见图 4-1～图 4-6。

表 4-1　减速器铸造箱体各部分结构尺寸经验值

名称	符号	尺寸关系		
		圆柱齿轮减速器	锥齿轮减速器	蜗杆减速器
箱座壁厚/mm	δ	$\delta =$ Max$\{0.025a + f, 8\}$，a 是低速级齿轮的中心距；$f = 1$(单级)，$f = 3$(二级)，$f = 5$(三级)	$\delta =$ Max$\{0.01(d_1 + d_2) + 1, 8\}$ 或 $\delta =$ Max$\{0.0125(d_{m1} + d_{m2}) + 1, 8\}$，$d_1$、$d_2$ 是锥齿轮的大端直径；d_{m1}、d_{m2} 是锥齿轮的平均直径	$\delta =$ Max$\{0.04a + 3, 8\}$
箱盖壁厚/mm	δ_1	$\delta_1 =$ Max$\{0.02a + f, 8\}$	$\delta_1 =$ Max$\{0.0085(d_1 + d_2) + 1, 8\}$ 或 $\delta_1 =$ Max$\{0.01(d_{m1} + d_{m2}) + 1, 8\}$	蜗杆在上：$\delta_1 \approx \delta$ 蜗杆在下：$\delta_1 =$ Max$\{0.85\delta, 8\}$
箱座凸缘厚/mm	b	1.5δ		
箱盖凸缘厚/mm	b_1	$1.5\delta_1$		
平凸缘底座厚/mm	b_2	2.5δ		
斜凸缘底座厚/mm	b_3 b_4	1.5δ $(2.25 \sim 2.75)\delta$		
地脚螺钉直径/mm	$d_{\rm f}$	$0.036a + 12$	$d_{\rm f} =$ Max$\{0.018(d_{m1} + d_{m2}) + 1, 12\}$ 或 $d_{\rm f} =$ Max$\{0.015(d_1 + d_2) + 1, 12\}$	$0.036a + 12$
地脚螺栓数目	n	$a < 250$ 时，$n = 4$；$a = 250 \sim 500$ 时，$n = 6$；$a > 500$ 时，$n = 8$	$n =$ Max$\left\{\dfrac{\text{箱座底凸缘周长的一半}}{200 \sim 300}, 4\right\}$	4
轴承旁连接螺栓直径/mm	d_1	$0.75d_{\rm f}$		
箱盖与箱座连接螺栓直径/mm	d_2	$(0.5 \sim 0.6)d_{\rm f}$		

续表

名称	符号	尺寸关系/mm						
连接螺栓 d_2 的间距/mm	l	150～200						
轴承端盖螺钉直径/mm	d_3	$(0.4 \sim 0.5)d_f$						
窥视孔盖螺钉直径/mm	d_4	$(0.3 \sim 0.4)d_f$						
定位销直径/mm	d	$(0.7 \sim 0.8)d_1$						
螺栓扳手空间与凸缘宽度/mm	安装螺栓直径 d_x	M8	M10	M12	M16	M20	M24	M30
	至外机壁距离 c_{1min}	13	16	18	22	26	34	40
	至凸缘边距离 c_{2min}	11	14	16	20	24	28	34
	沉头座直径 D_{0min}	20	24	26	32	40	48	60
	沉头座锪平深度 $\varDelta$	以底面光洁平整为准，一般取 $\varDelta = 2\sim3$mm						
轴承旁凸台半径/mm	R_1	$\approx c_2$						
凸台高度/mm	h	根据低速级轴承外径确定，以便于扳手操作为准						
轴承旁连接螺栓距离/mm	s	尽量靠近，以 d_1 和 d_3 互不干涉为准，一般取 $s \approx D_2$						
外箱壁至轴承座端面距离/mm	L_1	$= c_1 + c_2 + (5 \sim 8)$						
大齿轮顶圆(蜗轮外圆)与内箱壁距离/mm	$\varDelta_1$	$\geqslant 1.2\delta$						
齿轮(锥齿轮或蜗轮轮毂)端面与内箱壁距离/mm	$\varDelta_2$	$\geqslant \delta$						
箱盖肋厚/mm	m_1	$\approx 0.85\delta_1$						
箱座肋厚/mm	m	$\approx 0.85\delta$						
轴承端盖外径/mm	D_2	对于凸缘式端盖 $D_2 = D+(5\sim5.5)d_3$；对于嵌入式端盖，$D_2 = 1.25D+10$，D 为轴承外圈直径						
箱体深度/mm	H_d	$\geqslant r_a+30$，r_a 为浸入油池最大旋转零件的外圆半径						
箱体分箱面凸缘圆角半径/mm	R_2	$= 0.7(\delta + c_1 + c_2)$						
箱体内壁圆角半径/mm	R_3	$\approx \delta$						
铸造斜度、过渡尺寸、铸造圆角	x、y、R_0、r	参见第8章的铸件设计一般规范						

4.2.3　减速器附件

为了使减速器具备较完善的性能，如注油、排油、通气、吊运、检查油面高度、检查传动零件啮合情况和装拆方便等，在减速器箱体上常需设置某些装置或零部件。这些装置和零部件称为减速器附件，包括窥视孔与窥视孔盖、通气器、油标、放油孔与放油螺塞、定位销、启盖螺钉、吊运装置等。减速器附件在箱体上的相对位置如图4-1～图4-3所示。

1. 窥视孔与窥视孔盖

为了便于检查箱体内传动零件的啮合情况以及便于将润滑油注入箱体内，在减速器箱体的箱盖顶部设有窥视孔。为防止润滑油飞溅出来和污物进入箱体内，在窥视孔上应加设窥视孔盖。

2. 通气器

减速器工作时箱体内温度升高，气体膨胀，箱内气压增大。为了避免由此引起密封部位的密封性能下降造成润滑油向外渗漏，应在减速器上部设置通气器。

3．油标

油标用于检查箱体内油面高度，以保证传动零件的润滑。一般油标应设置在箱体上便于观察且油面较稳定的部位。

4．放油孔与放油螺塞

为了便于排出污油，在减速器箱座底部设有放油孔，并用放油螺塞和密封垫圈将其堵住。

5．定位销

为了保证每次拆装箱盖时，仍保持轴承座孔的安装精度，需在箱盖与箱座的连接凸缘上配装两个定位销。

6．启盖螺钉

为了保证减速器的密封性，常在箱体剖分面上涂有水玻璃或密封胶，这样箱盖和箱座便黏附在一起，给箱体拆分造成困难。为了便于拆卸箱盖，通常在箱盖凸缘上设置1～2个启盖螺钉。当拆卸箱盖时，只要旋拧启盖螺钉，便可顶起箱盖。

7．吊运装置

为便于搬运和装卸箱盖，在箱盖上装有吊环螺钉，或铸出吊耳、吊钩；为了便于搬运箱座或整个减速器，在箱座两端连接凸缘处铸出吊钩。

第5章 机械装配图的设计

5.1 机械装配图设计概述

5.1.1 机械装配图的设计内容与步骤

机械装配图是反映各个零件的相互位置、装配关系、结构形状以及尺寸的图纸。它是绘制零件工作图的基础，也是机器组装、调试、维护的技术依据。

1. 机械装配图应包括四方面内容

(1)完整、清晰地表达机器全貌的一组视图。

(2)必要的尺寸标注。

(3)技术要求及调试、装配和检验说明。

(4)零件编号、标题栏和明细表。

2. 机械装配图的设计步骤

装配图设计过程中，既包含结构设计，也需要校核计算，往往要采取"边计算、边画图、边修改"的三边设计法，逐步完成设计。通常在装配图设计时，先绘制装配草图，再设计装配工作图。设计机械装配图的一般步骤如下。

(1)设计装配图的前期准备(准备阶段)。

(2)传动零部件的设计(装配草图设计第一阶段)。

(3)箱体和附件的设计(装配草图设计第二阶段)。

(4)装配工作图设计。

5.1.2 设计装配图的准备(装配图设计准备阶段)

开始绘制机械装配图前，应做好必要的准备工作。下面以减速器装配图设计为例进行说明。

1. 确定结构设计方案

通过阅读有关资料，看实物、模型、录像或减速器拆装试验等，了解减速器各零件的功能、类型和结构。分析并初步确定减速器的结构设计方案，其中包括箱体结构(剖分式或整体式)、轴及轴上零件的固定方式、轴的结构、轴承的类型、润滑及密封方案、轴承盖的结构(凸缘式或嵌入式)以及传动零件的结构等。

2. 准备原始数据

根据本书第2章和第3章的设计计算，可以获得下列数据。

(1)选择电动机类型和型号，查出其轴径和伸出长度。

(2)按工作情况和转矩选出联轴器类型和型号、两端轴孔直径和孔宽、确定有关装配尺寸。

(3)确定各类传动零件的中心距、外圆直径和宽度(轮毂和轮缘)，如齿轮传动的中心距、分度圆直径、齿顶圆直径、齿轮宽度等，其他详细结构尺寸暂不确定。

(4)确定滚动轴承类型，如深沟球轴承、角接触轴承或向心推力轴承等，可初选轴承型号。

(5)根据轴上零件的受力、固定和定位等要求，初步确定轴的阶梯段，具体尺寸暂不确定。

(6)确定减速器箱体的结构形式，参考减速器箱体的结构(图 4-1～图 4-6)，根据表 4-1 计算箱体各部分尺寸，并列表备用。

5.2　装配草图设计第一阶段：传动零部件的设计

5.2.1　第一阶段的设计内容和步骤

这一阶段的设计内容是通过绘图布置传动零件并确定其相互位置，设计轴的结构尺寸以及确定轴承的位置、型号，设计轴系零件的组合结构，进行轴、键的强度校核以及轴承寿命的校核。设计步骤大致如下：

(1)确定三个视图的位置；

(2)画出传动零件的中心线和轮廓线；

(3)画出箱体内壁线和箱体对称线；

(4)计算各级轴段直径；

(5)选择轴承型号，确定轴承润滑方式，以及轴承和轴承座端面位置；

(6)设计轴的结构尺寸，确定键的型号；

(7)确定轴的支点和力的作用点，进行轴的受力分析并绘制弯矩图和扭矩图，验算轴的强度、键的强度；

(8)必要时修改轴的结构尺寸。

下面重点结合二级展开式圆柱齿轮减速器的设计，详细说明装配草图设计第一阶段的大致步骤和方法。

5.2.2　视图选择与图面布置

减速器装配图通常用三个视图并辅以必要的局部视图来表达，如图 5-1 所示，同时，还要考虑标题栏、明细表、技术要求、尺寸标注等所需的图面位置。绘制装配草图时，应根据传动装置的运动简图和由计算得到的减速器内部齿轮的直径、中心距，来估计减速器的外形尺寸，合理布置三个主要视图。视图的大小可按表 5-1 进行估算。

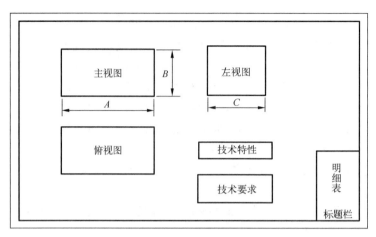

图 5-1　视图布置参考图

表 5-1　视图大小估算表

减速器类型	A	B	C
一级圆柱齿轮减速器	3a	2a	2a
二级圆柱齿轮减速器	4a	2a	2a
圆锥-圆柱齿轮减速器	4a	2a	2a
一级蜗杆减速器	2a	3a	2a

注：a 为传动中心距。对于二级传动，a 为低速级中心距。

5.2.3　确定传动零件位置和箱体内壁线

　　传动零件、轴和轴承是减速器的主要零件，其他零件的结构和尺寸是根据主要零件的位置与结构而定的。设计减速器装配草图时，一般从传动零件画起，由箱内零件逐步延至箱外，先画出中心线和轮廓线再过渡到结构细节，以俯视图为主，兼顾主视图和左视图。

　　1. 箱内传动零件中心线及外形轮廓的确定

　　如图 5-2 所示，根据传动零件设计计算所得的箱内传动零件的主要尺寸，在俯视图上先画出传动零件的中心线，再画齿顶圆、分度圆、齿宽和轮毂宽等轮廓尺寸，其他细部结构暂不画出。为保证全齿宽啮合并降低安装要求，通常取小齿轮宽比大齿轮宽大 5～10mm。相邻两齿轮端面间的距离 $c=$ 8～12mm，可参见表 5-2。同时，在主视图中画出节圆和齿顶圆。

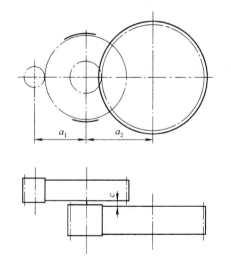

图 5-2　二级圆柱齿轮减速器传动零件的布置

表 5-2　齿轮减速器草图设计参考尺寸　　　　　　　　　　　　　　（单位：mm）

尺寸名称	尺寸代号	参考尺寸的确定方法及说明
传动零件的端面至箱体内壁的距离	p	$p \approx 10 \sim 15$，对于重型减速器应取大些
小齿轮的宽度	b、b_1	由齿轮结构设计
轴承宽度	B、B_1	按轴颈直径初选轴承后确定
齿轮端面之间的距离	c	$c \approx 10 \sim 15$
大齿轮齿顶圆与减速器箱体内壁之间的距离	Δ	$\Delta \geq 1.2\delta$，δ 为箱座壁厚
锥齿轮减速器及锥齿轮-圆柱齿轮减速器高速轴轴承支点距离	l'	$l' = (2.5 \sim 3)d$，d 为轴直径
轴承支点计算距离	l	由所绘装配草图确定
箱外旋转零件的中面到轴承支点的计算距离	l_1	$l_1 = \dfrac{l_5}{2} + l_4 + l_3 + \dfrac{B}{2}$
轴承端面至箱体内壁的距离	l_2	轴承用箱体内的油润滑时：$l_2 \approx 3 \sim 5$ 轴承用脂润滑时，初步可取：$l_2 \approx 8 \sim 12$
轴承座内端面至外端面(或端盖螺钉头顶面)的距离	l_3	由轴承盖的结构尺寸确定
箱体外旋转零件至轴承盖外端面(或螺钉头顶面)的距离	l_4	$l_4 \approx 15 \sim 20$
装联轴器或带轮等零件的轴段长度	l_5	由配合零件和轴的强度要求确定
齿轮齿顶圆或端面与轴之间的距离	l_6	$l_6 \geq 20$
箱体内壁至轴承座孔外端面的距离	L	$L = \delta + c_1 + c_2 + (5 \sim 8)$ c_1、c_2 为螺栓扳手空间
箱体内壁至凸缘外缘的距离	L'	$L' = \delta + c_1 + c_2$ c_1、c_2 为螺栓扳手空间

2．箱体内壁位置的确定

如图 5-3 所示，大齿轮齿顶圆与箱体内壁之间要留一定的距离 Δ，小齿轮端面与箱体内壁之间要有距离 p，以免因箱体铸造误差造成间隙过小时，齿轮与箱体相碰。Δ 和 p 的值按表 5-2 确定。根据 p 值大小在俯视图上先画出箱体宽度方向的两条内壁线，再由 Δ 的大小画出箱体长度方向低速级大齿轮一侧的内壁线，小齿轮齿顶圆与内壁线间的距离暂不确定，待装配草图设计后，由主视图上箱体结构的投影关系确定。同时，在主视图上画出箱体内壁高度方向和一侧宽度方向的轮廓线。

对于含锥齿轮的减速器，在确定箱体内壁位置时，应先估计大锥齿轮的轮毂宽度，待轴径确定后再做必要的调整和修改，具体尺寸参考表 5-2。

对于蜗杆减速器，应尽量缩小蜗杆轴的支点距离，以提高其刚度。为此，蜗杆轴承座常伸到箱体内侧，为保证间隙 Δ_2，常将轴承座内端面做成斜面，具体尺寸参考表 5-3。

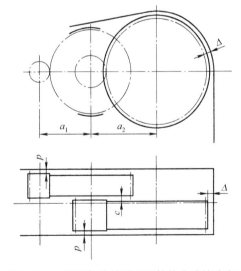

图 5-3　二级圆柱齿轮减速器箱体内壁的确定

表 5-3　蜗杆减速器草图设计参考尺寸　　　　　　　　　（单位：mm）

名称	代号	参考尺寸
蜗轮外圆直径	D_0	由蜗轮结构设计确定
蜗轮外圆或端面与减速器内壁之间的最小距离	Δ_1	$\Delta_1 = 15 \sim 30$
蜗轮外圆或端面与轴承座的最小距离	Δ_2	$\Delta_2 \geq 10 \sim 12$
轴承宽度	B	按轴颈直径初选轴承后确定
轴承支点计算距离	L_1	由计算确定
箱外旋转零件的中面到轴支点的计算距离	l_1	$l_1 \approx \dfrac{l_5}{2} + l_4 + l_3 + \dfrac{B}{2}$
轴承端面至箱体内壁的距离	l_2	轴承用箱体内的油润滑时：$l_2 \approx 3 \sim 5$ 轴承用脂润滑时：$l_2 \approx 8 \sim 12$
轴承盖内端面至端盖螺钉头顶面的距离	l_3	按轴承盖的结构尺寸确定
箱体外的旋转零件至轴承盖外端面(或螺钉头顶面)的距离	l_4	$l_4 \approx 15 \sim 20$
装联轴器等零件的轴段长度	l_5	由配合零件和轴的强度要求确定
轴承座凸缘外径	D_2	由轴承尺寸及轴承盖结构尺寸确定
箱体内壁宽度	b	$b = D_2 + (10 \sim 20)$
轴承套杯外径	D_3	由轴承套杯结构尺寸确定
箱体内壁至轴承座孔外端面距离	L	$L = \delta + c_1 + c_2 + (5 \sim 8)$ 其中 c_1、c_2 为螺栓扳手空间

注：表中数据可参见图 5-7。

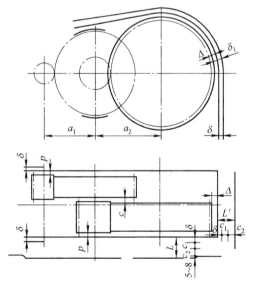

图 5-4　二级圆柱齿轮减速箱体凸缘外缘线的确定

3. 箱体凸缘外缘线的确定

如图 5-4 所示，对于剖分式减速器，箱体凸缘外缘线应由箱体壁厚 δ、连接螺栓所需要的扳手空间 c_1、c_2 等尺寸来确定。需要注意的是，箱体凸缘在宽度方向的尺寸正是轴承座孔的宽度，因此确定其宽度尺寸 L 时，应按照轴承旁的连接螺栓 d_1 的尺寸来考虑扳手空间 c_1、c_2 的尺寸，同时还要考虑轴承座外端面加工表面与毛坯表面相区分的问题，且留出一定的加工余量，为 5～8mm，即 $L = \delta + c_1 + c_2 + (5 \sim 8)$ mm。

图 5-5～图 5-9 是典型减速器的设计草图，供设计时参考。其中，图 5-5 是单级圆柱齿轮减速器草图的俯视图、图 5-6 是二级展开式圆柱齿轮减速器草图的俯视图、图 5-7 是单级蜗杆减速器草图的主视图和侧视图、图 5-8 是单级锥齿轮减速器草图的俯视图、图 5-9 是二级锥齿轮-圆柱齿轮减速器草图的俯视图。

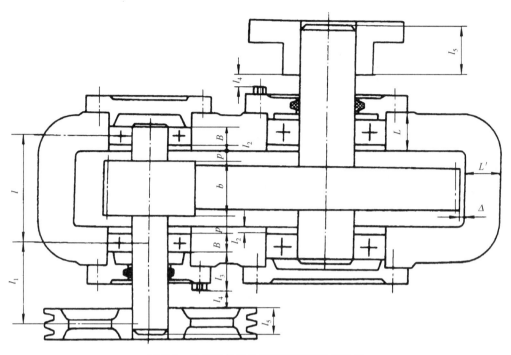

图 5-5 单级圆柱齿轮减速器草图的俯视图

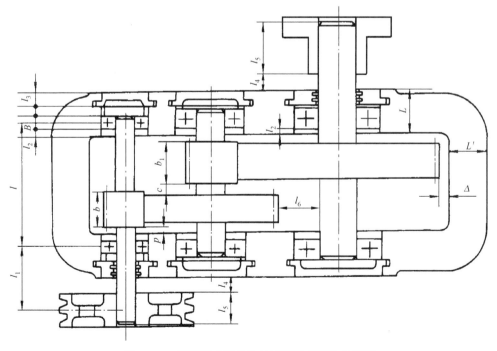

图 5-6 二级展开式圆柱齿轮减速器草图的俯视图

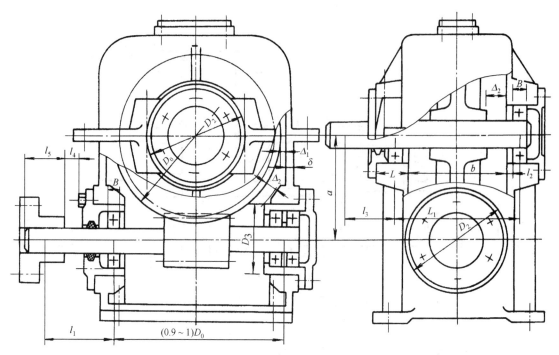

图 5-7　单级蜗杆减速器草图的主视图和侧视图

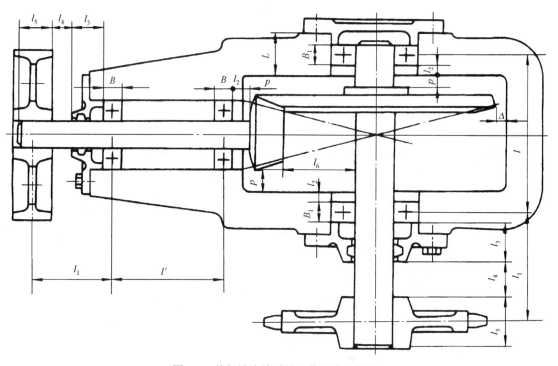

图 5-8　单级锥齿轮减速器草图的俯视图

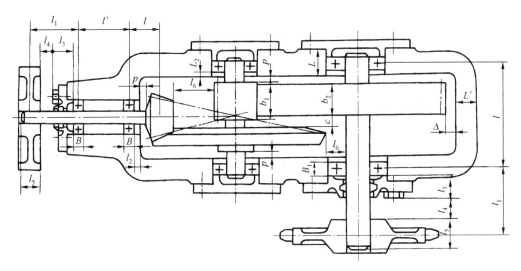

图 5-9 二级锥齿轮-圆柱齿轮减速器草图的俯视图

5.2.4 轴的结构尺寸设计

轴的结构尺寸设计一般先从高速轴开始，再进行中间轴和低速轴的结构设计。

1. 轴径的初步估算

当轴的支承距离未确定时，轴径可按扭转强度估算，即假定轴只受转矩，根据轴上所受转矩估算轴的最小直径，并用降低许用扭转剪应力的方法来考虑弯矩的影响。初步估算轴最小直径的计算公式为

$$d \geqslant C\sqrt[3]{\frac{P}{n}} \qquad (5\text{-}1)$$

式中，d 的单位为 mm；P 为所传送的功率(kW)；n 为轴的转速(r/min)；C 为由轴的材料的许用切应力所确定的系数，其值可参考表 5-4。

表 5-4 轴常用材料的 C 值

轴的材料	Q235、20	Q275、35	45	40Cr、35SiMn、38SiMnMo、3Cr13
C	134～158	120～134	106～120	97～106

按式(5-1)计算出的轴径，一般作为轴的最小处的直径。如果在该处有键槽，则应考虑键槽对轴的强度的削弱。通常若有一个键槽，d 值应增大 5%；若有两个键槽，d 值应增大 10%。最后须将轴径圆整为标准值。

对于外伸轴，初步估算的轴径常作为轴的最小直径(轴端直径)。当外伸轴通过联轴器与电动机连接时，则初步估算的直径 d 必须与电动机轴和联轴器孔相匹配；若外伸轴上装带轮，则其直径应与带轮孔径相同，必要时可改变轴径 d(或增或减)。轴的直径圆整方法具体如下。

(1)该轴段若装有标准件(如联轴器、滚动轴承)，则查相应的国家标准，按标准件的孔径确定轴径。滚动轴承内径的尺寸一般为 5 的倍数，具体请参见本书第 8 章的有关滚动轴承的内容。联轴器的孔径尺寸参见表 5-5。

表 5-5 联轴器的孔径尺寸系列 （单位：mm）

20	22	24	25	28	30	32	35	38	40	42
45	48	50	55	56	60	63	65	70	71	75

（2）该轴段若装有非标准件，则轴径尽量取表 5-6 中的标准尺寸系列。

表 5-6 标准尺寸（直径、长度、高度等）（GB/T 2822—2005 摘录） （单位：mm）

R			R'			R			R'			R			R'		
R10	R20	R40	R'10	R'20	R'40	R10	R20	R40	R'10	R'20	R'40	R10	R20	R40	R'10	R'20	R'40
2.5	2.5		2.5	2.5		40.0	40.0	40.0	40	40	40		280	280		280	280
	2.8			2.8				42.5			42			300			300
3.15	3.15		3.0	3.0			45.0	45.0		45	45	315	315	315	320	320	320
	3.55			3.5				47.5			48			335			340
4.0	4.0		4.0	4.0		50.0	50.0	50.0	50	50	50		355	355		360	360
	4.5			4.5				53.0			53			375			380
5.0	5.0		5.0	5.0			56.0	56.0		56	56	400	400	400	400	400	400
	5.6			5.5				60.0			60			425			420
6.3	6.3		6.0	6.0		63.0	63.0	63.0	63	63	63		450	450		450	450
	7.1			7.0				67.0			67			475			480
8.0	8.0		8.0	8.0			71.0	71.0		71	71	500	500	500	500	500	500
	9.0			9.0				75.0			75			530			530
10.0	10.0		10.0	10.0		80.0	80.0	80.0	80	80	80		560	560		560	560
	11.2			11				85.0			85			600			600
12.5	12.5	12.5	12	12	12		90.0	90.0		90	90	630	630	630	630	630	630
		13.2			13			95.0			95			670			670
	14.0	14.0		14	14	100	100	100	100	100	100		710	710		710	710
		15.0			15			106			105			750			750
16.0	16.0	16.0	16	16	16		112	112		110	110	800	800	800	800	800	800
		17.0			17			118			120			850			850
	18.0	18.0		18	18	125	125	125	125	125	125		900	900		900	900
		19.0			19			132			130			950			950
20.0	20.0	20.0	20	20	20		140	140		140	140	1000	1000	1000	1000	1000	1000
		21.2			21			150			150			1060			
	22.4	22.4		22	22	160	160	160	160	160	160			1120			1120
		23.6			24			170			170			1180			
25.0	25.0	25.0	25	25	25		180	180		180	180	1250	1250	1250			1250
		26.5			26			190			190			1320			

续表

R			R'			R			R'			R			R'		
R10	R20	R40	R'10	R'20	R'40	R10	R20	R40	R'10	R'20	R'40	R10	R20	R40	R'10	R'20	R'40
	28.0	28.0		28	28	200	200	200	200	200	200		1400	1400			
		30.0			30			212			210			1500			
31.5	31.5	31.5	32	32	32		224	224		220	220	1600	1600	1600			
		33.5			34			236			240			1700			
	35.5	35.5		36	36	250	250	250	250	250	250		1800	1800			
		37.5			38			265			260			1900			

注：选择系列及单个尺寸时，应首先在优先数系 R 系列中选用标准尺寸。选用顺序为 R10、R20、R40。如果必须将数值圆整，可在相应的 R' 系列中选用标准尺寸，选用顺序为 R'10、R'20、R'40。

2. 轴的结构设计

轴的结构设计是在初步估算轴径的基础上进行的。为满足轴上零件的装拆、定位、固定要求和便于轴的加工，通常将轴设计成阶梯轴，如图 5-10 所示。轴的结构设计的任务是合理确定阶梯轴的形状和全部结构尺寸。

阶梯轴结构尺寸的确定包括径向尺寸（直径）和轴向尺寸两部分。各轴段径向尺寸的变化和确定主要取决于轴上零件的安装、定位、受力状况以及轴的加工精度要求等。而各轴段的长度则根据轴上零件的位置、配合长度、轴承组合结构以及箱体的有关尺寸来确定。

1）轴各段直径的确定

确定各轴段的直径，应考虑对轴肩大小的尺寸要求及与轴上零件、密封件的尺寸匹配。对用于固定轴上零件或传递轴向力的定位轴肩，如图 5-10 中直径 d 和 d_1、d_3 和 d_4、d_4 和 d_5 形成的轴肩，直径变化值要大些。这些轴肩的圆角半径 r 应小于装配零件孔的倒角 C（表 5-7）和轴肩高度 h，定位轴肩高度 h 应大于该处轴上零件的倒角或圆角半径 2~3mm，通常取 $h \geqslant 0.07d$。当固定滚动轴承时，轴肩（或套筒）直径 D 应小于轴承内圈的外径（厚度），以便于拆装轴承。定位轴肩的尺寸如表 5-7 所示。

对于仅仅是为了轴上零件装拆方便或区别不同的加工表面时，轴的各段直径变化值应较小，甚至采用同一公称直径而取不同的偏差值，如图 5-10 中 d_1 和 d_2、d_2 和 d_3 的直径差取 1~5mm 即可。在确定装有滚动轴承、毡圈密封、橡胶密封等标准件的轴段的直径时，除了满足轴肩大小的要求外，其轴径应根据标准件的尺寸查取相应的标准值。例如图 5-10 中，装配滚动轴承的轴径 d_2 和 d_5 应取滚动轴承内圈的标准直径值（可参见 8.6 节"滚动轴承"），d_1 应根据所采用的密封圈查取标准直径（可参见表 5-12 和表 5-14）。相邻轴段可采用过渡圆角连接（过渡圆半径可参见表 8-2）。

这里仍以图 5-10 中减速器的阶梯轴为例，说明轴各段直径的确定。在图 5-10(a)中，轴承润滑方式为脂润滑，左端装刚性联轴器；在图 5-10(b)中，轴承润滑方式为油润滑，左端装弹性柱销联轴器。图 5-10 中各部分轴径的大小可以按照表 5-8 来确定。

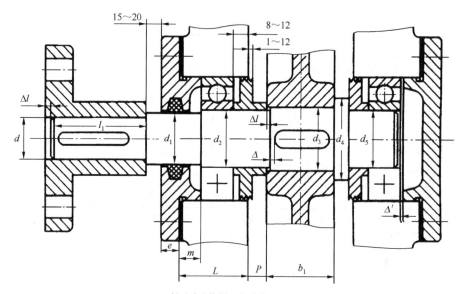

(a) 轴承为脂润滑、左端装刚性联轴器

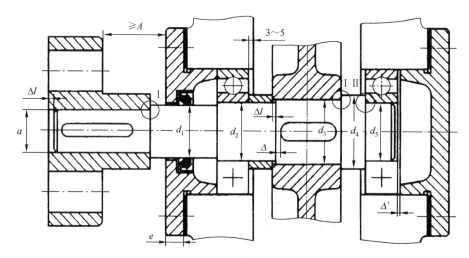

(b) 轴承为油润滑、左端装弹性柱销联轴器

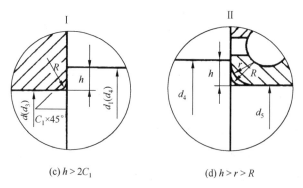

(c) $h > 2C_1$　　　　　　　　(d) $h > r > R$

图 5-10　阶梯轴的结构

表 5-7　定位轴肩的尺寸　　　　　　　　　　　　　　　　　　　　（单位：mm）

图例	d	r	C_1	d_1
	>18～30	1.0	1.6	$d_1 = d + (3 \sim 4)C_1$，计算值应按标准直径圆整
	>30～50	1.6	2.0	
	>50～80	2.0	2.5	
	>80～120	2.5	3.0	

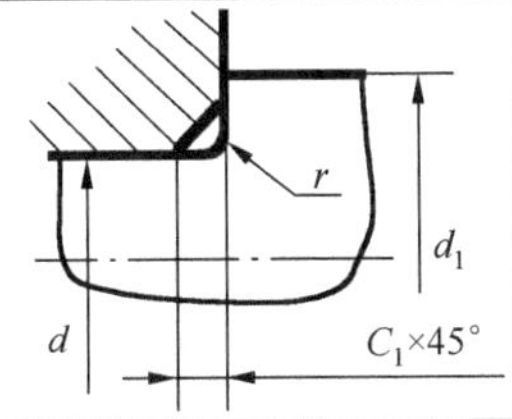

表 5-8　轴的径向尺寸

序号	轴径符号	径向尺寸确定
1	d	由所选联轴器的型号确定，可查表 8-17～表 8-19；或者由旋转零件的轮毂孔径确定
2	d_1	由联轴器的定位需要确定，一般取 $d_1 = d + 2h$，$h \geqslant 0.07d$
3	d_2	$d_2 = d_1 + (1 \sim 3)$mm。图中 d_1 至 d_2 的变化仅为装配方便及区分加工表面，故其差值可小些。d_2 与滚动轴承相配，应与轴承孔径一致(轴承尺寸参见第 8 章相关内容)，开始设计时可预选中窄系列轴承
4	d_3	由齿轮的结构和所传递的扭矩大小确定，一般取 $d_3 = d_2 + (1 \sim 5)$mm，直径变化仅为装配方便及区分加工表面。d_3 与齿轮相配，应圆整为标准直径(一般以 0、2、5、8 为尾数)
5	d_4	轴环是供齿轮轴向定位和固定用的，由齿轮的结构和受力情况确定，一般取 $d_4 = d_3 + 2h$，$h \geqslant 0.07d_3$。若轴环同时用于轴承的轴向定位和固定，为便于拆卸轴承，其值不能超过轴承内圈高度
6	d_5	由所选滚动轴承型号确定，$d_5 = d_2$，配合性质与左边轴承相同

2)轴各段长度的确定

轴上安装传动零件的轴段长度是由所装零件的轮毂宽度决定的，而轮毂宽度一般都是和轴的直径有关，可根据不同零件的结构要求确定其轮毂宽度。除此之外，还要考虑相邻零件之间必要的间距以及轴上零件定位和固定可靠的需要。

(1)为保证轴向定位和固定可靠，与齿轮、联轴器或带轮等零件相配合的轴段长度一般应比与其相配合的轮毂长度稍短一点，如图 5-10 所示，即在轴肩端面与轮毂端面之间留有一定距离 Δl（$\Delta l = 2 \sim 3$mm），在轴的末端面与轮毂端面之间也留有一定距离 Δl。

(2)轴上装有平键时，键的长度应略小于零件(齿轮、蜗轮、带轮、链轮、联轴器等)的轮毂宽度，一般平键长度比轮毂长度短 5～10mm 并圆整为标准值(表 5-6)。为了保证安装零件时轮毂上的键槽与轴上的键容易对准，应使轴上键槽靠近轮毂装入轴端一侧(如图 5-10 所示齿轮轴段的左端)，且距离不宜过大，一般取 $\Delta \leqslant 2$mm。

(3)轴的外伸长度取决于轴承盖结构和轴伸出端安装的零件。若轴端装有联轴器，则必须留有足够的装配尺寸。采用不同的轴承端盖结构，轴外伸的长度也不同。例如，当装有弹性套柱销联轴器(图 5-11(a))时，就要求有装配尺寸 A(A 可由联轴器型号确定)；当采用凸缘式端盖(图 5-11(b))时，轴外伸端长度必须考虑拆卸端盖螺钉所需要的长度 L_B(L_B 可参考端盖螺钉长度确定)，以便在不拆卸联轴器的情况下，可以打开减速器机盖。

(4)轴穿越箱体段的长度必须与已经确定的箱体轴承孔处凸缘的宽度及有待确定的轴承盖厚度、轴外伸端所安装的零件的位置和尺寸相适应。

(5)轴承的位置应适当，轴承的内侧至箱体壁应留有一定的间距，其大小取决于轴承的润滑方式。采用脂润滑时，所留间距较大，为 8～12mm，以便放挡油环(挡油环结构可参见

图 5-21 所示)，防止润滑油溅入而带走润滑脂，如图 5-10(a) 所示；若采用油润滑，一般所留间距为 3～5mm 即可，如图 5-10(b) 所示。

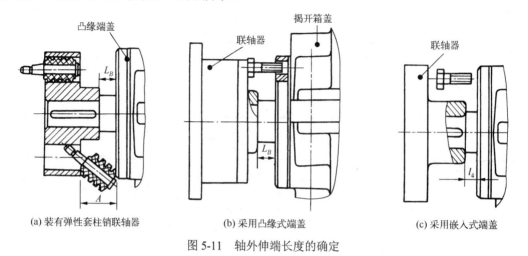

(a) 装有弹性套柱销联轴器　　　　　(b) 采用凸缘式端盖　　　　　(c) 采用嵌入式端盖

图 5-11　轴外伸端长度的确定

仍以图 5-10 中减速器的输入轴为例，当滚动轴承和联轴器型号的选择、传动件的设计计算、轴承座旁螺栓的选择完成后，可以根据表 5-9 从安装齿轮的轴段处向两端进行轴向尺寸的计算。

表 5-9　轴的轴向尺寸

序号	符号	轴向尺寸名称	确定方法及说明
1	l_1	外伸轴上装旋转零件的轴段长度	由联轴器型号确定，或者由旋转零件的轮毂孔宽度确定，l_1 通常比轮毂宽度短 2～3mm
2	e	轴承端盖的厚度	可查表 5-16 或者表 5-17
3	m	轴承端盖的长度	凸缘式轴承端盖的 m 尺寸不宜太短，以免拧紧固定螺栓时轴承端盖歪斜，一般取 $m = (0.1 \sim 0.25)D$，D 为滚动轴承外径
4	L	轴承座孔的长度	L 由轴承座旁连接螺栓的扳手空间位置或座孔内零件安装位置确定，即 $L = \delta + c_1 + c_2 + (5 \sim 10)$ mm
5	p	齿轮端面至箱体内壁的距离	$p \approx 10 \sim 15$，对于重型减速器应取大些
6	B	滚动轴承宽度	由滚动轴承型号确定，可查阅第 8 章的滚动轴承内容
7	Δl	轴端面与轮毂端面之间的距离	一般取 $\Delta l = 2 \sim 3$mm
8	Δ	键顶端距轴端面的距离	为便于安装，键顶端距轴端面的距离不宜过大，一般取 $\Delta \leqslant 2$mm
9	b_1	小齿轮宽度	由齿轮强度计算得出

3) 轴的圆角、倒角、砂轮越程槽、键槽

轴的圆角尺寸可以参考表 5-7 来确定，但在轴上与零部件配合位置处，轴肩处圆角的大小必须小于零部件的圆角或倒角。轴的倒角可在表 8-2 中查取。

当轴表面需要磨削加工或切削螺纹时，轴径变化处应留有砂轮越程槽或退刀槽。轴的螺纹退刀槽可以参考 GB/T3 的标准来确定，砂轮越程槽尺寸可在表 8-3 中查取。

轴的键槽尺寸由轴径大小、轴传递扭矩的大小来确定，而键槽在轴向的位置要求是使传动件便于安装，即键要尽量靠近传动件安装的方向。同时，如果轴上有多个键槽，为了加工方便和保证加工精度，一般把键槽放在轴的同一母线上。

5.2.5　轴承组合结构的设计

1．轴承在箱体轴承座孔中的轴向位置确定

滚动轴承在箱体座孔中的轴向位置确定，主要与滚动轴承的润滑方式有关。当轴承为脂润滑时，应设封油环，取轴承内端面离开箱体内壁的距离 $l_2 = 8\sim12\text{mm}$，如图 5-10(a)所示；当轴承为油润滑时，取 $l_2 = 3\sim5\text{mm}$，如图 5-5、图 5-6、图 5-10(b)所示。

2．轴承的支承形式及调整方式的确定

滚动轴承的类型选定后，可进行轴承的组合设计，设计时要从结构上保证轴系的固定和调整的可靠。常用的固定方式有以下几种。

1) 两端固定

在一般齿轮减速器及轴承支点跨距较小的蜗杆减速器中，多选用两端固定的轴系结构，并利用凸缘式轴承端盖与箱体外端面之间的一组垫片调整轴承间隙(图 5-12)。

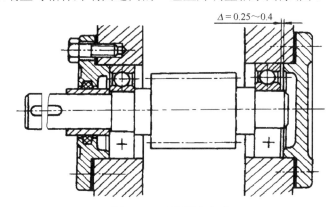

图 5-12　两端固定方式

当小锥齿轮轴系采用角接触轴承支承时，轴承有正安装(即两个轴承面对面安装)及反安装(即两个轴承背对背安装)两种布置方案。图 5-13 为轴承正安装布置结构，这种支承结构的支点跨距较小，刚度较差，但用垫片调整比较方便。图 5-14 为轴承反安装布置结构，其支点跨距较大，刚性较好，当要求两轴承布置紧凑且要提高轴系的刚性时，常采用此种结构。

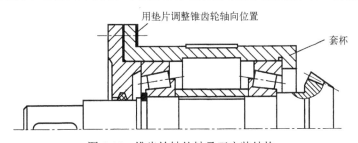

图 5-13　锥齿轮轴的轴承正安装结构

在图 5-13 和图 5-14 中，为保证圆锥齿轮传动的啮合精度，装配时需要调整小锥齿轮的轴向位置，使两圆锥齿轮的锥顶重合。因此，小锥齿轮轴与轴承通常放在套杯内，用套杯凸缘内端面与轴承座外端面之间的一组垫片调整小锥齿轮的轴向位置。轴承端盖与套杯凸缘外端面之间的一组垫片用以调整轴承间隙。套杯右端的凸肩用于固定轴承外圈,其凸肩高度需根据轴承型号从标准中查取。

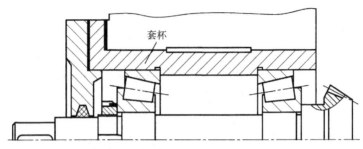

图 5-14 锥齿轮轴的轴承反安装结构

2)一端固定,一端游动

在蜗杆减速器中,当蜗杆轴支点跨距小于 300mm 时,可采用两端单向固定的结构;当蜗杆轴支点跨距较大时,可采用一端固定、一端游动的支承结构(图 5-15)。固定端一般选在非外伸端并采用套杯结构,以便固定轴承。为了便于加工,游动端也常采用套杯或选用外径与箱座孔径尺寸相同的轴承。设计套杯时应注意,如果蜗杆的外径大于箱体轴承座孔径,则无法装配蜗杆。

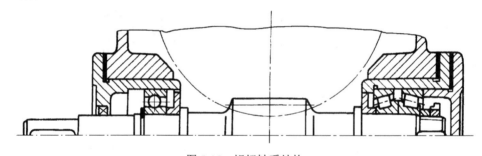

图 5-15 蜗杆轴系结构

5.2.6 轴、轴承、键的校核计算

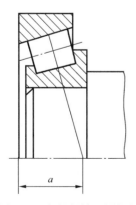

图 5-16 角接触轴承的支点

在轴的结构设计完成后,由轴上的传动零件和轴承的位置可以确定轴上受力的作用点与轴的支承点之间的距离。轴上力的作用点取在传动零件宽度中点。支承点位置是由轴承类型确定的,向心轴承的支承点可取在轴承宽度的中点,角接触轴承的支承点取在离轴承外圈端面 a 处(图 5-16),a 值可查第 8 章的轴承标准来确定。

轴上零件作用力一般当作集中力作用在轮缘宽度的中间。支承点与作用力位置的相对距离,可在装配草图上直接量出,如图 5-17 中的 A、B、C 等尺寸。

确定出传动零件的力作用点及轴的支承点距离后,便可以进行轴、轴承和键的校核计算。

1．轴的校核计算

以图 5-17 中左边的高速轴为例，轴的强度校核步骤如下。

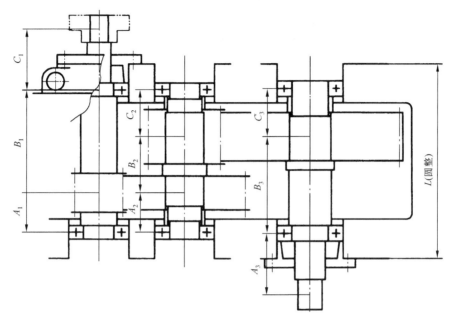

图 5-17　轴的支承点和受力点位置

（1）建立轴的简化力学模型。该轴端装有联轴器，将轴简化成一端为固定铰链，另一端为活动铰链的简支梁，简化力学模型如图 5-18（a）所示。

（2）对轴进行受力分析。首先计算出轴上零件（包含齿轮、带轮等）作用在轴上的力，包括切向力 F_t、径向力 F_r 和轴向力 F_a 等，并画出轴的受力简图，如图 5-18（a）所示。

然后根据作用平面，将这些力分解为水平面的力与垂直面的力，根据这些力以及相应的支反力再分别画出图 5-18（b）和图 5-18（c）。

最后根据静力平衡条件，求出两支点的水平反力 F_{H1}、F_{H2} 和垂直反力 F_{V1}、F_{V2}。

（3）作弯矩图。根据所求支反力，分别计算相应轴截面上的水平面弯矩和垂直面弯矩，垂直面弯矩图如图 5-18（b）所示，水平面弯矩图如图 5-18（c）所示。根据以下公式：

$$M = \sqrt{M_H^2 + M_V^2}$$

可计算合成弯矩，并画出合成弯矩图（图 5-18（d））。

（4）作扭矩图。根据轴的转速 n（r/min）和所传递的功率 P（kW），可算得转矩为

$$T = 9.55 \times 10^6 \frac{P}{n}$$

画出如图 5-18（e）所示的转矩图。

（5）轴的校核计算。轴的强度校核计算应在危险截面处进行。轴的危险截面是指力矩较大、轴径较小且应力集中严重的截面，一般应在轴的结构图上标出其位置。例如，在图 5-18 中，截面 A—A 由于力矩较大、开有键槽且存在应力集中而成为危险截面，因此，应对此截面进行强度校核计算。

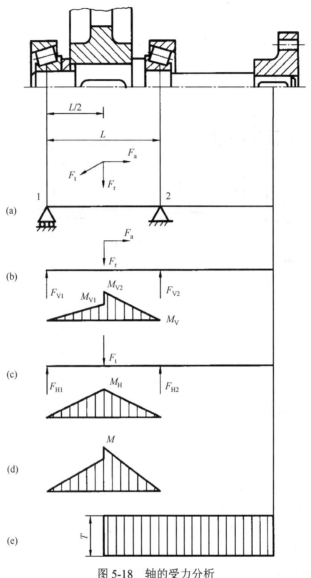

图 5-18　轴的受力分析

常用的强度校核计算方法有以下两种。

①弯扭合成法。这种方法是将弯矩和扭矩合成为当量弯矩后，用其计算危险截面的应力，并与许用弯曲应力进行比较，具体内容见《机械设计》教材。

②安全系数法。对于既受弯矩又受扭矩的转轴，无论是在稳定载荷作用下，还是在变载荷作用下，其截面上的应力皆为变应力。因此，对于重要用途的轴，应对其危险截面进行疲劳强度安全系数校核计算，具体方法见《机械设计》教材。

（6）如果计算结果表明轴的强度不足，则要增大轴的直径；如果计算结果表明轴的强度富余较多，则应适当减小轴的直径。但在此阶段一般不宜急于修改轴的结构尺寸，应待键及轴承校核完成后，再决定是否修改及如何修改。

对于蜗杆减速器中的蜗杆轴，一般应对其进行刚度校核，以保证其啮合精度。

2．轴承寿命校核计算

计算轴承寿命可按以下步骤进行。

(1)由 $F_R = \sqrt{F_V^2 + F_H^2}$ 计算出水平支反力和垂直支反力的合力，作为轴承的径向载荷。

(2)对于角接触球轴承或圆锥滚子轴承，应综合考虑分析轴上作用的全部外载荷以及轴承的内部轴向力 F_S，来确定其轴向载荷，具体方法见《机械设计》教材。

(3)根据轴承类型，计算轴承的当量动载荷 P。

(4)计算轴承寿命。滚动轴承的预期使用寿命可以取为与减速器的使用寿命相等，以便节省维修费用。但当减速器的预期使用寿命较长时，会使所选滚动轴承的尺寸较大，从而导致减速器的整体结构不尽合理。因此，也常将滚动轴承的预期使用寿命取为与减速器大修或中修的时间相等，这样可利用检修机会更换轴承，同样能满足节省维修费用的要求。

(5)经校核计算，如果轴承寿命不符合要求，一般不轻易改变轴承的内径尺寸，可通过改变轴承类型或尺寸系列，选择额定动载荷不同的轴承，使之满足设计要求。

3．键连接的强度校核计算

键连接的类型是根据设计要求选用的。常用的普通平键规格可根据轴径 d 从国家标准(表 8-27)中选择。键长 L 可参考轮毂宽度 B 确定，一般取 $L \leqslant B$，并且 $L \leqslant (1.6 \sim 1.8)d$。为便于装配时轮毂键槽与轴上键对准，轴上键与轴端面间的距离不宜太长。

普通平键连接的主要失效形式是工作面的压溃，因此应主要验算挤压强度。

经校核计算，若发现强度不足，但相差不大时，可通过加长轮毂，并适当增加键长来解决；否则，应采用双键、花键或增大轴径以增加键的剖面尺寸等措施来满足强度要求。

5.2.7　传动零件结构设计

在完成轴的结构设计后，还需进行传动零件的结构设计。减速器内的传动零件包括齿轮、蜗杆和蜗轮，下面对它们的结构设计分别进行介绍。

1．齿轮的结构设计

齿轮的结构形式与齿轮的几何尺寸、毛坯类型、材料、加工方法、生产批量、使用要求及经济性等因素有关。设计时应综合考虑上述因素，首先根据齿轮直径的大小选定合适的结构形式，然后用推荐的经验公式与数据进行齿轮结构设计。

常用的齿轮结构形式有齿轮轴、实心式、腹板式和轮辐式四种类型，具体结构尺寸可参考表 5-10。

齿轮一般采用锻造或铸造毛坯。由于锻造后的钢材力学性能好，当齿根圆直径与该处轴直径差值过小时，为避免由于键槽处轮毂过于薄弱而发生失效，应将齿轮与轴加工成一体。当齿顶圆直径较大时，可采用实心式或腹板式结构齿轮。腹板式结构齿轮又分为模锻和自由锻两种，前者用于批量生产。腹板式结构齿轮重量轻，节省材料。齿顶圆直径 $d_a \leqslant 500$mm 时，通常采用锻造毛坯；当受锻造设备限制或齿顶圆直径 $d_a > 500$mm 时，常采用铸造齿轮，设计时要考虑铸造工艺性，如断面变化的要求，以降低应力集中或铸造缺陷。

2．蜗杆的结构设计

蜗杆螺旋部分的直径一般与轴径相差不大，常与轴做成一体，称为蜗杆轴，具体结构尺寸可参考图 5-19。当蜗杆齿根圆直径大到允许与轴分开时，也可做成装配式的。

表 5-10 齿轮、蜗轮的结构尺寸

齿坯	工件	结构尺寸
 圆柱齿轮轴 圆锥齿轮轴 锻造齿轮 腹板齿轮 实心齿轮	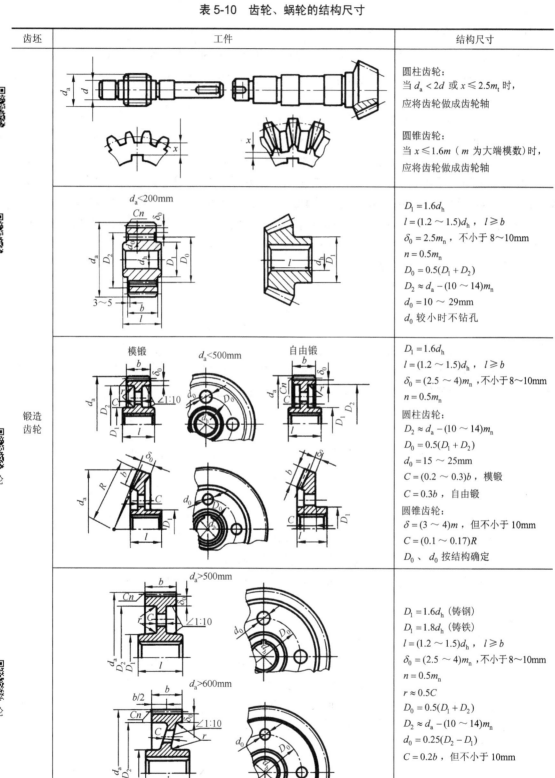	圆柱齿轮: 当 $d_a < 2d$ 或 $x \leqslant 2.5m_t$ 时, 应将齿轮做成齿轮轴 圆锥齿轮: 当 $x \leqslant 1.6m$ (m 为大端模数)时, 应将齿轮做成齿轮轴 $D_1 = 1.6d_h$ $l = (1.2 \sim 1.5)d_h$, $l \geqslant b$ $\delta_0 = 2.5m_n$, 不小于 $8 \sim 10$mm $n = 0.5m_n$ $D_0 = 0.5(D_1 + D_2)$ $D_2 \approx d_a - (10 \sim 14)m_n$ $d_0 = 10 \sim 29$mm d_0 较小时不钻孔 $D_1 = 1.6d_h$ $l = (1.2 \sim 1.5)d_h$, $l \geqslant b$ $\delta_0 = (2.5 \sim 4)m_n$,不小于 $8 \sim 10$mm $n = 0.5m_n$ 圆柱齿轮: $D_2 \approx d_a - (10 \sim 14)m_n$ $D_0 = 0.5(D_1 + D_2)$ $d_0 = 15 \sim 25$mm $C = (0.2 \sim 0.3)b$, 模锻 $C = 0.3b$, 自由锻 圆锥齿轮: $\delta = (3 \sim 4)m$, 但不小于 10mm $C = (0.1 \sim 0.17)R$ D_0 、 d_0 按结构确定 $D_1 = 1.6d_h$ (铸钢) $D_1 = 1.8d_h$ (铸铁) $l = (1.2 \sim 1.5)d_h$, $l \geqslant b$ $\delta_0 = (2.5 \sim 4)m_n$,不小于 $8 \sim 10$mm $n = 0.5m_n$ $r \approx 0.5C$ $D_0 = 0.5(D_1 + D_2)$ $D_2 \approx d_a - (10 \sim 14)m_n$ $d_0 = 0.25(D_2 - D_1)$ $C = 0.2b$, 但不小于 10mm

齿坯	工件	结构尺寸

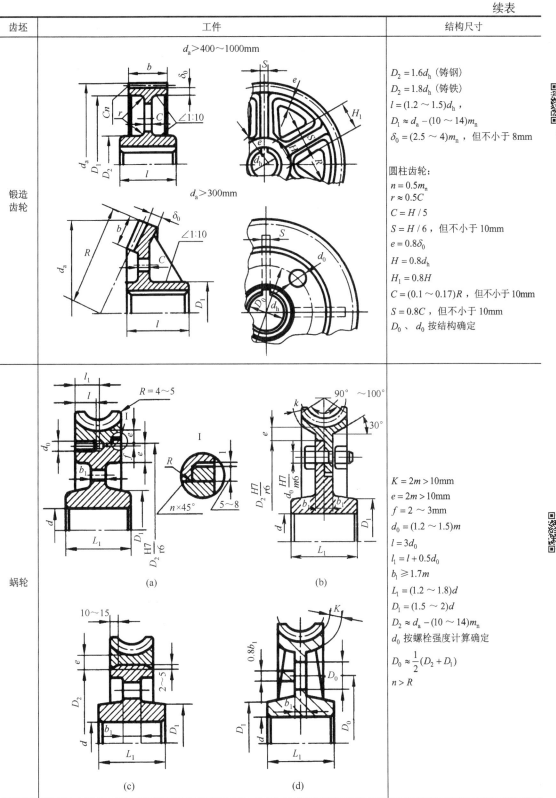

（表格对应的结构尺寸内容）

锻造齿轮：

$D_2 = 1.6d_h$（铸钢）

$D_2 = 1.8d_h$（铸铁）

$l = (1.2 \sim 1.5)d_h$，

$D_1 \approx d_a - (10 \sim 14)m_n$

$\delta_0 = (2.5 \sim 4)m_n$，但不小于 8mm

圆柱齿轮：

$n = 0.5m_n$

$r \approx 0.5C$

$C = H/5$

$S = H/6$，但不小于 10mm

$e = 0.8\delta_0$

$H = 0.8d_h$

$H_1 = 0.8H$

$C = (0.1 \sim 0.17)R$，但不小于 10mm

$S = 0.8C$，但不小于 10mm

D_0、d_0 按结构确定

蜗轮：

$K = 2m > 10mm$

$e = 2m > 10mm$

$f = 2 \sim 3mm$

$d_0 = (1.2 \sim 1.5)m$

$l = 3d_0$

$l_1 = l + 0.5d_0$

$b_1 \geqslant 1.7m$

$L_1 = (1.2 \sim 1.8)d$

$D_1 = (1.5 \sim 2)d$

$D_2 \approx d_a - (10 \sim 14)m_n$

d_0 按螺栓强度计算确定

$D_0 \approx \dfrac{1}{2}(D_2 + D_1)$

$n > R$

轮辐式齿轮

蜗轮

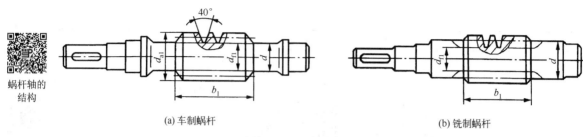

蜗杆轴的
结构

(a) 车制蜗杆　　　　　　　　　　　　　　　(b) 铣制蜗杆

图 5-19　蜗杆轴的结构尺寸图

3. 蜗轮的结构设计

根据尺寸和用途的不同,蜗轮结构可分为整体式和装配式两种形式。整体式适用于铸铁蜗轮和直径小于 100mm 的青铜蜗轮。当蜗轮直径较大时,为节约有色金属,可采用轮箍式(表 5-10 中蜗轮图(a))、螺栓连接式(表 5-10 中蜗轮图(b))和镶铸式(表 5-10 中蜗轮图(c))等组合结构。其中,轮箍式是将青铜轮缘压装在钢制或铸铁轮毂上,再进行齿圈的加工。为了防止轮缘松动,应在配合面圆周上加装紧固螺钉 4～8 个。这种螺栓连接形式在大直径蜗轮上应用较多,这种形式装拆方便,磨损后容易更换齿圈。镶铸式是在轮毂上预制出榫槽,将轮缘镶铸在轮毂上,适用于大批量生产。

4. 结构设计参数选择

在设计齿轮或蜗轮结构时,通常先按其直径选择适宜的结构形式,再根据推荐的经验公式计算相应的结构尺寸,详细结构尺寸见表 5-10。

5.2.8　轴承的润滑和密封设计

1. 轴承的润滑

1) 轴承采用脂润滑

当滚动轴承的速度因数 $dn \leqslant 2 \times 10^5 \mathrm{mm \cdot r/min}$ 时,一般采用润滑脂润滑,如图 5-20 所示。润滑脂通常在装配时填入轴承室,其填装量一般不超过轴承室空间的 1/3～1/2,常用润滑脂的牌号、性能和用途见表 8-36。

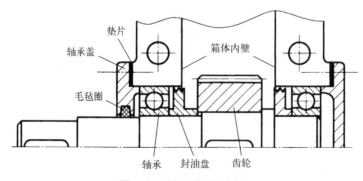

图 5-20　轴承采用脂润滑

由于减速器中的齿轮是采用油润滑,所以需要采用挡油环来阻止齿轮箱内润滑油进入轴承,避免润滑脂稀释而流出。通常在箱体轴承座内侧一端安装挡油环,如图 5-21(a)所示,轴承距内壁的距离为 8～12mm。挡油环的结构尺寸如图 5-21(b)所示。

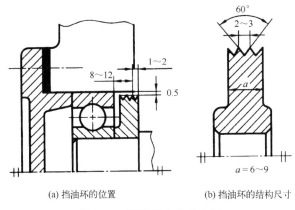

(a) 挡油环的位置　　　　　(b) 挡油环的结构尺寸

图 5-21　脂润滑中的挡油环

2) 轴承采用油润滑

当滚动轴承的速度因数 $dn > 2 \times 10^5 \, \mathrm{mm \cdot r / min}$ 时，轴承采用油润滑，可利用传动零件进行飞溅式润滑。减速器中传动件与轴通常采用同种润滑油润滑，润滑油的选择应优先考虑传动件的需要。

当轴承采用油润滑时，为使飞溅到箱盖内壁上的润滑油能够通畅地流进轴承，应在箱盖分箱面处制出坡面，并在箱体剖分面上制出油沟，在轴承盖上制出缺口和环形通路，如图 5-22 所示。

下置式蜗杆轴的轴承由于位置较低，可以利用箱内油池中的润滑油通过油浴润滑，但油面不应高于轴承最下面滚动体的中心，以免搅油功率损耗太大。

2. 轴承的密封

为防止轴承内的润滑剂向外泄漏，以及外界的灰尘、水汽等杂质渗入，导致轴承磨损或腐蚀，在输入轴和输出轴外伸处，都必须在端盖轴孔内安装密封件。密封分为接触式和非接触式两种类型。密封形式的选择主要由密封处轴表面的圆周速度、润滑剂的种类、工作温度、周围环境等决定。常用的密封类型很多，密封效果也不相同，同时不同的密封形式还会影响到该轴的长度尺寸。常见的密封形式如图 5-23 所示，其性能说明参见表 5-11。

表 5-11　轴承常见密封的性能

密封类型	图名及图号	适用场合	说明
接触式密封	毡圈密封 (图 5-23 (a))	脂润滑。要求环境清洁，轴颈圆周速度 v 不大于 4~5m/s，工作温度不超过 90℃	矩形截面的毡圈被安装在梯形槽内，它对轴产生一定的压力，从而起到密封作用
	皮碗密封 (图 5-23 (b)、(c)、(d)、(e))	脂润滑或油润滑。圆周速度 $v < 7m/s$，工作温度范围 -40~100℃	皮碗由皮革、塑料或耐油橡胶制成，有的具有金属骨架，有的没有金属骨架。图 5-23 (b) 的密封唇朝里，目的是防漏油；图 5-23 (c) 的密封唇朝外，主要目的是防灰尘、杂质进入
非接触式密封	油沟 (间隙) 密封 (图 5-23 (f))	脂润滑。要求干燥、清洁的工作环境	靠轴与盖间的细小环形圈隙密封，间隙越小越长，效果越好，间隙取 0.1~0.3mm
	迷宫式密封 (图 5-23 (g))	脂润滑或油润滑。要求工作温度不高于密封用脂的滴点，此密封效果可靠	将旋转件与静止件之间的间隙做成迷宫形式，在间隙中填充润滑油或润滑脂以加强密封效果
组合密封	毛毡加迷宫密封 (图 5-23 (h))	脂润滑或油润滑	毛毡加迷宫是组合密封的一种形式，可充分发挥各自的优点，提高密封效果

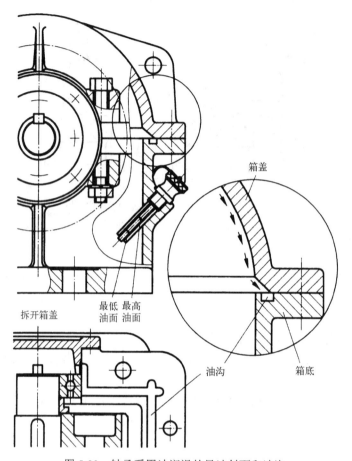

图 5-22　轴承采用油润滑的导油斜面和油沟

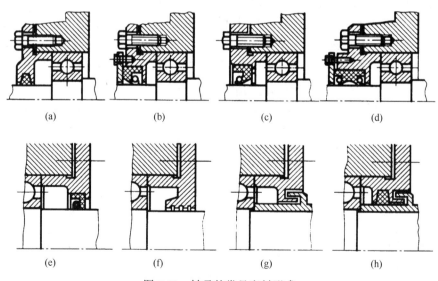

图 5-23　轴承的常见密封形式

下面对轴承常用密封的结构尺寸进行介绍。

1)接触式密封

（1）毡圈密封。如图 5-24 所示，将 D 稍大于 D_0、d_1 稍小于轴径 d 的矩形截面浸油毡圈嵌入梯形槽中，对轴产生压紧作用，从而实现密封。

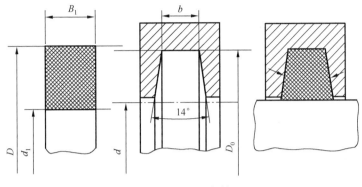

图 5-24　毡圈密封

毡圈油封及槽的结构尺寸见表 5-12。

表 5-12　毡圈油封及槽的结构尺寸　　　　　　　　　　　　　　　（单位：mm）

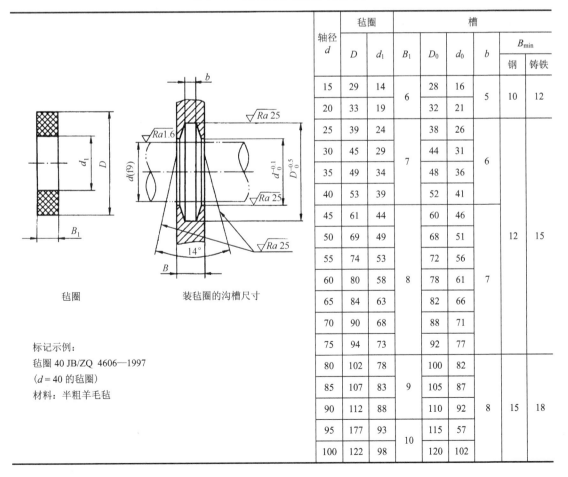

标记示例：
毡圈 40 JB/ZQ 4606—1997
（$d=40$ 的毡圈）
材料：半粗羊毛毡

轴径 d	毡圈			槽				
	D	d_1	B_1	D_0	d_0	b	B_{min}	
							钢	铸铁
15	29	14	6	28	16	5	10	12
20	33	19		32	21			
25	39	24	7	38	26	6	12	15
30	45	29		44	31			
35	49	34		48	36			
40	53	39		52	41			
45	61	44	8	60	46	7		
50	69	49		68	51			
55	74	53		72	56			
60	80	58		78	61			
65	84	63		82	66			
70	90	68		88	71			
75	94	73		92	77			
80	102	78	9	100	82	8	15	18
85	107	83		105	87			
90	112	88		110	92			
95	177	93	10	115	57			
100	122	98		120	102			

毡圈密封结构简单，但磨损快，密封效果差。它主要用于脂润滑和接触面速度不超过 5m/s 的场合。

(2)唇形密封圈密封。设计时密封唇方向应朝向密封方向，若为了防止漏油，则密封唇朝向轴承一侧，见图 5-23(b)、(d)、(e)；若为了防止外界灰尘、杂质进入，则应使密封唇背向轴承，见图 5-23(c)、(d)；若双向密封，则可使用两个橡胶油封反向安装，见图 5-23(d)。橡胶油封分为无内包骨架和有内包骨架两种，对于无内包骨架油封，需要有轴向固定，见图 5-23(b)、(d)。为减少轴颈与橡胶油封接触处的磨损，轴的表面应精车或磨光。橡胶油封安装位置背侧应有工艺孔，以供拆卸，见图 5-23(c)、(e)。

唇形密封圈及透盖上安装槽的尺寸见表 5-13。

表 5-13　唇形密封圈的形式、尺寸及安装要求　　　　　　　　（单位：mm）

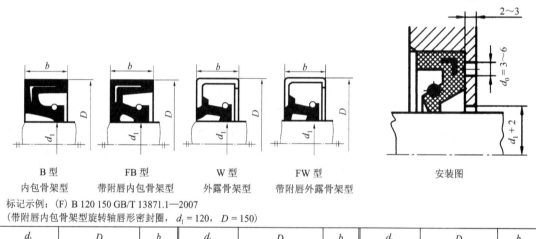

B 型　　　　　FB 型　　　　　W 型　　　　　FW 型　　　　　安装图
内包骨架型　带附唇内包骨架型　外露骨架型　带附唇外露骨架型

标记示例：(F) B 120 150 GB/T 13871.1—2007
（带附唇内包骨架型旋转轴唇形密封圈，$d_1 = 120$，$D = 150$）

d_1	D	b	d_1	D	b	d_1	D	b
6	16，22		25	40，47，52		55	72，(75)，80	
7	22		28	40，47，52	7	60	80，85	8
8	22，24		30	42，47，(50)		65	85，90	
9	22		30	52		70	90，95	
10	22，25		32	45，47，52		75	95，100	10
12	24，25，30	7	35	50，52，55		80	100，110	
15	26，30，35		38	52，58，62		85	110，120	
16	30，(35)		40	55，(60)，62	8	90	(115)，120	
18	30，35		42	55，62		95	120	12
20	35，40，(45)		45	62，65		100	125	
22	35，40，47		50	68，(70)，72		105	(130)	

采用毡圈和唇形密封圈密封时，为了尽量减轻磨损，要求与其相接触轴的表面粗糙度值小于 1.6μm。

2）非接触式密封

(1)油沟密封。利用轴与轴承盖孔之间的油沟和微小间隙充满润滑脂实现密封，其间隙越小，密封效果越好。油沟密封结构形式见图 5-23(f)。油沟式密封槽的结构尺寸见表 5-14。

表 5-14　油沟密封槽　　　　　　　　　　　　　　　　　　　　（单位：mm）

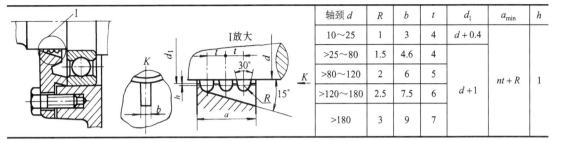

轴颈 d	R	b	t	d_1	a_{min}	h
10～25	1	3	4	$d+0.4$		
>25～80	1.5	4.6	4			
>80～120	2	6	5		$nt+R$	1
>120～180	2.5	7.5	6	$d+1$		
>180	3	9	7			

油沟式密封结构简单，但密封效果较差，适用于脂润滑及较清洁的场合。

（2）迷宫式密封。迷宫式密封适用于脂润滑或油润滑，一般不受圆周速度限制。它将旋转件与静止件之间的间隙做成迷宫形式，在间隙中充填润滑油或润滑脂以加强密封效果，其结构形式见图 5-23（g）。

迷宫式密封槽的结构尺寸见表 5-15。

表 5-15　迷宫式密封槽的结构尺寸　　　　　　　　　　　　（单位：mm）

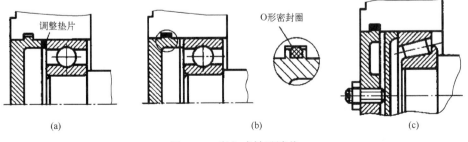

d	10～50	>50～80	>80～110	>110～180
e	0.2	0.3	0.4	0.5
f	1	1.5	2	2.5

毛毡加迷宫密封适用于脂润滑或油润滑。毛毡加迷宫密封可充分发挥各自的优点，提高密封效果，其结构形式见图 5-23（h）。

3．轴承端盖的结构设计

轴承端盖用来密封、轴向固定轴承、承受轴向载荷和调整间隙。轴承端盖有嵌入式和凸缘式两种。

1）嵌入式轴承端盖

嵌入式轴承端盖的轴向结构紧凑，与箱体间无须用螺栓连接，但密封性能差，一般应选用带 O 形密封圈的结构，如图 5-25（a）、（b）所示。调整轴承间隙时，需打开箱盖增减调整垫片，比较麻烦，如果用于固定向心角接触球轴承，则应增加调整间隙的结构（图 5-25（c））。嵌入式轴承端盖结构尺寸见表 5-16。

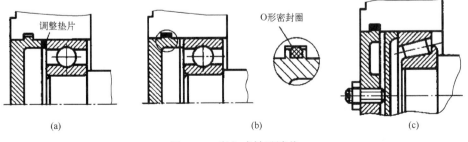

图 5-25　嵌入式轴承端盖

表 5-16　嵌入式轴承端盖结构尺寸　　　　　　　　　（单位：mm）

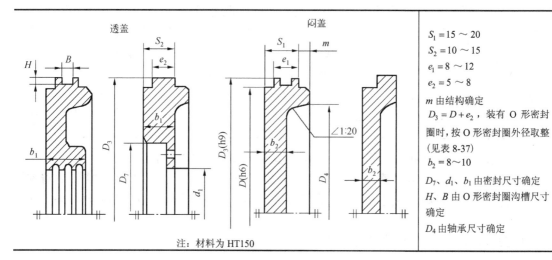

$S_1 = 15 \sim 20$
$S_2 = 10 \sim 15$
$e_1 = 8 \sim 12$
$e_2 = 5 \sim 8$

m 由结构确定

$D_3 = D + e_2$，装有 O 形密封圈时，按 O 形密封圈外径取整（见表 8-37）

$b_2 = 8 \sim 10$

D_7、d_1、b_1 由密封尺寸确定

H、B 由 O 形密封圈沟槽尺寸确定

D_4 由轴承尺寸确定

注：材料为 HT150

2) 凸缘式轴承端盖

凸缘式轴承端盖用螺钉固定在箱体上，调整轴系位置或轴系间隙时不需要打开箱盖，比较方便，如图 5-26 所示，凸缘式轴承端盖的密封性较好，应用较多，但外缘尺寸大。凸缘式轴承端盖结构尺寸见表 5-17。

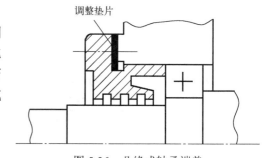

图 5-26　凸缘式轴承端盖

表 5-17　凸缘式轴承端盖结构尺寸　　　　　　　　　（单位：mm）

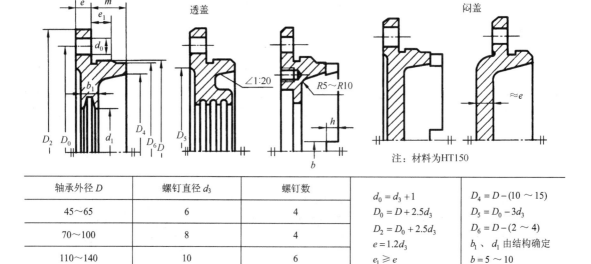

注：材料为 HT150

轴承外径 D	螺钉直径 d_3	螺钉数
$45 \sim 65$	6	4
$70 \sim 100$	8	4
$110 \sim 140$	10	6
$150 \sim 230$	$12 \sim 16$	6

$d_0 = d_3 + 1$

$D_0 = D + 2.5d_3$

$D_2 = D_0 + 2.5d_3$

$e = 1.2d_3$

$e_1 \geqslant e$

m 由结构确定

$D_4 = D - (10 \sim 15)$

$D_5 = D_0 - 3d_3$

$D_6 = D - (2 \sim 4)$

b_1、d_1 由结构确定

$b = 5 \sim 10$

$h = (0.8 \sim 1)b$

轴承端盖的材料一般选用铸铁，设计时应使其厚度均匀。当轴承采用输油沟飞溅润滑时（图 5-27(a)），在轴承端盖的端部车出一段小圆柱面和铣出尺寸为 $b \times h$ 的径向对称缺口（图 5-27(b)），为了防止装配时缺口没有对准油沟而将油路堵塞，可将端盖端部直径取小些，以便让油能顺利流入轴承室。

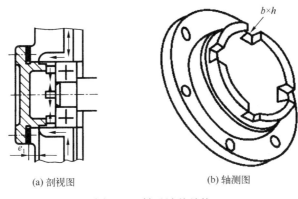

(a) 剖视图　　　　　　　(b) 轴测图

图 5-27　轴承端盖结构

轴承端盖

5.3　装配草图设计第二阶段：箱体及附件设计

5.3.1　第二阶段的设计内容和步骤

减速器装配草图设计第二阶段的主要内容是：在第一阶段的设计基础上进行减速器箱体及附件的具体结构设计。其大致步骤如下。

(1) 确定传动件的润滑方式；

(2) 确定箱座剖分面的结构；

(3) 确定减速器外壁位置；

(4) 确定箱座的高度；

(5) 确定箱座的形状与结构；

(6) 确定箱盖的形状与结构；

(7) 选择连接螺栓，确定轴承旁连接螺栓位置并进行连接凸台设计，确定剖分面连接螺栓位置；

(8) 选择定位销，确定定位销的位置；

(9) 进行减速器附件设计。

5.3.2　传动零件的润滑

绝大多数减速器的传动零件都采用油润滑，其润滑方式多为浸油润滑。对于高速传动，则采用喷油润滑方式。

1. 浸油润滑

浸油润滑是将传动零件一部分浸入油中，如图 5-28 所示，传动零件回转时，黏在其上的润滑油被带到啮合区进行润滑。同时，油池中的油被甩到箱壁上，可以散热。这种润滑方式适用于齿轮圆周速度 $v<12\mathrm{m/s}$（蜗杆圆周速度 $v<10\mathrm{m/s}$）的场合。

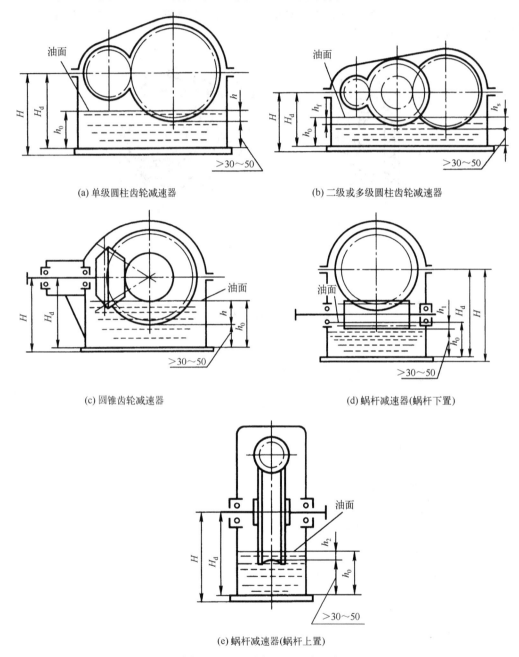

(a) 单级圆柱齿轮减速器   (b) 二级或多级圆柱齿轮减速器

(c) 圆锥齿轮减速器   (d) 蜗杆减速器(蜗杆下置)

(e) 蜗杆减速器(蜗杆上置)

图 5-28 浸油润滑及浸油深度

浸油润滑时，箱体内应有足够的润滑油，以保证润滑及散热的需要。为了避免油搅动时沉渣泛起，大齿轮齿顶到油池底面的距离应大于 30～50mm。为保证传动零件充分润滑且避免搅油损失过大，合适的浸油深度见表5-18。

表 5-18　传动零件浸油深度推荐值

减速器类型	传动件浸油深度
单级圆柱齿轮减速器 (图 5-28(a))	$m<20$mm 时，h 约为 1 个齿高但不小于 10mm
	$m\geqslant20$mm 时，h 约为 0.5 个齿高
二级或多级圆柱齿轮减速器 (图 5-28(b))	高速级：h_f 约为 0.7 个齿高，但不小于 10mm
	低速级：h_s 按圆周速度而定，速度大者取小值
	当 $v_s=0.8\sim12$m/s 时，h_s 为 1 个齿高(不小于 10mm)～1/6 齿轮半径
	当 $v_s\leqslant0.5\sim0.8$m/s 时，$h_s\leqslant(1/6\sim1/3)$齿轮半径
圆锥齿轮减速器(图 5-28(c))	整个齿宽浸入油中
蜗杆减速器 蜗杆下置(图 5-28(d))	$h_1\geqslant1$ 个螺牙高，但油面不应高于蜗杆轴承最低一个滚动体中心
蜗杆上置(图 5-28(e))	h_2 为同级速圆柱的大齿轮的浸油深度 h_s

在传动零件的润滑设计中，还应验算油池中的油量 V 是否大于传递功率所需的油量 V_0。对于单级减速器，每传递 1kW 的功率需油量为 0.35～0.7L。对于多级传动，需油量应按级数成倍地增加。若 $V<V_0$，则应适当增大减速器中心高 H，以增大箱体容油率。

设计二级或多级齿轮减速器时，应选择适宜的传动比，使各级大齿轮的浸油深度适当。如果低速级大齿轮浸油过深，超过表 5-18 所示的浸油深度范围，则可采用油轮润滑，如图 5-29所示。

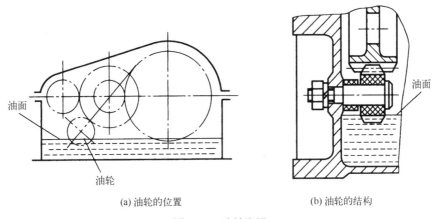

(a) 油轮的位置　　　　　　　　(b) 油轮的结构

图 5-29　油轮润滑

2．喷油润滑

如图 5-30 所示，当齿轮圆周速度 $v>12$m/s，或蜗杆圆周速度 $v>10$m/s 时，黏在传动零件上的油由于离心力作用易被甩掉，啮合区得不到可靠供油，而且搅油使油温升高，此时宜采用喷油润滑，即通过油泵以一定的压力供油，经喷嘴将润滑油喷到轮齿的啮合面上。当 $v\leqslant25$m/s 时，喷嘴位于轮齿啮入边或啮出边均可；当 $v>25$m/s 时，喷嘴应位于轮齿啮出的一边，以便通过润滑油及时冷却刚啮合过的轮齿，同时对轮齿进行润滑。喷油润滑也适用于速度不高，但工作条件繁重的重型或重要减速器。

5.3.3　箱体的结构设计

箱体起着支承轴系、保证传动零件正常运转的重要作用。在已确定箱体结构形式、箱体

毛坯制造方法以及前两阶段已进行的装配工作草图
设计的基础上，本节全面地进行箱体的结构设计。
下面简单介绍其设计步骤。

1. 箱体壁厚及其结构尺寸的确定

箱体要有合理的壁厚。轴承座、箱体底座等处
承受的载荷较大，其壁厚应更厚些。箱座、箱盖、
轴承座、底座凸缘等的壁厚可参照表4-1确定。

2. 轴承旁连接螺栓凸台结构尺寸的确定

1) 确定轴承旁连接螺栓位置

如图5-31所示，为了增大剖分式箱体轴承座的
刚度，轴承旁连接螺栓距离应尽量小，但是不能与

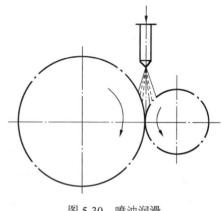

图5-30 喷油润滑

轴承盖连接螺钉相干涉（图5-32），一般$S \approx D_2$，D_2为轴承盖外径。用嵌入式轴承盖时，D_2为
轴承座凸缘的外径。当两轴承座孔之间安装不下两个螺栓时，可在两个轴承座孔间距的中间
安装一个螺栓。

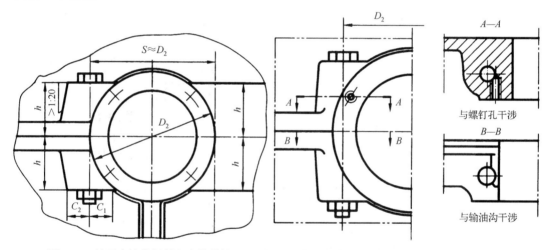

图5-31 轴承旁连接螺栓凸台的设计　　图5-32 箱体连接螺栓与轴承盖连接螺钉孔、输油沟相干涉

2) 确定凸台高度h

在最大的轴承座孔的轴承旁连接螺栓的中心线确定后，根据轴承旁连接螺栓直径d_1确定
所需的扳手空间c_1和c_2值，用作图法确定凸台高度h。用这种方法确定的h值不一定为整数，
可向大的方向圆整为R20标准数列值（表5-6）。为了制造方便，其他较小轴承座孔凸台高度均
设计成等高度。考虑到便于铸造拔模，凸台侧面的拔模斜度一般取1∶20（图5-31）。

3. 箱盖顶部外表面轮廓的确定

对于铸造箱体，箱盖顶部一般为圆弧形。在大齿轮一侧，可以轴心为圆心，以$R = r_{a2} + \Delta + \delta_1$
为半径画出圆弧作为箱盖顶部的部分轮廓。在一般情况下，大齿轮轴承座孔凸台均在此圆弧
以内。而在小齿轮一侧，用上述方法取得的半径画出的圆弧，往往会使小齿轮轴承座孔凸台
超出圆弧，一般最好使小齿轮轴承座孔凸台在圆弧以内，这时圆弧半径R应大于R'（R'为小
齿轮轴心到凸台处的距离）。图5-33(a)为以R为半径画出小齿轮处箱盖的部分轮廓。当然，

也有使小齿轮轴承座孔凸台在圆弧以外的结构(图 5-33(b))。

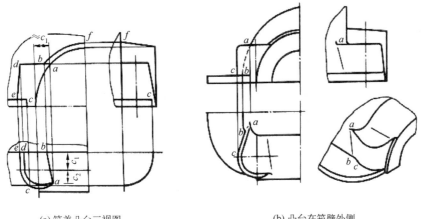

(a) 箱盖凸台三视图   (b) 凸台在箱壁外侧

图 5-33 小齿轮一侧箱盖圆弧的确定和凸台三视图

在初绘装配工作草图时,在长度方向小齿轮一侧的内壁线还未确定,这时根据主视图上的内圆弧投影,可画出小齿轮侧的内壁线。

画出小齿轮、大齿轮两侧圆弧后,可作两圆弧的切线。这样,箱盖顶部轮廓便完全确定了。

4. 箱座高度 H 和油面的确定

箱座高度 H 常先按结构需要来确定,然后验算是否能容纳按功率所需要的油量。如果不能,再适当加高箱座的高度。

减速器工作时,一般要求齿轮不得搅起油池底的沉积物。这样就要保证大齿轮齿顶圆到油池底面的距离大于 30mm(图 5-28),即箱座的高度 H 为

$$H > r_{a2} + (30 \sim 50) + \delta + (3 \sim 5)$$

并将 H 值圆整为整数。

圆柱齿轮润滑时的浸油深度和减速器箱体内润滑油量的确定见表 5-18。

5. 箱盖、箱座凸缘及连接螺栓的布置

箱盖与箱座连接凸缘、箱底座凸缘要有一定宽度,可参照表 4-1 确定。另外,还应考虑安装连接螺栓时,要保证有足够的扳手活动空间。

轴承座外端面应向外凸出 5~8mm,以便切削加工。箱体内壁至轴承座孔外端面的距离 L(轴承座孔长度)为

$$L = \delta + c_1 + c_2 + (5 \sim 8)$$

布置凸缘连接螺栓时,应尽量均匀对称。为保证箱盖与箱座接合的紧密性,螺栓间距不要过大,对于中小型减速器不大于 150~200mm。布置螺栓时,与其他零件间也要留有足够的扳手活动空间。

6. 箱体结构设计时还应考虑的几个问题

1) 足够的刚度

箱体除有足够的强度外,还需有足够的刚度,后者和前者同样重要。若刚度不够,则会

使轴和轴承在外力作用下产生偏斜，引起传动零件啮合精度下降，而使减速器不能正常工作。因此，在设计箱体时，箱体轴承座处应有足够的厚度，并设置加强肋。箱体加强肋有外肋（图 5-34（a））和内肋（图 5-34（b））两种结构形式。内肋结构刚度大，箱体外表面平整，但会增加搅油损耗，制造工艺也比较复杂；外肋或凸壁式（图 5-34（c））箱体结构可增加散热面积，采用较多。

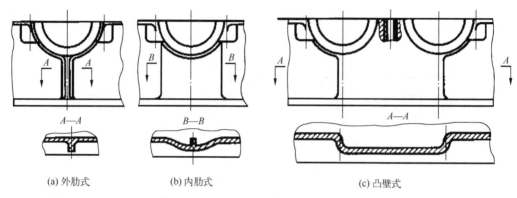

(a) 外肋式　　　　　　　(b) 内肋式　　　　　　　　　(c) 凸壁式

图 5-34　箱体加强肋结构

2) 良好的箱体结构工艺性

箱体的结构工艺性，主要包括铸造工艺性和机械加工工艺性。

（1）箱体的铸造工艺性。设计铸造箱体时，力求外形简单、壁厚均匀、过渡平缓。在采用砂模铸造时，箱体铸造圆角半径一般可取 $R > 5\text{mm}$。若要使液态金属流动畅通，则壁厚应大于最小铸造壁厚（最小铸造壁厚见表 8-5），还应注意铸件应有 1:20～1:10 的拔模斜度。

（2）箱体的机械加工工艺性。为了提高劳动生产率和经济效益，应尽量减少机械加工面的数量和面积。箱体上任何一处加工表面与非加工表面要分开，不使它们在同一平面上。采用凸出结构还是凹入结构应视加工方法而定。轴承座孔端面、窥视孔、通气器、吊环螺钉、放油螺塞等处均应凸起 3～8mm。支承螺栓头部或螺母的支承面一般多采用凹入结构，即沉头座。沉头座锪平时，深度不限，锪平为止，在图上可画出 2～3mm 的深度，以表示锪平深度。箱座底面也应铸出凹入部分，以减少加工面，如图 5-35 所示。

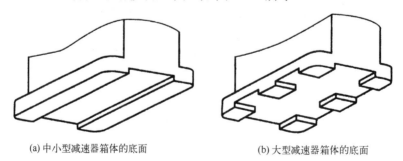

(a) 中小型减速器箱体的底面　　　　　　　(b) 大型减速器箱体的底面

图 5-35　减速器箱体的底面结构

为保证加工精度，缩短工时，应尽量减少加工时工件和刀具的调整次数。因此，同一轴线上的轴承座孔的直径、精度和表面粗糙度应尽量一致，以便一次镗成。各轴承座的外端面应在同一平面上，而且箱体两侧轴承座孔端面应与箱体中心平面对称，便于加工和检验。

7. 箱体其他结构尺寸的确定

由于箱体的结构和受力情况比较复杂，故其结构尺寸通常根据经验设计确定。图 4-5 和图 4-6 分别为常见的齿轮减速器和蜗杆减速器铸造箱体的结构尺寸，其确定方法如表 4-1 所示。

5.3.4　附件的结构设计

减速器各种附件的作用参见本书第 4 章的减速器附件。设计时应选择和确定这些附件的结构尺寸，并将其设置在箱体的合适位置。

1. 窥视孔和窥视孔盖

窥视孔应设在箱盖的上部，以便于观察传动零件啮合区的位置，其尺寸应足够大，以便于检查和手能伸入箱内操作。

窥视孔盖可用钢板焊接或铸造成形，它和箱体之间应加纸质密封垫片，以防止漏油。图 5-36(a)为钢板焊接窥视孔盖，其结构轻便，上下面无须机械加工，无论单件或成批生产均常采用；图 5-36(b)为铸造窥视孔盖，因其有较多部位需进行机械加工，故应用较少。

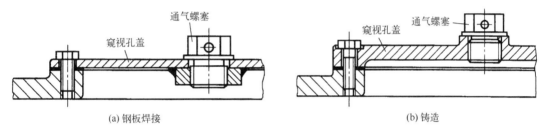

(a) 钢板焊接　　　　　　　　　　　　　　　　(b) 铸造

图 5-36　窥视孔盖

窥视孔盖的结构和尺寸可参照表 5-19 确定，也可自行设计。

表 5-19　窥视孔盖的结构和尺寸　　　　　　　　　　　　（单位：mm）

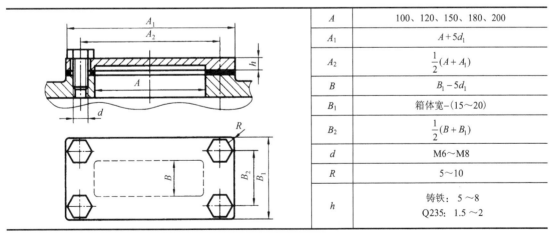

A	100、120、150、180、200
A_1	$A + 5d_1$
A_2	$\frac{1}{2}(A + A_1)$
B	$B_1 - 5d_1$
B_1	箱体宽-(15～20)
B_2	$\frac{1}{2}(B + B_1)$
d	M6～M8
R	5～10
h	铸铁：5～8 Q235：1.5～2

2. 通气器

通气器多安装在窥视孔盖上或箱盖上，如图 5-36 所示，当通气器安装在钢板制窥视孔盖上时，用一个扁螺母固定，为防止螺母松脱落到箱内，将螺母焊在窥视孔盖上，这种形式结构简单,应用广泛;安装在铸造窥视孔盖或箱盖上时,要在铸件上加工螺纹孔和端部平面。

选择通气器类型时应考虑其对环境的适应性,其规格尺寸应与减速器大小相适应。常见通气器的结构和尺寸见表 5-20～表 5-22。

表 5-20　通气塞　　　　　　　　　　　　　　　　　　　　　　　（单位：mm）

通气塞

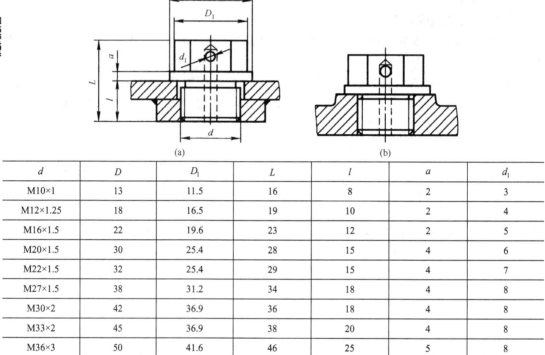

(a)　　　　　　　　　　　　　　　(b)

d	D	D_1	L	l	a	d_1
M10×1	13	11.5	16	8	2	3
M12×1.25	18	16.5	19	10	2	4
M16×1.5	22	19.6	23	12	2	5
M20×1.5	30	25.4	28	15	4	6
M22×1.5	32	25.4	29	15	4	7
M27×1.5	38	31.2	34	18	4	8
M30×2	42	36.9	36	18	4	8
M33×2	45	36.9	38	20	4	8
M36×3	50	41.6	46	25	5	8

表 5-21　通气帽（Ⅰ型）　　　　　　　　　　　　　　　　　　（单位：mm）

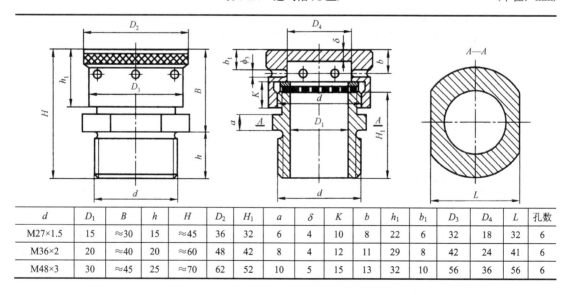

d	D_1	B	h	H	D_2	H_1	a	δ	K	b	h_1	b_1	D_3	D_4	L	孔数
M27×1.5	15	≈30	15	≈45	36	32	6	4	10	8	22	6	32	18	32	6
M36×2	20	≈40	20	≈60	48	42	8	4	12	11	29	8	42	24	41	6
M48×3	30	≈45	25	≈70	62	52	10	5	15	13	32	10	56	36	56	6

表 5-22　通气器（Ⅱ型）　　　　　　　　　　　　　　　　　　　　（单位：mm）

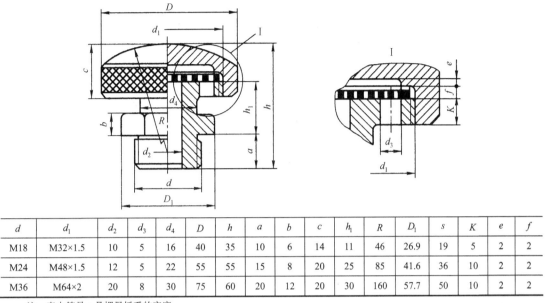

d	d_1	d_2	d_3	d_4	D	h	a	b	c	h_1	R	D_1	s	K	e	f
M18	M32×1.5	10	5	16	40	35	10	6	14	11	46	26.9	19	5	2	2
M24	M48×1.5	12	5	22	55	55	15	8	20	25	85	41.6	36	10	2	2
M36	M64×2	20	8	30	75	60	20	12	20	30	160	57.7	50	10	2	2

注：表中符号 s 是螺母扳手的宽度。

3. 油标

油标用于显示箱体内的油面高度。常用的油标形式有油标尺、圆形油标、长形油标等。油标尺结构简单，应用较多。在检查油面高度时，要拔出油标尺，以杆上的油痕来判断油面高度。油标尺上两条刻线的位置分别表示极限油面的允许值，如图 5-37 所示。油标尺的结构尺寸列于表 5-23。

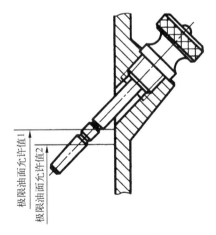

图 5-37　油标尺刻线

油标尺一般安装在箱体侧面，设计时应合理确定油标尺插座的位置及倾斜角度，以免油从箱中溢出，同时要考虑油标尺插取和加工的方便以及与其他结构是否有干涉、碰撞等。油标尺座凸台的设计可参照图 5-38。

表 5-23 油标尺的结构尺寸   （单位：mm）

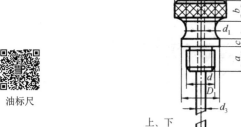

油标尺

d	d_1	d_2	d_3	h	a	b	c	D	D_1
M12	4	12	6	28	10	6	4	20	16
M16	4	16	6	35	12	8	5	26	22
M20	4	20	8	42	15	10	6	32	26

4．放油孔和放油螺塞

为了排放污油和便于清洗减速器箱体内部，在箱座油池的最低处要设置放油孔，油池底面可做成斜面，向放油孔方向倾斜 1°～5°，且放油螺塞孔应低于箱体的内底面，以利于油的放出，平时用放油螺塞将放油孔堵住，放油螺塞采用细牙螺纹。放油孔处机体上应设置凸台，在放油螺塞头和箱体凸台端面间应加防漏用的封油垫片，以保证良好的密封。正确的放油孔位置如图 5-39 所示。放油螺塞及油封垫的结构和尺寸列于表 5-24。

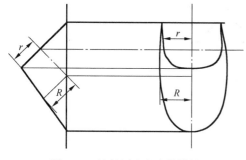

图 5-38 油标尺座凸台的设计

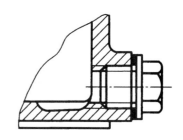

图 5-39 放油孔的位置

5．定位销

为保证装拆减速器箱盖时仍能保持轴承座孔制造加工时的精度，应在精加工轴承座孔前，在箱盖与箱座的连接凸缘上配装两个圆锥定位销。两个圆锥定位销相距应尽量远些，并设置在箱体的两纵向连接凸缘上。对称箱体的两个定位销的位置应呈非对称布置，以免错装。

表 5-24 放油螺塞及油封垫的结构和尺寸 （单位：mm）

d	M14×1.5	M16×1.5	M20×1.5
d_1	15	17	22
e	19.6	19.6	25.4
s	17	17	22
l	12	12	15
L	22	23	28
H	2	2	2
D_0	22	26	30
a	2	3	4

注：①油封垫材料为耐油橡胶、工业用革。
②螺塞材料为 Q235。

定位销有圆锥形和圆柱形两种结构。为保证重复拆装时定位销与销孔的紧密性和便于定位销拆卸，应采用圆锥定位销。一般取定位销直径 $d = (0.7～0.8)d_2$，d_2 为箱盖和箱座凸缘连接螺栓的直径(表 4-1)。其长度应大于上下箱体连接凸缘的总厚度，并且装配成上、下两头均有一定长度的外伸量，以便装拆，如图 5-40 所示，圆锥定位销的尺寸见表 8-28。

6. 启盖螺钉

如图 5-41 所示，启盖螺钉设置在箱盖连接凸缘上，其螺纹有效长度应大于箱盖凸缘厚度，钉杆端部要做成圆形或半圆形，以免损伤螺纹。启盖螺钉直径可与凸缘连接螺栓直径相同，这样必要时可用凸缘连接螺栓旋入螺纹孔顶起箱盖。

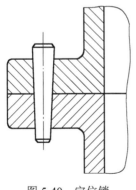

图 5-40 定位销

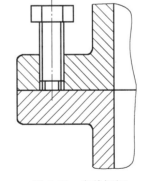

图 5-41 启盖螺钉

7. 吊运装置

为便于搬运，在箱体上需设置吊运装置。减速器的吊运装置有吊耳环、吊耳、吊钩、箱座吊钩等。箱盖上的起吊装置用于起吊箱盖，箱座上的起吊装置用于起吊箱座或整个减速器。

吊钩在箱座两端凸缘下部直接铸出，其宽度一般与箱壁外凸缘宽度相等。吊钩用以起吊整台减速器。吊耳、吊耳环和吊钩的结构与尺寸见表 5-25，设计时可根据具体条件进行适当修改。

表 5-25　吊耳、吊耳环和吊钩的结构与尺寸　　　　　　　　　（单位：mm）

名称	结构图	尺寸
吊耳 （铸在箱盖上）	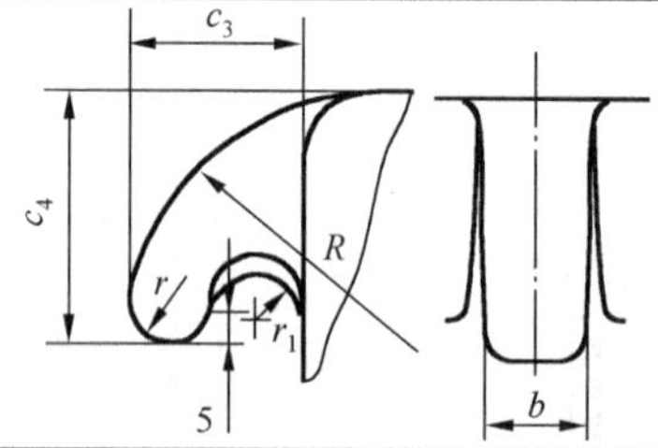	$c_3 = (4 \sim 5)\delta_1$ $c_4 = (1.3 \sim 1.5)c_3$ $b = (1.8 \sim 2.5)\delta_1$ $R = c_4$ $r_1 \approx 0.2c_3$ $r \approx 0.25c_3$ δ_1——箱盖壁厚
吊耳环 （铸在箱盖上）	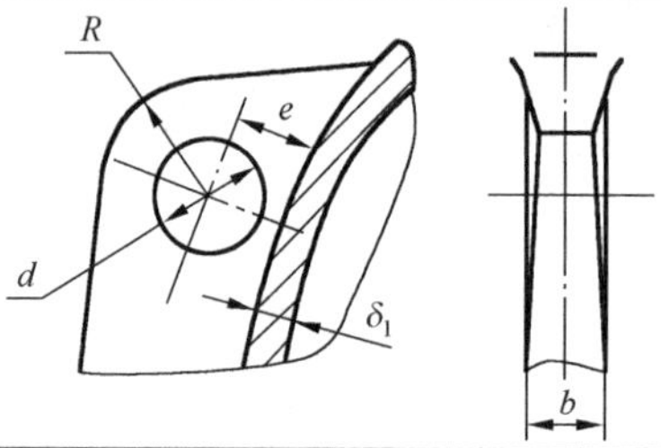	$d = b \approx (1.8 \sim 2.5)\delta_1$ $R \approx (1 \sim 1.2)d$ $e \approx (0.8 \sim 1)d$ δ_1——箱盖壁厚
吊钩 （铸在箱座上）	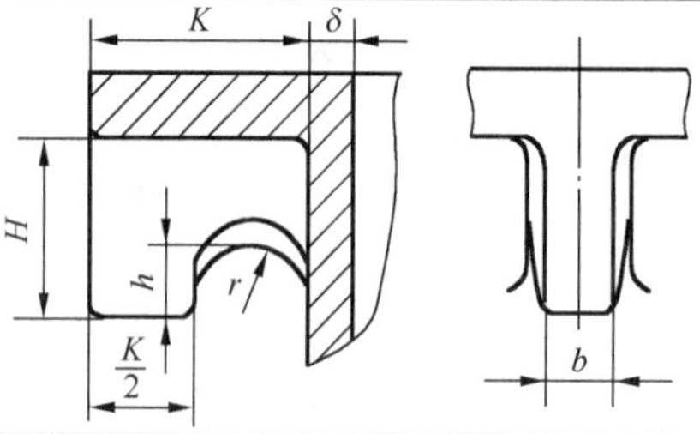	$K = c_1 + c_2$；K——箱座结合面凸缘宽度 c_1、c_2——螺栓扳手空间 $H \approx 0.8K$ $h \approx 0.5H$ $r \approx 0.25H$ $b = (1.8 \sim 2.5)\delta$；δ——箱座壁厚

5.4　装配工作图设计

5.4.1　设计装配工作图的内容和步骤

装配工作图设计阶段的主要内容包括：完善表达减速器装配特征、结构特点和位置关系的各视图；标注尺寸和配合；编写技术特性和技术要求；对零件进行编号；填写明细表和标题栏等。装配工作图的设计步骤如下。

(1)检查和完善减速器装配草图；

(2)标注尺寸和配合；

(3)编写技术特性和制作技术要求；

(4)对零件进行编号；

(5)编制明细表和标题栏。

5.4.2　检查和完善减速器装配草图

完成装配草图后，应认真检查、核对、修改、完善，然后才能绘制减速器正式装配图。检查的主要内容包括以下两个方面。

1．结构及工艺方面

核对传动件、轴及箱体等零件的强度、刚度等计算是否正确；草图中的尺寸(中心距、传动件与轴的尺寸、轴承尺寸与支点跨距)是否与计算的结果一致；装配草图的布置与传动方案(运动简图)是否一致；装配草图上运动输入轴、输出轴以及传动零件的位置与传动方案是否一致；传动件、轴及其他零件的结构是否合理；轴上零件在轴向及圆周方向是否有定位；定位是否准确可靠；轴上零件能否顺利装拆；轴承轴向间隙和轴系部件位置(主要指锥齿轮、蜗轮的轴向位置)能否调整；轴承旁连接螺栓与轴承孔不应贯通；各螺栓连接处是否有足够的扳手空间；箱体上轴承孔的加工能否一次镗出等。

2．工程制图方面

所有零件的基本外形及相互位置关系是否表达清楚；投影关系是否正确，应特别注意零件配合处的投影关系；啮合齿轮、螺纹连接、轴承及其他标准件、常用件视图表达是否符合制图标准的规定；视图投影关系是否正确。

为便于自我检查和修改，在图 5-42～图 5-46 中列举了装配草图中一些常见错误,以供参考。

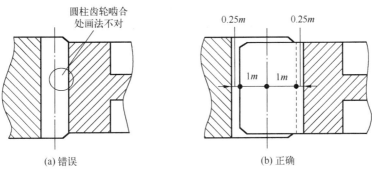

图 5-42　圆柱齿轮啮合

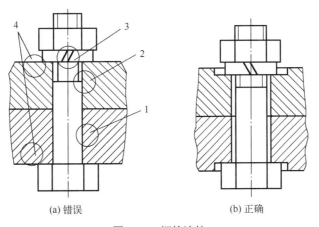

图 5-43　螺栓连接

1-螺栓杆与孔之间应有间隙；2-螺纹小径应该用细实线绘制；3-弹簧垫圈开口方向不对；4-应有沉孔

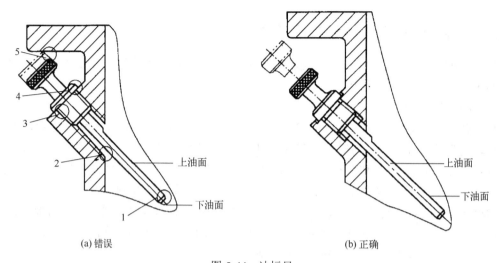

(a) 错误　　　　　　　　　　　　　　(b) 正确

图 5-44　油标尺

1-油标尺太短；2-漏画孔的投影线且内螺纹太长；3-缺少螺纹退刀槽；4-缺少沉孔；5-油标尺无法装拆

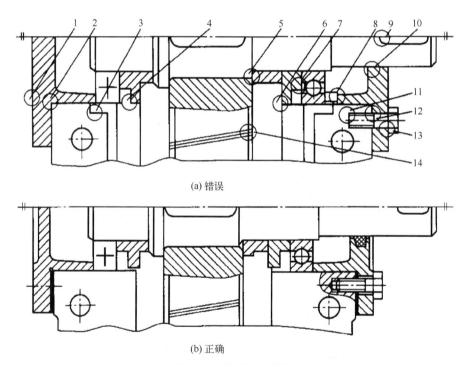

(a) 错误

(b) 正确

图 5-45　轴系组合结构

1-轴承盖外表面加工面积过大；2-两零件配合折角处不应都做成尖角或相同的圆角；3-采用脂润滑，输油沟无必要；
4-漏画轴承座孔的投影线；5-套筒应顶住齿轮，不能既顶齿轮又顶轴，套筒厚度不够；
6-挡油环与轴承座孔间应留有间隙，环的外端面应伸出箱内壁 1～3mm；7-挡油环与轴承接触部分太高，不利于轴承转动；
8-采用脂润滑，轴承盖上缺口无必要；9-键不应伸到轴承盖里面；10-轴与轴承盖之间应有间隙，且应装密封件；
11-螺纹孔深没有余量；12-漏画局部剖视图；13-螺钉与孔应有间隙；14-斜齿轮上斜线不应出头

5.4.3　完成装配图的全部视图

将草图绘制成正式装配图时，应注意以下几点。

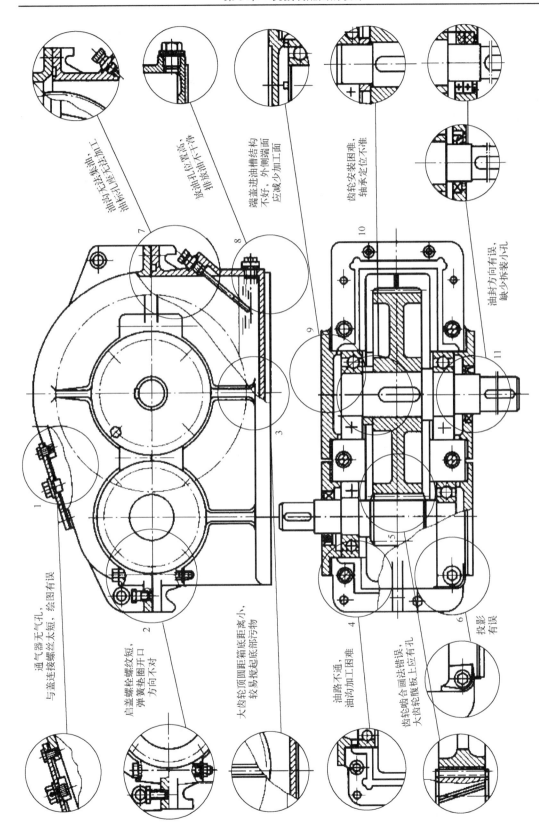

图 5-46　减速器装配草图常见错误及改正示例

（1）在完整准确地表达减速器零部件结构形状和各部分相互关系的前提下，视图数量应尽量少，尽量将减速器的工作原理和主要装配关系集中表达在一个基本视图上。避免采用虚线表示零件的结构形状，必须表达的内部结构可采用局部剖视图或局部视图。

（2）在画剖视图时，同一零件在不同视图中的剖面线方向和间隔应一致，相邻零件的剖面线方向或间隔应取不同，装配图中的薄件（≤2mm）可用涂黑画法。

（3）同一视图的多个配套零件，如螺栓、螺母等，允许只详细画出一个，其余用中心线表示。

（4）装配图线形设置应符合国际标准的规定，如轮廓线为粗实线，中心线为点画线，剖面线和尺寸线为细实线等。

5.4.4　标注尺寸

在减速器装配工作图中，主要标注下面四类尺寸。

1. 特性尺寸

特性尺寸表明减速器的性能和规格的尺寸，如传动零件的中心距及其偏差。

2. 配合尺寸

配合尺寸表明减速器内零件之间装配要求的尺寸，一般应标注出基本尺寸及配合代号。主要零件的配合处都应标出配合尺寸、配合性质和配合精度，如轴与传动零件、轴与联轴器、轴与轴承、轴承与轴承座孔等配合处。配合性质与精度的选择对于减速器的工作性能、加工工艺及制造成本影响很大，在确定零件间的配合时，要根据零件的作用和零件间配合间隙或过盈的大小，同时参考同类产品并参考设计资料，经过深入分析，最终来合理确定。在减速器设计中，常用的配合可参考表 5-26 来选择。

表 5-26　减速器主要零件的推荐用配合和装拆方法

适用配合零件	推荐用配合	装拆方法
大中型减速器的低速级齿轮（蜗轮）与轴的配合；轮缘与轮心的配合	H7/r6，H7/s6	用压力机或温差法（中等压力的配合、小过盈配合）
一般齿轮、蜗轮、带轮、联轴器与轴的配合	H7/r6	用压力机（中等压力的配合）
要求对中性良好及很少装拆的齿轮、蜗轮、联轴器与轴的配合	H7/n6	用压力机（较紧的过渡配合）
小锥齿轮及较常拆卸的齿轮、联轴器与轴的配合	H7/m6，H7/k6	手锤打入（过渡配合）
滚动轴承内孔与轴的配合	n6，m6，k6，js6（轴偏差）	用压力机或手锤打入
滚动轴承外圈与箱座孔的配合	K7，J7，H7，G7（孔偏差）	手锤打入
轴套、溅油轮、封油环、挡油环与轴的配合	H7/h6，E8/js6，E8/k6，D11/k6，F9/m6	木槌或徒手装配
轴承套杯与箱座孔的配合	H7/h6	
轴承盖与箱座孔（或套杯孔）的配合	H7/h8，H7/f6	

3. 外形尺寸

外形尺寸表明减速器大小的尺寸，供包装、运输和布置安装场所时参考，如减速器的总长、总宽和总高。

4．安装尺寸

与减速器相连接的各有关尺寸，如减速器箱体底面长、宽、厚尺寸，地脚螺栓的孔径、间距及定位尺寸，伸出轴端的直径及配合长度，减速器中心高等。

5.4.5　编写技术特性

减速器的技术特性常写在减速器装配图上的适当位置，如图 5-1 所示，可采用表格形式，其形式可参见表 5-27。

表 5-27　减速器的技术特性

输入功率 P/kW	输入转速 $n/(\text{r/min})$	效率 η	总传动比 i	传动特性							
				高速级				低速级			
				m_n	z_2/z_1	β	精度等级	m_n	z_2/z_1	β	精度等级

5.4.6　制定技术要求

装配工作图的技术要求是用文字说明那些在视图上无法表达清楚的有关装配、调整、检验、润滑、维护等方面的内容，它和图样上已画出的内容是同等重要的。正确制定技术要求能保证减速器的工作性能。技术要求主要包含以下两个方面的内容。

1．对零件的要求

装配前所有零件均要用煤油或汽油清洗，在配合表面涂上润滑油，在箱体内表面涂防侵蚀涂料，箱体内不允许有任何杂物存在。

2．对安装和调整的要求

1）滚动轴承的安装与调整

为保证滚动轴承的正常工作，应使轴承的轴向有一定的游隙。游隙大小对轴承的正常工作有很大影响，游隙过大，会使轴系固定不可靠；游隙过小，会妨碍轴系因发热而伸长。当轴承支点跨度较大、温升较高时，应取较大的游隙。对游隙不可调整的轴承（如深沟球轴承），可取游隙 $\Delta = 0.25 \sim 0.4\text{mm}$，或参考相关设计手册。

2）传动侧隙和接触斑点

为保证减速器正常的啮合传动，安装时必须保证齿轮或蜗杆副所需要的侧隙及齿面接触斑点。齿轮的侧隙和齿面接触斑点可根据传动精度及 GB/T 10095.1－2022 的规定来确定。

3）润滑与密封

润滑剂对传动性能有很大的影响，在技术要求中应写明传动件及轴承的润滑剂品种、准确用量及更换时间。

减速器剖分面、各接触面及密封处均不允许漏油。剖分面上允许涂密封胶或水玻璃，但决不允许使用垫片。

4）试验

减速器装配完毕后，在出厂前一般要进行空载试验和整机性能试验，根据工作和产品规范，可选择抽样试验和全部产品试验。在空载及负荷试验的全部过程中，要求运转平稳、噪声在要求分贝内、连接固定处不松动，要求密封处不漏油。

5) 包装、运输和外观

轴的外伸端及各附件应涂油包装。运输用的减速器包装箱应牢固可靠，装卸时不可倒置，安装搬运时不得使用箱盖上的吊钩、吊耳、吊环。减速器应根据要求，在箱体表面涂上相应的颜色。

5.4.7 对零件进行编号

装配图中零件序号的编排应符合机械制图国家标准的规定。序号按顺时针或逆时针方向依次排列整齐，避免重复或遗漏，对于相同的零件用 1 个序号，只标注 1 次，序号字高比图

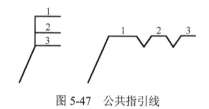

图 5-47 公共指引线

中所注尺寸数字高度大一号。指引线相互不能相交，也不应与剖面线平行。一组紧固件及装配关系清楚的零件组，可以采用公共指引线(图 5-47)。独立的组件、部件(如滚动轴承、通气器、油标等)可作为一个零件编号。零件编号时，可以不分标准件和非标准件统一编号，也可将两者分别进行编号。

5.4.8 编制标题栏和明细表

标题栏、明细表应按国家标准规定绘于图纸右下角指定位置，尺寸规格按国家标准。

1. 标题栏

装配工作图中的标题栏用来说明减速器的名称、图号、比例、重量及数量等，内容需逐项填写，图号可根据设计内容用汉语拼音及数字编写。标题栏的格式(GB/T 10609.1—2008)见图 5-48。

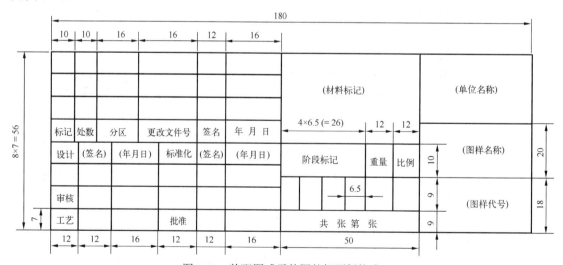

图 5-48 装配图或零件图的标题栏格式

2. 明细表

装配工作图中的明细表是减速器所有零部件的目录清单，明细表由下向上按序号完整地

给出零部件的代号、名称、材料、规格尺寸及数量。对每一个编号的零件都应在明细表内列出。编制明细表的过程也是最后确定材料及标准件的过程。明细表中的填写应根据图中零件标注顺序按项进行，不能遗漏，必要时可在备注栏中加注。标准件必须按照规定标记，完整地写出零件名称、材料、规格及标准代号，同时，注意查阅最新国家标准，按要求填写相关内容，材料应注明牌号。明细表的格式（GB/T 10609.2—2009）见图 5-49。

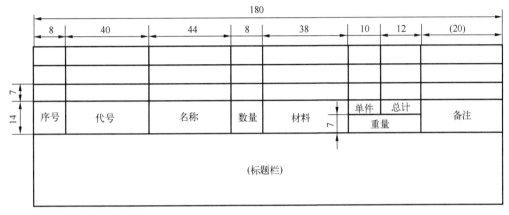

图 5-49　明细表的格式

第6章 零件工作图的设计

6.1 零件工作图设计概述

1. 零件工作图的设计要求

零件工作图是制造、检验和制定零件工艺规程用的图样。一张完整的零件图应全面、正确、清晰地表达零件结构，制造和检验所需的全部尺寸和技术要求。

在课程设计中，设计零件图主要是培养学生的工程设计能力，使其掌握零件图的设计内容、要求和设计方法。

2. 零件工作图的设计要点

1)选择和布置视图

零件图选取视图的数量要恰当，以能完整、正确、清楚地表明零件的结构形状和相对位置关系为原则。

零件图优先采用 1:1 的比例。如果零件尺寸较大或者较小，可按照规定的比例缩小或者放大绘制图形。对于细部结构，若有必要，可以采用局部放大视图。

零件图中所表达的结构与尺寸必须与装配图一致，不能随意修改。若需改动，则装配工作图也要做相应的修改。

2)标注尺寸

零件图上的尺寸是加工与检验的依据。在图上标注尺寸，必须做到正确、完整、书写清楚，配合尺寸要标注出准确尺寸及其极限偏差。零件图上的几何公差，是评定零件加工质量的重要指标，应按设计要求由标准查取，并标注。

零件的所有加工表面和非加工表面都要注明表面粗糙度。当较多表面具有同一表面粗糙度时，可在图幅标题栏附近集中标注。

对于传动零件，要列出主要参数、精度等级和误差检验项目表。

3)编写技术要求

零件在制造过程或检验时所必须保证的设计要求和条件，不便用图形或符号表示时，应在零件图技术要求中列出，其内容根据不同零件的加工方法和要求确定。一些在零件图中多次出现，且具有相同几何特征的局部结构尺寸(如倒角、圆角半径等)，也可在技术要求中列出。

4)绘制标题栏

标题栏按国家标准格式应设置在图纸的右下角，其主要内容有零件的名称、图号、数量、材料、比例等。

6.2　轴类零件工作图设计

1. 选择视图

一般轴类零件只需绘制主视图即可基本表达清楚，视图上表达不清的键槽和孔等，可用截面图或剖视图来辅助表达。对轴的细部结构，如螺纹退刀槽、砂轮越程槽、中心孔等，必要时可画出局部放大图。

2. 标注尺寸

轴的各段尺寸应全部标注尺寸，凡是配合处都要标注尺寸极限偏差。标注轴的各段长度尺寸时首先应选好基准面，尽可能做到设计基准面、工艺基准面和测量基准面三者一致，并尽量考虑加工过程来标注尺寸。基准面常选择在传动零件定位面处或轴的端面处。对于长度尺寸精度要求较高的轴段，应尽量直接标注出其尺寸。标注尺寸时应避免出现封闭的尺寸链。通常是将轴中最不重要的一段轴的轴向尺寸作为尺寸的封闭环而不注出。

图 6-1 为减速器输出轴的直径与长度尺寸的标注示例，图 6-1 中 I 基准面为主要基准。图 6-1 中 L_2、L_3、L_4、L_5 和 L_7 等尺寸都以 I 基准面作为基准标出，以减小加工误差。标注 L_2 和 L_4 是考虑到齿轮固定及轴承定位的可靠性，标注 L_3 是为了控制轴承支点的跨距。标注 L_6 是考虑到开齿轮固定，L_8 为次要尺寸。ϕ_1 轴段和 ϕ_7 轴段的长度误差不影响轴系的装配和使用，故作为封闭尺寸不标注。

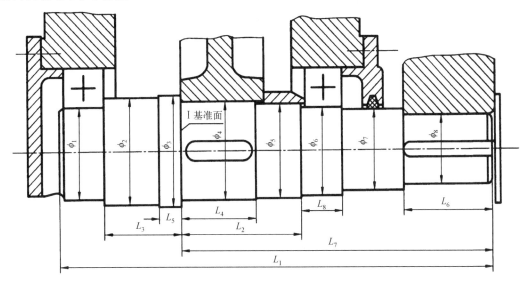

轴类零件

图 6-1　轴零件图的尺寸标注示例

3. 标注尺寸公差

对于径向尺寸，凡是配合部位的尺寸都应注出极限偏差，且配合轴段直径的极限偏差应按装配图上已选定的配合标注。

键槽的尺寸及公差参考第 8 章中的相关内容。

4．标注几何公差

表 6-1 列出了轴类零件的几何公差推荐项目，供设计时参考。

表 6-1　轴类零件的几何公差推荐项目

类别	项目	等级	作用
形状公差	轴承配合表面的圆度或圆柱度	6～7	影响轴与轴配合的松紧和对中性
	传动轴孔配合的圆度或圆柱度	6～8	影响传动件与轴配合的松紧和对中性
位置公差	轴承孔配合表面对轴线的圆跳动	6～8	影响传动件及轴承的运动偏心
	轴承定位端面对轴线的圆跳动	6～8	影响轴承的定位及受载均匀性
	传动轴承孔配合表面对轴线的圆跳动	6～8	影响齿轮等传动件的正常运转
	传动定位端面对轴线的圆跳动	6～8	影响齿轮等传动件的定位及受载均匀性
	键槽对轴线的对称度	7～9	影响键受载的均匀性及装拆难易程度

轴的几何公差的参数值参见第 8 章的相关内容。

5．标注表面粗糙度

轴的所有表面都要进行加工。轴类零件加工表面的粗糙度 Ra 的推荐值可参考表 6-2。

表 6-2　轴类零件加工表面粗糙度 Ra 的推荐值　　　　　　（单位：μm）

加工表面	表面粗糙度 Ra	加工表面	表面粗糙度 Ra
与传动件及联轴器相配合的表面	0.8～3.2	与传动件及联轴器轮毂配合的轴肩端面	1.6～6.3
与普通级滚动轴承配合的表面	0.8～1.6	与普通滑动轴承配合的轴肩	3.2
平键键槽的工作面	1.6～3.2	平键键槽的非工作面	6.3

6．技术要求

轴类零件工作图的技术要求包括以下内容。

(1)对材料力学性能和化学成分的要求，以及允许代用的材料等。

(2)材料的热处理方法、热处理后轴表面的硬度等。

(3)对图上未注明倒角和圆角的说明。

(4)对加工的要求，如是否要与其他零件一起配合加工等。

轴类零件工作图示例见图 11-9。

6.3　齿轮类零件工作图设计

1．选择视图

齿轮类零件包括齿轮、蜗轮等。该类零件工作图一般需要两个主要视图(一个是端面视图，另一个是侧视图)，有时为了表达齿形的特征及参数，需要画出局部剖面图。啮合参数表一般布置在图纸的右上角。

对于组合式的蜗轮结构，则应分别画出组合前的齿圈、轮心的零件图及组装后的蜗轮组件图。

齿轮轴、蜗杆轴的视图与轴类零件工作图相似。

2．标注尺寸

在标注尺寸时，首先应明确标注的基准。齿轮类零件的轮毂孔不仅是装配的基准，也是切齿和检测加工精度的基准，所以对各径向尺寸，应以孔的轴线为基准注出，如图 6-2 所示。轮毂孔的端面是装配时的定位基准，也是切齿时的定位基准。

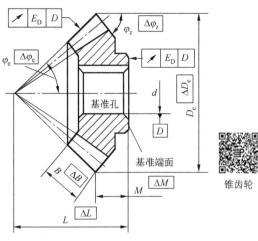

图 6-2　锥齿轮尺寸及公差标注

分度圆直径是设计的基本尺寸，必须注出并精确到小数点后 2～3 位。轴孔是加工、测量和装配的重要基准，尺寸精度要求高，因而要标注极限偏差(可参见图 11-5 和图 11-6)。

锥齿轮的锥距和锥角是保证啮合的重要尺寸，标注时锥距应精确到 0.01mm，锥角应精确到分，分度圆锥角应精确到秒。为了控制锥顶的位置，还应注出基准端面到锥顶的距离(图 6-2)，它影响到锥齿轮的啮合精度。

蜗轮组件图中，还应注出齿圈和轮心相配合处的配合尺寸、精度及配合性质(可参见图 11-8)。

3．标注尺寸公差

齿轮类零件的轮毂孔是重要的基准，其加工质量直接影响到零件的旋转精度，故孔的尺寸精度一般选为基孔制 7 级。由于轮毂孔端面影响安装质量和切齿精度，故对蜗轮和锥齿轮应标注出以端面为基准的尺寸和极限偏差。这些尺寸规定极限偏差是为了保证在切齿时滚刀能获得正确的位置，以满足切齿精度的要求。

圆柱齿轮和蜗轮的齿顶圆常作为工艺基准和测量用定位基准，此时应标注出齿顶圆尺寸极限偏差。锥齿轮应注出锥体大端的直径极限偏差、顶锥角极限偏差及齿宽尺寸极限偏差等。

4．标注几何公差

表 6-3 列出了齿轮类零件轮坯的几何公差推荐项目，供设计时参考。齿轮类零件几何公差的参数值参见第 8 章的相关内容。

表 6-3　齿轮类零件轮坯的几何公差推荐项目

项目	精度等级	对工作性能的影响
圆柱齿轮以齿顶圆作为测量基准时齿顶圆的径向圆跳动	按齿轮、蜗轮精度等级确定	影响齿厚的测量精度，并对切齿时产生相应的齿圈径向跳动误差
锥齿轮的齿顶圆锥的径向圆跳动		产生传动件的加工中心与使用中心不一致，引起分齿不均，同时会使轴线与机床垂直导轨不平行而引起齿向误差
蜗轮外圆的径向圆跳动		
蜗杆外圆的径向圆跳动		
基准端面对轴线的端面圆跳动		加工时引起齿轮倾斜或心轴弯曲，对轮齿加工精度有较大影响
键槽中心面对孔轴线的对称度	7～9	影响键侧面受载的均匀性

5．标注表面粗糙度

表 6-4 列出了齿(蜗)轮类零件表面粗糙度 Ra 的推荐值，供设计时参考。

表 6-4　齿(蜗)轮类零件表面粗糙度 Ra 的推荐值　　　　　(单位：μm)

加工表面		表面粗糙度 Ra		
	零件名称	传动精度等级		
		7	8	9
轮齿齿面	圆柱齿轮、蜗轮	0.8～1.6	1.6	3.2
	锥齿轮、蜗杆	0.8	1.6	3.2
齿顶圆		1.6～3.2	1.6～3.2	3.2
轮毂孔		0.8～1.6	0.8～1.6	1.6
基准端面		1.6～3.2	1.6～3.2	3.2
平键键槽		工作表面 3.2～6.3，非工作表面 6.3～12.5		
轮圈与轮心的配合表面		0.8	1.6	1.6
自由端面、倒角表面		6.3～12.5		

6．编写啮合参数表

在齿轮、蜗轮和蜗杆等啮合传动零件工作图中，应编写啮合参数表，标明其主要参数、精度等级及测量公差项目等。啮合参数表标注的内容及格式参见图 11-5～图 11-8 的齿轮、蜗轮和蜗杆零件工作图的参考图例。

普通减速器中齿轮和蜗杆的传动精度多选用 7～9 级。齿轮的精度等级及公差请参见第 8 章的相关内容。

7．技术要求

齿轮类零件工作图的技术要求包括以下内容。

(1)对铸件、锻件或其他类型毛坯件的要求，如要求不允许有氧化皮及毛刺等。

(2)材料的热处理方法和处理后的硬度。齿轮表面进行硬化处理时，还应根据设计要求说明硬化方法(如渗碳、渗氮等)和硬化层的深度。

(3)对图上未注明的倒角和圆角半径的说明。

齿轮类零件工作图示例见图 11-5～图 11-8。

6.4　箱体类零件工作图设计

1．视图选择

箱体类零件结构比较复杂，一般用三个基本视图来表示。为表示箱体内部和外部的结构尺寸，常需增加一些局部视图。当两孔不在一条轴线上时，可采用阶梯剖视图表示。对于油标孔、螺栓孔、螺纹孔、放油孔等细部结构，可采用局部剖视图表示。

2．标注尺寸

箱体类零件的尺寸标注比轴类零件和齿轮类零件复杂得多。标注尺寸时应注意以下几点。

(1)箱体尺寸可分为定形尺寸和定位尺寸。

定形尺寸是确定箱体各结构形状大小的尺寸，如箱体长、宽、高、壁厚、孔径及圆角半径等。这类尺寸应直接注出，而不应有任何计算。

定位尺寸是确定箱体各部位相对于基准的位置尺寸，如螺纹孔的中心线、油塞孔中心线等与基准的距离。定位尺寸都应从基准直接标注。

(2)正确选择尺寸标注的基准。最好采用加工基准作为标注尺寸的基准，这样便于加工和测量。箱座或箱盖的高度方向尺寸最好以分箱面(加工基准面)为基准，如箱体凸缘厚度、轴承旁凸台高度、箱盖上吊环中心的位置等尺寸均以分箱面为基准进行标注。同时箱座高度方向的尺寸也应以箱座底平面为基准进行标注，如油塞孔、油标孔高度方向的位置、底座厚度、箱座高度等尺寸的标注。

箱体宽度方向的尺寸应以箱体宽度方向的对称中心线为基准进行标注，如箱体宽度、螺栓(螺钉)孔沿宽度方向的位置、箱座上地脚螺栓孔沿宽度方向的定位等尺寸的标注。

箱体沿长度方向的尺寸应以轴承座孔中心线为主要基准进行标注，如轴承座孔中心距、轴承座孔旁螺栓孔的位置、箱座上地脚螺栓孔沿长度方向的定位等尺寸的标注。

同时箱座和箱盖彼此对应的尺寸应标注在相同的位置。

(3)对于影响机器工作性能的尺寸应直接标出，以保证加工准确性，例如，箱体轴承座孔的中心距应直接标出，并应注明中心距极限偏差 $\pm \Delta a$。

(4)所有配合尺寸都应注出其偏差值，如轴承座孔的尺寸偏差。

(5)所有圆角、倒角、拔模斜度等都必须标注或在技术要求中说明。

此外，标注尺寸时应避免出现封闭尺寸链。

3．标注几何公差

表 6-5 列出了箱体零件的几何公差推荐项目，供设计时参考。箱体零件几何公差的参数值参见第 8 章的相关内容。

表 6-5　箱体零件工作图的几何公差推荐项目

内容	项目	推荐精度等级	对工作性能的影响
形状公差	轴承座孔的圆柱度	对普通精度级滚动轴承选 6～7 级	影响箱体与轴承的配合性能及对中性
	箱体剖分面的平面度	7～8 级	
位置公差	轴承座孔的轴线对其端面的垂直度	对普通精度级滚动轴承选 7～9 级	影响轴承固定及轴向受载的均匀性
	轴承座孔轴线相互间的平行度	5～7 级	影响传动件的传动平稳性及载荷分布的均匀性
	圆锥齿轮减速器及蜗杆减速器的箱体中轴承孔轴线相互间的垂直度	根据齿轮和蜗轮精度确定	
	两轴承座孔轴线的同轴度	7～8 级	影响减速器的装配及传动零件的载荷分布的均匀性

4．标注表面粗糙度

箱体类零件加工表面粗糙度 Ra 的推荐值见表 6-6。

表 6-6　减速器箱体类零件加工表面粗糙度 Ra 的推荐值　　　　（单位：μm ）

加工表面	表面粗糙度 Ra
箱体的剖分面	1.6
与普通精度级滚动轴承配合的轴承座孔	0.8～1.6(轴承外径 D≤80mm 时) 1.6～3.2(轴承外径 D>80mm 时)
轴承座孔凸缘端面	3.2
箱体底平面	6.3～12.5
窥视孔接合面	6.3～12.5
油沟表面	25
定位销孔	0.8～1.6
螺栓孔、沉头座表面或凸台表面、箱体上泄油孔和油 标尺孔的外端面	6.3～12.5
与轴承盖或套杯配合的孔表面	1.6～3.2

5. 技术要求

箱体类零件工作图的技术要求包括以下内容。

(1)对铸件质量的要求(如不允许有缩孔、砂眼和渗漏现象)。

(2)铸件的时效处理、铸件清砂、表面防护(如涂漆)等要求。

(3)箱座与箱盖的轴承孔在加工时，应先用螺栓连接并装入定位销，然后镗孔。

(4)箱座与箱盖装配固定后，钻、铰分箱面上的定位销孔。

(5)未注明的倒圆、倒角和铸造斜度的说明。

铸造箱座、箱盖零件工作图示例见图 11-10 和图 11-11。

第7章　设计说明书编写和答辩准备

7.1　设计说明书的编写

7.1.1　设计说明书的内容

设计说明书是产品设计的理论依据，是对设计计算的整理和总结，是审核设计是否经济合理、能否满足生产和使用要求的重要技术文件。因此，编写设计说明书是设计工作的重要组成部分。

设计说明书的内容与所设计的对象有关，对于以减速器为主的传动装置设计而言，设计说明书主要包括以下内容。

(1) 目录(标题、页码)。

(2) 设计任务书(设计题目、设计目标、使用条件、主要设计参数)。

(3) 传动方案拟定(传动方案拟定、传动方案简图、简要说明)。

(4) 电动机选择(电机功率、转速、型号)。

(5) 传动比的分配(分配各级传动的传动比及说明)。

(6) 传动系统的运动和动力参数计算(计算各轴的转速、功率、转矩)。

(7) 传动零件的设计计算(计算确定带传动、齿轮传动、蜗杆传动的结构和参数)。

(8) 轴的设计计算(轴的结构设计、轴的强度和刚度校核)。

(9) 键连接的选择和计算(键的类型、尺寸、强度校核)。

(10) 滚动轴承的选择和计算(滚动轴承的类型、寿命计算)。

(11) 联轴器的选择(联轴器的类型、选择的依据)。

(12) 箱体及附件设计(箱体结构尺寸、附件选择，如果有蜗杆传动，要进行热平衡验算)。

(13) 润滑和密封设计(润滑方式、润滑剂的牌号、装油量、密封类型等的选择)。

(14) 设计小结(简要说明课程设计的体会、设计的优缺点及改进建议等)。

(15) 参考文献(将设计中所用参考书、手册、样本等资料，按《参考文献著录规则》GB/T 7714—2015 要求标注)。

7.1.2　设计说明书的要求

编写设计说明书的目的在于说明设计的合理性，因此，应以计算内容为主，写明整个设计的主要计算，并进行简要的说明。设计说明书既要简要说明设计中所考虑的主要问题、设计依据、全部计算项目，又要满足以下要求。

(1) 设计说明书应层次分明、标题明确、内容简明扼要、重点突出。

(2)设计说明书的计算部分，要首先列出计算公式，然后代入相关数据，略去计算过程，直接得出结果，并注明单位，最后对计算结果给出简单的结论(如"满足强度要求""安全"等)。

(3)设计说明书中，应附有与计算有关的插图(如传动方案简图、轴的结构简图、受力图、弯矩图、转矩图、轴承组合形式简图等)。

(4)设计说明书中所引用的参量符号和上下标应前后一致，各参量的数值后应标明单位，且单位要统一。设计说明书中所用到的尺寸要与装配图或者零件图一致。

(5)设计说明书中引用的计算公式和有关数据要注明其出处。

(6)设计说明书要分栏编写。设计项目、设计内容、设计计算依据和过程放在左边的"设计过程"一栏，计算结果或结论放在右边的"计算结果"一栏。设计说明书格式可以参照第10章的设计示例。

(7)设计说明书要用水性笔书写在设计专用纸上，或打印在A4纸上，按目录编页码，并加封面后在左侧装订成册。设计说明书的封面如图7-1所示。

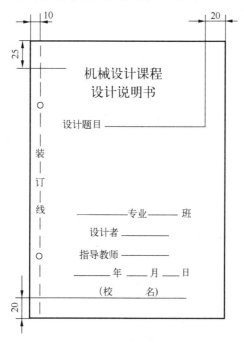

图7-1　设计说明书的封面

7.2 答 辩 准 备

答辩是课程设计最后的一个重要环节，通过答辩，可以系统地分析所做设计的优缺点，发现今后设计工作中需要注意的问题，从而提高分析和解决工程实际问题的能力。在答辩前，要做好以下两方面的工作。

(1)总结、巩固所学的知识，系统地回顾和总结整个课程设计过程，把设计过程中的问题弄清楚。

(2)将设计好的图纸，按照图 7-2 所示的方式折叠成 A4 大小，且标题栏应朝外。把设计说明书装订好，将图纸、说明书一并装入资料袋。资料袋封面参照图 7-3 所示的格式填写清楚。

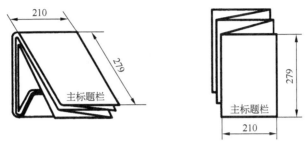

图 7-2　图纸折叠方式

机械设计课程设计

设计题目＿＿＿＿＿＿＿＿＿＿＿＿＿＿＿

材料目录

1. 装配图＿1＿张

2. 零件图＿＿＿＿张

3. 说明书＿1＿份

专　　业＿＿＿＿＿　　班　　级＿＿＿＿＿＿＿

学生姓名＿＿＿＿＿　　学　　号＿＿＿＿＿＿＿

完成日期＿＿＿＿＿　　指导教师＿＿＿＿＿＿＿

成　　绩＿＿＿＿＿

（校名）

图 7-3　资料袋封面格式

第8章 机械设计常用资料

8.1 一般标准和一般规范

8.1.1 一般标准

机械设计的一般标准见表 8-1～表 8-4。

表 8-1 图样幅面及格式

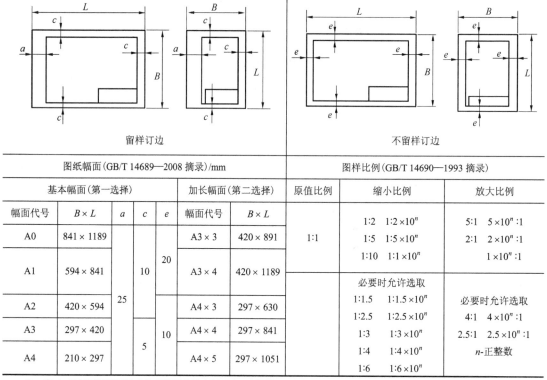

留样订边 | 不留样订边

图纸幅面（GB/T 14689—2008 摘录）/mm						图样比例（GB/T 14690—1993 摘录）		
基本幅面（第一选择）					加长幅面（第二选择）		原值比例	缩小比例	放大比例

幅面代号	$B \times L$	a	c	e	幅面代号	$B \times L$	原值比例	缩小比例	放大比例
A0	841×1189				A3×3	420×891	1:1	1:2　$1:2 \times 10^n$	5:1　5×10^n:1
				20				1:5　$1:5 \times 10^n$	2:1　2×10^n:1
A1	594×841		10		A3×4	420×1189		1:10　$1:1 \times 10^n$	1×10^n:1
A2	420×594	25			A4×3	297×630		必要时允许选取	必要时允许选取
								1:1.5　$1:1.5 \times 10^n$	4:1　4×10^n:1
A3	297×420		5	10	A4×4	297×841		1:2.5　$1:2.5 \times 10^n$	2.5:1　2.5×10^n:1
								1:3　$1:3 \times 10^n$	n-正整数
A4	210×297				A4×5	297×1051		1:4　$1:4 \times 10^n$	
								1:6　$1:6 \times 10^n$	

注：① 加长幅面的图框尺寸按所选用的基本幅面大一号图框尺寸确定。例如，对于 A3×4，按 A2 的图框尺寸确定，即 e 为 10（或 c 为 10）。

② 加长幅面的尺寸见 GB/T 14689—2008。

表 8-2 配合表面的倒圆和倒角（GB/T 6403.4—2008 摘录） （单位：mm）

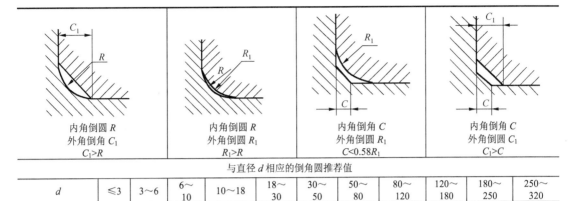

| 内角倒圆 R
外角倒角 C_1
$C_1 > R$ | 内角倒圆 R
外角倒圆 R_1
$R_1 > R$ | 内角倒角 C
外角倒圆 R_1
$C < 0.58R_1$ | 内角倒角 C
外角倒圆 C_1
$C_1 > C$ |

与直径 d 相应的倒角圆推荐值

d	≤3	3～6	6～10	10～18	18～30	30～50	50～80	80～120	120～180	180～250	250～320
R、C、R_1	0.2	0.4	0.6	0.8	1.0	1.6	2.0	2.5	3.0	4.0	5.0
C_{max}	0.1	0.2	0.3	0.4	0.5	0.8	1.0	1.2	1.6	2.0	2.5

注：C_{max} 是在外角倒圆为 R_1 时，内角倒圆 C 的最大允许值。

表 8-3 回转面及端面砂轮越程槽（GB/T 6403.5—2008 摘录） （单位：mm）

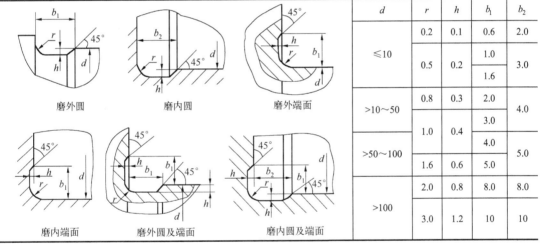

磨外圆　　磨内圆　　磨外端面

磨内端面　　磨外圆及端面　　磨内圆及端面

d	r	h	b_1	b_2
≤10	0.2	0.1	0.6	2.0
	0.5	0.2	1.0	3.0
			1.6	
>10～50	0.8	0.3	2.0	4.0
	1.0	0.4	3.0	
>50～100			4.0	5.0
	1.6	0.6	5.0	
>100	2.0	0.8	8.0	8.0
	3.0	1.2	10	10

注：①越程槽内两直线相交处不允许产生尖角。
②越程槽深度 h 与圆弧半径 r 要满足 $r \leqslant 3h$。

表 8-4 零件自由表面过渡圆角半径 （单位：mm）

$D-d$	2	5	8	10	15	20	25	30	35	40	50	55	65	70	90	100
R	1	2	3	4	5	8	10	12	12	16	16	20	20	25	25	30

8.1.2　一般规范

机械设计的一般规范见表 8-5～表 8-8。

表 8-5　铸件最小壁厚　　　　　　　　　　　　　　　　　（单位：mm）

铸造方法	铸件尺寸	铸钢	灰铸铁	球墨铸铁	可锻铸铁	铝合金	铜合金
砂型	≤200×200	8	6	—	—	3	3～5
	200×200～500×500	10～12	6～10	6	5	4	6～8
	>500×500	15～20	15～20	12	8	6	—

表 8-6　铸造内圆角（JB/ZQ 4255—2006 摘录）

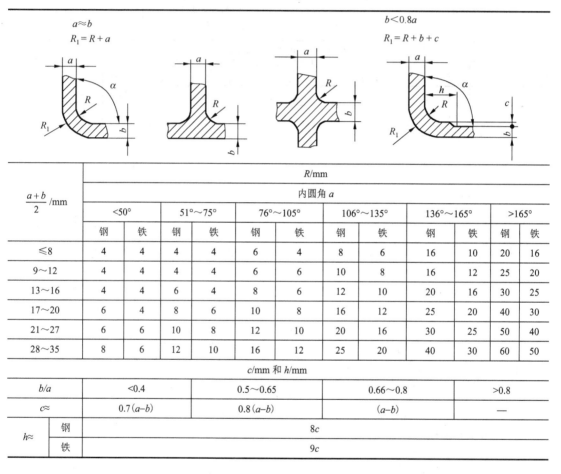

$\dfrac{a+b}{2}$ /mm	R/mm											
	内圆角 a											
	<50°		51°～75°		76°～105°		106°～135°		136°～165°		>165°	
	钢	铁	钢	铁	钢	铁	钢	铁	钢	铁	钢	铁
≤8	4	4	4	4	6	4	8	6	16	10	20	16
9～12	4	4	4	4	6	6	10	8	16	12	25	20
13～16	4	4	6	4	8	6	12	10	20	16	30	25
17～20	6	4	8	6	10	8	16	12	25	20	40	30
21～27	6	6	10	8	12	10	20	16	30	25	50	40
28～35	8	6	12	10	16	12	25	20	40	30	60	50

c/mm 和 h/mm				
b/a	<0.4	0.5～0.65	0.66～0.8	>0.8
c≈	0.7(a–b)	0.8(a–b)	(a–b)	—
h≈	钢	8c		
	铁	9c		

表 8-7　铸造外圆角（JB/ZQ 4256—2006 摘录）

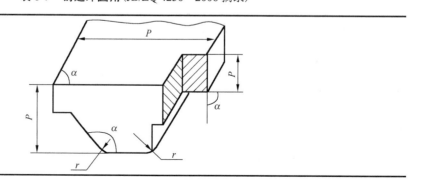

表面的最小边尺寸 P/mm	r/mm					
	外圆角 α					
	<50°	51°~75°	76°~105°	106°~135°	136°~165°	>165°
≤25	2	2	2	4	6	8
>25~60	2	4	4	6	10	16
>60~160	4	4	6	8	16	25
>160~250	4	6	8	12	20	30
>250~400	6	8	10	16	25	40
>400~600	6	8	12	20	30	50

表 8-8　铸造斜度（JB/T 4257—1999 摘录）

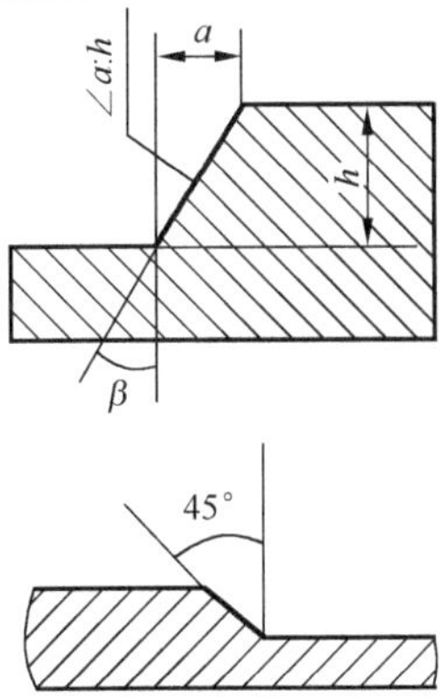

斜度 a:h	角度 β	使用范围
1:5	11°30′	h<25mm 时，钢和铁的铸件
1:10	5°30′	h 为 25~500mm 时，钢和铁的铸件
1:20	3°	
1:50	1°	h >500mm 时，钢和铁的铸件
1:100	30′	有色金属铸件

注：当设计不同壁厚的铸件时，在转折点处的斜角最大还可增大到 30°~45°。

8.2　常用工程材料

8.2.1　黑色金属材料

黑色金属材料的牌号、性能、应用举例见表 8-9～表 8-14。

表 8-9　灰铸铁（GB/T 9439—2010 摘录）

牌号	铸件壁厚/mm		最小抗拉强度 R_m/MPa	预期抗拉强度 R_m(min)/MPa	应用举例
	大于	至			
HT100	5	40	100	—	盖、外罩、油盘、手轮、支架等
HT150	5	10	150	155	端盖、汽轮泵体、轴承座、阀壳、管子及管路附件、手轮、一般机床底座、床身及其他复杂零件、滑座、工作台等
	10	20		130	
	20	40		110	
HT200	5	10	200	205	汽缸、齿轮、底架、箱体、飞轮、齿条、衬套、一般机床铸有导轨的床身及中等压力(8MPa 以下)油缸、液压泵和阀的壳体等
	10	20		180	
	20	40		155	

牌号	铸件壁厚/mm		最小抗拉强度 R_m/MPa	预期抗拉强度 R_m(min)/MPa	应用举例
	大于	至			
HT225	5	10	225	230	汽缸、齿轮、底架、箱体、飞轮、齿条、衬套、一般机床铸有导轨的床身及中等压力(8MPa 以下)油缸、液压泵和阀的壳体等
	10	20		200	
	20	40		170	
HT250	5	10	250	250	阀壳、油缸、汽缸、联轴器、箱体、齿轮、齿轮箱、外壳、飞轮、衬套、凸轮、轴承座等
	10	20		225	
	20	40		195	
HT275	10	20	275	250	
	20	40		220	
HT300	10	20	300	270	齿轮、凸轮、车床卡盘、剪床、压力机的机身、导板、转塔自动车床及其他重负荷机床铸有导轨的床身、高压油缸、液压泵和滑阀的壳体等
	20	40		240	
HT350	10	20	350	315	
	20	40		280	

表 8-10　球墨铸铁(GB/T 1348—2019 摘录)

牌号	抗拉强度 R_m	屈服强度 $R_{p0.2}$	伸长率 A /%	供参考 布氏硬度/HBW	用途
	MPa				
	最小值				
QT400-18	400	250	18	125～175	减速器箱体、管路、阀体、阀盖、压缩机汽缸、离合器等
QT400-15	400	250	15	120～180	
QT450-10	450	310	10	160～210	油泵齿轮、阀门体、车辆轴瓦、凸轮、减速器、轴承座等
QT500-7	500	320	7	170～230	
QT600-3	600	370	3	190～270	齿轮轴、曲轴、凸轮轴、机床主轴、缸体、连杆、矿车轮、农机零件等
QT700-2	700	420	2	225～305	
QT800-2	800	480	2	245～335	
QT900-2	900	600	2	280～360	曲轴、凸轮轴、连杆等

注：表中牌号为由单铸试块测定的性能。

表 8-11　一般工程用铸造碳钢(GB/T 11352—2009 摘录)

牌号	抗拉强度 R_m	屈服强度 R_{eH}($R_{p0.2}$)	断后伸长率 A	根据合同选择		硬度		应用举例
				断面收缩率 Z	冲击吸收功 A_{KV}	正火回火/HBW	表面淬火/HRC	
	MPa		%		J			
	最小值							
ZG200-400	400	200	25	40	30	—	—	各种形状的机件,如底座、变速箱壳等
ZG230-450	450	230	22	32	25	≥131	—	铸造平坦的零件,如机座、箱体,以及工作温度在450℃以下的管路附件,焊接性能良好
ZG270-500	500	270	18	25	22	≥143	40～45	各种形状的机件,如飞轮、机架、横梁等,焊接性尚可

续表

牌号	抗拉强度 R_m	屈服强度 $R_\mathrm{eH}(R_\mathrm{p0.2})$	断后伸长率 A	根据合同选择 断面收缩率 Z	根据合同选择 冲击吸收功 A_KV	硬度 正火回火/HBW	硬度 表面淬火/HRC	应用举例
	MPa	MPa	%	%	J			
	最小值							
ZG310-570	570	310	15	21	15	≥153	40~45	各种形状的机件,如联轴器、汽缸、齿轮、齿轮圈及重负荷机架等
ZG340-640	640	340	10	18	10	169~229	45~55	起重运输机中的齿轮、联轴器等,以及重要的机件等

注:表中硬度值非 GB/T 11352—2009 内容,仅供参考。

表 8-12　碳素结构钢(GB/T 700—2006 摘录)

牌号	等级	力学性能 屈服强度 R_eH / MPa 钢材厚度(直径)/mm ≤16	>16~40	>40~60	>60~100	>100~150	>150~200	抗拉强度 R_m /MPa	断后伸长率 A /% 钢材厚度(直径)/mm ≤40	>40~60	>60~100	>100~150	>150~200	冲击试验 温度 /℃	V 形冲击功(纵向) A_KV/J	应用举例
		不小于							不小于						不小于	
Q195	—	195	185	—	—	—	—	315~430	33	—	—	—	—	—	—	塑性好,常用其轧制薄板、拉制线材和焊接钢管
Q215	A	215	205	195	185	175	165	335~450	31	30	29	27	26	—	—	金属结构件、拉套圈、铆钉、螺栓、心轴、凸轮、渗碳零件及焊接件
Q215	B	215	205	195	185	175	165	335~450	31	30	29	27	26	+20	27	
Q235	A	235	225	215	215	195	185	370~500	26	25	24	22	21	—	—	金属结构件,芯部强度要求不高的渗碳或碳氮共渗零件
Q235	B	235	225	215	215	195	185	370~500	26	25	24	22	21	20	27	
Q235	C	235	225	215	215	195	185	370~500	26	25	24	22	21	0	27	
Q235	D	235	225	215	215	195	185	370~500	26	25	24	22	21	−20	27	
Q275	A	275	265	255	245	225	215	410~540	22	21	20	18	17	—	—	轴、制动杆、螺母、螺栓、连杆、齿轮及高强度零件,焊接性尚可
Q275	B	275	265	255	245	225	215	410~540	22	21	20	18	17	20	27	
Q275	C	275	265	255	245	225	215	410~540	22	21	20	18	17	27		
Q275	D	275	265	255	245	225	215	410~540	22	21	20	18	17	−20	27	

注:表中 A、B、C、D 为 4 种质量等级。

表 8-13　优质碳素结构钢(GB/T 699—2015 摘录)

牌号	推荐热处理温度 /℃ 正火	淬火	回火	试样毛坯尺寸 /mm	力学性能 抗拉强度 R_m	下屈服强度 R_eL	断后伸长率 A	断面收缩率 Z	冲击吸收能量 KU_2	钢材交货状态硬度/HBW 未热处理	退火钢	应用举例
					MPa		%		J			
					≥					≤		
08	930	—	—	25	325	195	33	60	—	131	—	垫片、垫圈、管材、摩擦片等
10	930	—	—	25	335	205	31	55	—	137	—	拉杆、卡头、垫片、垫圈等

续表

牌号	推荐热处理温度/℃			试样毛坯尺寸/mm	力学性能					钢材交货状态硬度/HBW		应用举例
	正火	淬火	回火		抗拉强度 R_m	下屈服强度 R_{eL}	断后伸长率 A	断面收缩率 Z	冲击吸收能量 KU_2	未热处理	退火钢	
					MPa		%		J	≤		
20	910	—	—	25	410	245	25	55	—	156	—	拉杆、轴套、螺钉、吊钩等
25	900	870	600	25	450	275	23	50	71	170	—	轴、辊子、插接器、垫圈、螺栓等
35	870	850	600	25	530	315	20	45	55	197	—	连杆、圆盘、轴销、轴等
40	860	840	600	25	570	335	19	45	47	217	187	齿轮、链轮、轴、键、销、轧辊、曲柄销、活塞杆、圆盘等
45	850	840	600	25	600	355	16	40	39	229	197	
50	830	830	600	25	630	375	14	40	31	241	207	齿轮、轧辊、轴、圆盘等
60	810	—	—	25	675	400	12	35	—	255	229	轧辊、弹簧、凸轮、轴等
20Mn	910			25	450	275	24	50	—	197	—	凸轮、齿轮、联轴器、铰链等
30Mn	880	860	600	25	540	315	20	45	63	217	187	螺栓、螺母、杠杆、制动踏板等
40Mn	860	840	600	25	590	335	17	45	47	229	207	轴、曲轴、连杆、螺栓、螺母等
50Mn	830	830	600	25	645	390	13	40	31	255	217	齿轮、轴、凸轮、摩擦盘等
65Mn	830	—	—	25	735	430	9	30	—	285	229	弹簧、弹簧垫圈等

表 8-14　合金结构钢（GB/T 3077—2015 摘录）

牌号	热处理				截面尺寸/mm	力学性能					硬度		应用举例
	淬火		回火			抗拉强度 R_m	下屈服强度 R_{eL}	断后伸长率 A	断面收缩率 Z	冲击吸收能量 KU_2	钢材退火或高温回火供应状态布氏硬度		
	温度/℃	冷却剂	温度/℃	冷却剂							压痕直径/mm	HBW	
						MPa		%		J	≥	≤	
						≥							
20Mn2	850	水、油	200	水、空气	15	785	590	10	40	47	4.4	187	小齿轮、小轴、钢套、链板等，渗碳淬火 56～62HRC
	880	水、油	440	水、空气									
35Mn2	840	水	500	水	25	835	685	12	45	55	4.2	207	重要用途的螺栓及小轴等，可代替 40Cr，表面淬火 40～50HRC
35SiMn	900	水	570	水、油	25	885	735	15	45	47	4.0	229	冲击韧度高，可代替 40Cr，部分代替 40CrNi，用于轴、齿轮、紧固件等，表面淬火 45～55HRC
42SiMn	880	水	590	水	25	885	735	15	40	47			
20SiMnVB	900	油	200	水、空气	15	1175	980	10	45	55	4.2	207	可代替 18CrMnTi、20CrMnTi 制作齿轮等，渗碳淬火 56～62HRC
37SiMn2MoV	870	水、油	650	水、空气	25	980	835	12	50	63	3.7	269	重要的轴、连杆、齿轮、曲轴，表面淬火 50～55HRC

续表

牌号	热处理				截面尺寸/mm	力学性能					硬度		应用举例
	淬火		回火			抗拉强度 R_m	下屈服强度 R_{eL}	断后伸长率 A	断面收缩率 Z	冲击吸收能量 KU_2	钢材退火或高温回火供应状态布氏硬度		
	温度/℃	冷却剂	温度/℃	冷却剂		MPa		%		J	压痕直径/mm	HBW	
						≥				≥		≤	
35CrMo	850	油	550	水、油	25	980	835	12	45	63	4.0	229	可代替 40CrNi 制作大截面齿轮和重载传动轴等，表面淬火 56~62HRC
40Cr	850	油	520	水、油	25	980	785	9	45	47	4.2	207	重要调质零件，如齿轮、轴、曲轴、连杆、螺栓等，表面淬火 48~55HRC
20CrNi	850	水、油	460	水、油	25	785	590	10	50	63	4.3	197	重要渗碳零件，如齿轮、轴、花键轴、活塞销等
20CrMnTi	第一次 880 第二次 870	油	200	水、空气	15	1080	850	10	45	55	4.1	217	是 18CrMnTi 的代用钢，用于要求强度、韧度高的重要渗碳零件，如齿轮、轴、蜗杆、离合器等

8.2.2 有色金属材料

铸造铜合金的牌号、名称、铸造方法等见表 8-15。

表 8-15 铸造铜合金(GB/T 1176—2013 摘录)

合金牌号	合金名称（或代号）	铸造方法	力学性能(不低于)			布氏硬度/HBW	应用举例
			抗拉强度 R_m	屈服强度 $R_{p0.2}$	断后伸长率 A		
			MPa		%		
ZCuSn5Pb5Zn5	5-5-5 锡青铜	S、J Li、La	200 250	90 100	13	60 65	较高载荷、中速下工作的耐磨、耐蚀件，如轴瓦、衬套、缸套及蜗轮等
ZCuSn10Pb1	10-1 锡青铜	S、R J Li La	220 310 330 360	130 170 170 170	3 2 4 6	80 90 90 90	高载荷(20MPa 以下)和高滑动速度下工作的耐磨零件，如连杆、衬套、轴瓦、蜗轮等
ZCuSn10Pb5	10-5 锡青铜	S J	195 245	—	10	70	耐蚀、耐酸件及破碎机衬套、轴瓦等
ZCuPb17Sn4Zn4	17-4-4 铅青铜	S J	150 175	—	5 7	55 60	一般耐磨件、轴承等
ZCuAl10Fe3	10-3 铝青铜	S J Li、La	490 540 540	180 200 200	13 15 15	100 110 110	要求强度高、耐磨、耐蚀的零件，如轴套、螺母、蜗轮、齿轮等
ZCuAl10FeMn2	10-3-2 铝青铜	S J	490 540		15 20	110 120	
ZCuZn38	38 黄铜	S J	295	—	30	60 70	一般结构件和耐蚀件，如法兰、阀座、螺母等

续表

合金牌号	合金名称（或代号）	铸造方法	力学性能（不低于）				应用举例
			抗拉强度 R_m	屈服强度 $R_{p0.2}$	断后伸长率 A	布氏硬度 /HBW	
			MPa		%		
ZCuZn40Pb2	40-2 铅黄铜	S	220	95	15	80	一般用途的耐磨、耐蚀件，如轴套、齿轮等
		J	280	120	20	90	
ZCuZn38Mn2Pb2	38-2-2 锰黄铜	S	245	—	10	70	一般用途的结构件，如套筒、衬套、轴瓦、滑块等
		J	345		18	80	
ZCuZn16Si4	16-4 硅黄铜	S	345	—	15	90	接触海水工作的管配件以及水泵、叶轮等
		J	390		20	100	

注：铸造方法代号，S-砂型铸造；J-金属型铸造；Li-离心铸造；La-连续铸造；R-熔模铸造；K-壳型铸造；B-变质处理。

8.3 电 动 机

Y 系列（IP44）三相异步电动机的技术数据见表 8-16。

表 8-16　Y 系列（IP44）三相异步电动机的技术数据

电动机型号	限定功率/kW	满载转速/(r/min)	堵转转矩/额定转矩	最大转矩/额定转矩	电动机型号	限定功率/kW	满载转速/(r/min)	堵转转矩/额定转矩	最大转矩/额定转矩
同步转速 3000r/min，2 极					同步转速 1500r/min，4 极				
Y80M1-2	0.75	2825	2.2	2.3	Y801-4	0.55	1390	2.2	2.3
Y80M2-2	1.1	2825	2.2	2.3	Y802-4	0.75	1390	2.2	2.3
Y90S-2	1.5	2840	2.2	2.3	Y90S-4	1.1	1400	2.2	2.3
Y90L-2	2.2	2840	2.2	2.3	Y90L-4	1.5	1400	2.2	2.3
Y100L-2	3	2870	2.2	2.3	Y100L1-4	2.2	1430	2.2	2.3
Y112M-2	4	2890	2.2	2.3	Y100L2-4	3	1430	2.2	2.3
Y132S1-2	5.5	2900	2.0	2.3	Y112M-4	4	1440	2.2	2.3
Y132S2-2	7.5	2900	2.0	2.3	Y132S-4	5.5	1440	2.2	2.3
Y160M1-2	11	2930	2.0	2.3	Y132M-4	7.5	1440	2.2	2.3
Y160M2-2	15	2930	2.0	2.2	Y160M-4	11	1460	2.2	2.3
Y160L-2	18.5	2930	2.0	2.2	Y160L-4	15	1460	2.2	2.3
Y180M-2	22	2940	2.0	2.2	Y180M-4	18.5	1470	2.0	2.2
Y200L1-2	30	2950	2.0	2.2	Y180L-4	22	1470	2.0	2.2
Y200L2-2	37	2950	2.0	2.2	Y200L-4	30	1470	2.0	2.2
Y225M-2	45	2970	2.0	2.2	Y225S-4	37	1480	1.9	2.2
Y250M-2	55	2970	2.0	2.2	Y225M-4	45	1480	1.9	2.2
同步转速 1000r/min，6 极					Y250M-4	55	1480	1.9	2.2
Y90S-6	0.75	910	2.0	2.2	Y280S-4	75	1480	1.9	2.2
Y90L-6	1.1	910	2.0	2.2	Y280M-4	90	1480	1.9	2.2

续表

电动机型号	限定功率/kW	满载转速/(r/min)	堵转转矩额定转矩	最大转矩额定转矩	电动机型号	限定功率/kW	满载转速/(r/min)	堵转转矩额定转矩	最大转矩额定转矩
Y100L-6	1.5	940	2.0	2.2	同步转速 750r/min，8 极				
Y112M-6	2.2	940	2.0	2.2	Y132S-8	2.2	710	2.0	2.0
Y132S-6	3	960	2.0	2.2	Y132M-8	3	710	2.0	2.0
Y132M1-6	4	960	2.0	2.2	Y160M1-8	4	720	2.0	2.0
Y132M2-6	5.5	960	2.0	2.2	Y160M2-8	5.5	720	2.0	2.0
Y160M-6	7.5	970	2.0	2.0	Y160L-8	7.5	720	2.0	2.0
Y180L-6	15	970	1.8	2.0	Y180L-8	11	730	1.7	2.0
Y200L1-6	18.5	970	1.8	2.0	Y200L-8	15	730	1.8	2.0
Y200L2-6	22	970	1.8	2.0	Y225S-8	18.5	730	1.7	2.0
Y225M-6	30	980	1.7	2.0	Y225M-8	22	730	1.8	2.0
Y250M-6	37	980	1.8	2.0	Y250M-8	30	730	1.8	2.0
Y280S-6	45	980	1.8	2.0	Y280S-8	37	740	1.8	2.0
Y280M-6	55	980	1.8	2.0	Y280M-8	45	740	1.8	2.0

注：以 Y132S2-2-B3 为例，说明电动机型号的含义。其中，Y 表示系列代号，132 表示机座中心高，S 表示短机座(M—中机座，L—长机座)，第 2 种铁心长度，2 为电动机的极数，B3 表示安装形式。

8.4 联 轴 器

凸缘联轴器、弹性套柱销联轴器和弹性柱销联轴器的参数分别见表 8-17～表 8-19。

表 8-17 凸缘联轴器(GB/T 5843—2003 摘录)

标记示例：

GY5 联轴器 $\dfrac{J_1 30 \times 82}{J_1 30 \times 60}$ GB/T 5843—2003

主动端：J_1 型轴孔，A 型键槽，$d_1 = 30mm, L = 82mm$；　　从动端：J_1 型轴孔，A 型键槽，$d_2 = 30mm, L = 60mm$

型号	许用扭矩 T_n/(N·m)	许用转速 $[n]$/(r/min)	轴孔直径 d_1、d_2/mm	轴孔长度 L/mm Y 型	轴孔长度 L/mm J_1 型	D/mm	D_1/mm	b/mm	s/mm	转动惯量 I/(kg·m^2)
GY1 GYS1	25	12000	12，14	32	27	80	30	26	6	0.0008
			16，18，19	42	30					

型号	许用扭矩 T_n/(N·m)	许用转速[n]/(r/min)	轴孔直径 d_1、d_2/mm	轴孔长度 L/mm		D/mm	D_1/mm	b/mm	s/mm	转动惯量 I/(kg·m²)
				Y 型	J₁ 型					
GY2 GYS2	63	10000	16，18，19	42	30	90	40	28		0.0015
			20，22，24	52	38					
GY3 GYS3	112	9500	20，22，24	52	38	100	45	30		0.0025
			25，28	62	44					
GY4 GYS4	224	9000	25，28	62	44	105	55	32		0.003
			30，32，35	82	60					
GY5 GYS5	400	8000	30，32，35，38	82	60	120	68	36		0.007
			40，42	112	84					
GY6 GYS6	900	6800	38	82	60	140	80	40	8	0.015
			40，42，45，48，50	112	84					
GY7 GYS7	1600	6000	48，50，55，56	112	84	160	100	40		0.031
			60，63	142	107					
GY8 GYS8	3150	4800	60，63，65，70，75	142	107	200	130	50	10	0.103
			80	172	132					

表 8-18　弹性套柱销联轴器（GB/T 4323—2017 摘录）

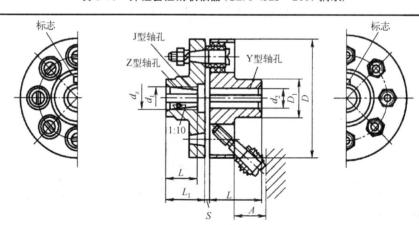

标记示例：

$$\text{LT8 联轴器} \frac{ZC50\times84}{60\times142} \text{ GB/T 4323—2017}$$

主动端：Z 型轴孔，C 型键槽，$d_z = 50\text{mm}$、$L = 84\text{mm}$

从动端：Y 型轴孔、A 型键槽，$d_1 = 60\text{mm}$、$L = 142\text{mm}$

型号	公称转矩/(N·m)	许用转速/(r/min)	轴孔直径 d_1、d_2、d_z	轴孔长度			D	D_1	S	A	转动惯量/(kg·m²)	质量/kg	许用补偿量	
				Y 型	J、Z 型								径向 Δy/mm	角向 $\Delta\alpha$
				L	L	L_1								
				mm										
LT1	16	8800	10、11	22	25	22	71	22	3	18	0.0004	0.7	0.2	1°30′
			12、14	27	32	27								
LT2	25	7600	12、14	27	32	27	80	30	3	18	0.001	1.0		
			16、18、19	30	42	30								

续表

型号	公称转矩/(N·m)	许用转速/(r/min)	轴孔直径 d_1、d_2、d_z	轴孔长度 Y 型 L	轴孔长度 J、Z 型 L	轴孔长度 J、Z 型 L_1	D	D_1	S	A	转动惯量/(kg·m²)	质量/kg	许用补偿量 径向 Δy/mm	许用补偿量 角向 $\Delta \alpha$
				mm										
LT3	63	6300	16、18、19	30	42	30	95	35	4	35	0.002	2.2	0.2	1°30′
			20、22	38	52	38								
LT4	100	5700	20、22、24	28	52	38	106	42	4	35	0.004	3.2		
			25、28	44	62	44								
LT5	224	4600	25、28	44	62	44	130	56	5	45	0.011	5.5	0.3	
			30、32、35	60	82	60								
LT6	355	3800	32、35、38	60	82	60	160	71	5	45	0.026	9.6		
			40、42	84	112	84								
LT7	560	3600	40、42、45、48	84	112	84	190	80	5	45	0.06	15.7		
LT8	1120	3000	40、42、45、48、50、55	84	112	84	224	95	6	65	0.13	24.0	0.4	1°
			60、63、65	107	142	107								
LT9	1600	2850	50、55	84	112	84	250	110	6	65	0.20	31.0		
			60、63、65、70	107	142	107								
LT10	3150	2300	63、65、70	107	142	107	315	150	8	80	0.64	60.2		
			80、85、90、95	132	172	132								
LT11	6300	1800	80、85、90、95	132	172	132	400	190	10	100	2.06	114	0.5	30′
			100、110	167	212	167								
LT12	12500	1450	100、110、120、125	167	212	167	475	220	12	130	5.00	212		
			130	202	252	202								
LT13	22400	1150	120、125	167	212	167	600	280	14	180	16.0	416	0.6	
			130、140、150	202	252	202								
			160、170	242	302	242								

表 8-19 弹性柱销联轴器(GB/T 5014—2017)

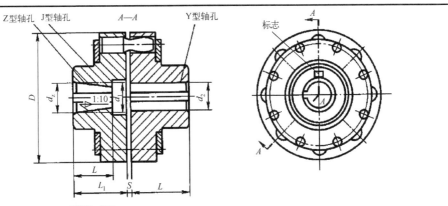

标记示例:LX7 弹性柱销联轴器 $\dfrac{ZC75\times107}{JB70\times107}$ GB/T 5014—2017

主动端:Z 型轴孔,C 型键槽,$d_z = 75\text{mm}$, $L = 107\text{mm}$

从动端:J 型轴孔,B 型键槽,$d_1 = 50\text{mm}$, $L = 107\text{mm}$

续表

型号	公称转矩/(N·m)	许用转速/(r/min)	轴孔直径 d_1、d_2、d_z	轴孔长度			D	S	转动惯量/(kg·m²)	质量/kg	许用补偿量(参考)		
				Y型	J、Z型						径向 Δy/mm	轴向 Δx/mm	角向 $\Delta\alpha$
				L	L	L_1							
			mm										
LX1	250	8500	12、14	32	27	—	90	2.5	0.002	2		±0.5	
			16、18、19	42	30	42							
			20、22、24	52	38	52							
LX2	560	6300	20、22、24	52	38	52	120	2.5	0.009	5		±1	
			25、28	62	44	62							
			30、32、35	82	60	82							
LX3	1250	4750	30、32、35、38	82	60	82	160	2.5	0.026	8	0.15		
			40、42、45、48	112	84	112							
LX4	2500	3850	40、42、45、48、50、55、56	112	84	112	195	3	0.109	22		±5	
			60、63	142	107	142							
LX5	3150	3450	50、55、56	112	84	112	220	3	0.191	30			
			60、63、65、70、71、75	142	107	142							
LX6	6300	2720	60、63、65、70、71、75	142	107	142	280	4	0.543	53			≤30′
			80、85	172	132	172							
LX7	11200	2360	70、71、75	142	107	142	320	4	1.314	98	0.20	±2	
			80、85、90、95	172	132	172							
			100、110	212	167	212							
LX8	16000	2120	80、85、90、95	172	132	172	360	5	2.023	119			
			100、110、120、125	212	167	212							
LX9	22400	1850	100、110、120、125	212	167	212	410	5	4.386	197			
			130、140	252	202	252							
LX10	35500	1600	110、120、125	212	167	212	480	6	9.760	322			
			130、140、150	252	202	252							
			160、170、180	302	242	302							
LX11	50000	1400	130、140、150	252	202	252	540	6	20.05	520	0.25	±2.5	
			160、170、180	302	242	302							
			190、200、220	352	282	352							
LX12	80000	1220	160、170、180	302	242	302	630	7	37.71	714			
			190、200、220	352	282	352							
			240、250、260	410	330	—							

8.5　机 械 连 接

8.5.1　螺纹

普通螺纹的基本尺寸见表 8-20。

表 8-20　普通螺纹基本尺寸（GB/T 196—2003 摘录）　　　　　　（单位：mm）

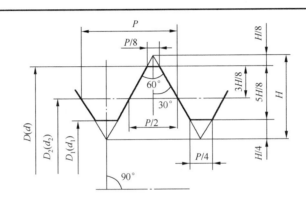

$H = 0.866P$

$d_2 = d - 0.6495P$

$d_1 = d - 1.0825P$

D、d—内、外螺纹大径；

D_2、d_2—内、外螺纹中径；

D_1、d_1—内、外螺纹小径；

P—螺距

标记示例：

公称直径=20mm，中径和大径的公差带均为 6H 的粗牙右旋内螺纹：M20-6H

公称直径=20mm，中径和大径的公差带均为 6g 的粗牙右旋外螺纹：M20-6g

上述规格的螺纹副：M20-6H/6g

公称直径=20mm，螺距=2mm，中径、大径的公差带分别为 5g、6g，短旋合长度的细牙左旋外螺纹：M20×2 左-5g6g-S

公称直径 D、d 第一系列	公称直径 D、d 第二系列	螺距 P	中径 D_2、d_2	小径 D_1、d_1	公称直径 D、d 第一系列	公称直径 D、d 第二系列	螺距 P	中径 D_2、d_2	小径 D_1、d_1	公称直径 D、d 第一系列	公称直径 D、d 第二系列	螺距 P	中径 D_2、d_2	小径 D_1、d_1
3		**0.5**	2.675	2.459	10		1	9.350	8.917	20		1	19.350	18.917
		0.35	2.773	2.621			0.75	9.513	9.188					
	3.5	**(0.6)**	3.110	2.850	12		**1.75**	10.863	10.106		22	**2.5**	20.376	19.294
		0.35	3.273	3.121			1.5	11.026	10.376			2	20.701	19.835
4		**0.7**	3.545	3.242			1.25	11.188	10.647			1.5	21.026	20.376
		0.5	3.675	3.459			1	11.350	10.917			1	21.350	20.917
	4.5	**(0.75)**	4.013	3.688	14		**2**	12.701	11.835	24		3	22.051	20.752
		0.5	4.175	3.959			1.5	13.026	12.376			2	22.701	21.835
							1	13.350	12.917			1.5	23.026	22.376
5		**0.8**	4.480	4.134	16		**2**	14.701	13.835			1	23.350	22.917
		0.5	4.675	4.459			1.5	15.026	14.376	27		3	25.051	23.752
6		**1**	5.350	4.917			1	15.350	14.917			2	25.701	24.835
		0.75	5.513	5.188								1.5	26.026	25.376
	7	**1**	6.350	5.917	18		**2.5**	16.376	15.294			1	26.350	25.917
		0.75	6.513	6.188			2	16.701	15.835	30		**3.5**	27.727	26.211
							1.5	17.026	16.376			**3**	28.051	26.752
							1	17.350	16.917			2	28.701	27.835

续表

公称直径 D、d 第一系列	第二系列	螺距 P	中径 D_2、d_2	小径 D_1、d_1	公称直径 D、d 第一系列	第二系列	螺距 P	中径 D_2、d_2	小径 D_1、d_1	公称直径 D、d 第一系列	第二系列	螺距 P	中径 D_2、d_2	小径 D_1、d_1
8		**1.25**	7.188	6.647	20		**2.5**	18.376	17.294			1.5	29.026	28.376
		1	7.350	6.917			**2**	**18.701**	17.835			1	29.350	28.917
		0.75	7.513	7.188			1.5	19.026	18.376					
10		**1.5**	9.026	8.376							33	**3.5**	30.727	29.211
		1.25	9.188	8.647										
	33	**3**	31.051	29.752	45		**4.5**	42.077	40.129	56		**5.5**	52.428	50.046
		2	31.701	30.835			4	42.402	40.670			4	53.402	51.670
		1.5	32.026	31.376			3	43.051	41.752			3	54.051	52.752
36		**4**	33.402	31.670			2	43.701	42.835			2	54.701	53.875
		3	34.051	32.752			1.5	44.026	43.376			1.5	55.026	54.376
		2	34.701	33.875	48		**5**	44.752	42.587		60	**5.5**	56.428	54.046
		1.5	35.026	34.376			4	45.402	43.670			4	57.402	55.670
	39	**4**	36.402	34.670			3	46.051	44.752			3	58.051	56.752
		3	37.051	35.752			2	46.701	45.835			2	58.701	57.835
		2	37.701	36.835			1.5	47.026	46.376			1.5	59.026	58.376
		1.5	38.026	37.376	52		**5**	48.752	46.587	64		**6**	60.103	57.505
42		**4.5**	39.077	37.129			4	49.402	47.670			4	61.402	59.670
		3	40.051	38.752			3	50.051	48.752			3	62.051	60.752
		2	40.701	39.835			2	50.701	49.835					
		1.5	41.026	40.376			1.5	51.026	50.376					

注：① "螺距 P" 栏中第一个数值（黑体字）为粗牙螺距，其余为细牙螺距。

②优先选用第一系列，其次是第二系列，第三系列（表中未列出）尽可能不用。

③括号内尺寸尽可能不用。

8.5.2 螺纹零件的结构要素

扳手空间见表 8-21。

表 8-21 扳手空间（JB/ZQ 4005—2006） （单位：mm）

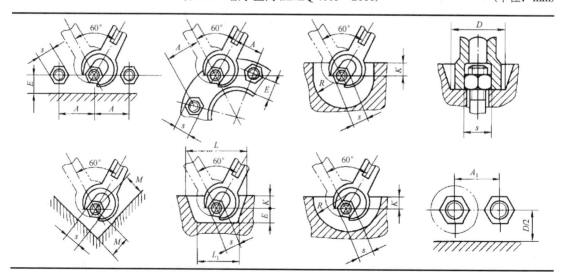

续表

螺纹直径 d	s	A	A₁	E = K	M	L	L₁	R	D
6	10	26	18	8	15	46	38	20	24
8	13	32	24	11	18	55	44	25	28
10	16	38	28	13	22	62	50	30	30
12	18	42	—	14	24	70	55	32	—
14	21	48	36	15	26	80	65	36	40
16	24	55	38	16	30	85	70	42	45
18	27	62	45	19	32	95	75	46	52
20	30	68	48	20	35	105	85	50	56
22	34	76	55	24	40	120	95	58	60
24	36	80	58	24	42	125	100	60	70
27	41	90	65	26	46	135	110	65	76
30	46	100	72	30	50	155	125	75	82
33	50	108	76	32	55	165	130	80	88
36	55	118	85	36	60	180	145	88	95

8.5.3　螺栓和螺钉

螺栓和螺钉的标准分别见表 8-22 和表 8-23。

表 8-22　六角头螺栓(GB/T 5782—2016)、六角头螺栓—全螺纹(GB/T 5783—2016)（单位：mm）

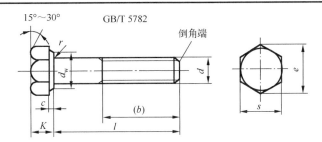

标记示例：

螺纹规格 d = M12、公称长度 l = 80，性能等级为 9.8 级、表面氧化、A 级的六角头螺栓的标记为螺栓 GB/T 5782　M12×80

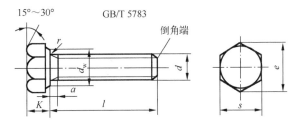

标记示例：

螺纹规格 d = M12、公称长度 l = 80，性能等级为 9.8 级、表面氧化、A 级的六角头螺栓的标记为螺栓 GB/T 5783　M12×80

螺纹规格 d		M3	M4	M5	M6	M8	M10	M12	M16	M20	M24	M30	M36
b 参考	l≤125	12	14	16	18	22	26	30	38	46	54	66	78
	125<l≤200	18	20	22	24	28	32	36	44	52	60	72	84
	l>200	31	35	33	37	41	45	49	57	65	73	85	97

续表

螺纹规格 d			M3	M4	M5	M6	M8	M10	M12	M16	M20	M24	M30	M36
a	max		1.5	2.1	2.4	3	3.75	4.5	5.25	6	7.5	9	10.5	12
c	max		0.4	0.4	0.5	0.5	0.6	0.6	0.6	0.8	0.8	0.8	0.8	0.8
	min		0.15	0.15	0.15	0.15	0.15	0.15	0.15	0.2	0.2	0.2	0.2	0.2
d_w	min	A	4.57	5.88	6.88	8.88	11.63	14.63	16.63	24.49	28.19	33.61	—	—
		B	4.45	5.74	6.74	8.74	11.47	14.47	16.47	22	27.7	33.25	42.75	51.11
e	min	A	6.01	7.66	8.79	11.05	14.38	17.77	20.03	26.75	33.53	39.98	—	—
		B	5.88	7.50	8.63	10.89	14.20	17.59	19.85	26.17	32.95	39.55	50.85	60.79
K	公称		2	2.8	3.5	4	5.3	6.4	7.5	10	12.5	15	18.7	22.5
r	min		0.1	0.2	0.2	0.25	0.4	0.4	0.6	0.6	0.8	0.8	1	1
s	公称		5.5	7	8	10	13	16	18	24	30	36	46	55
l 范围 (GB/T 5782)			20~30	25~40	25~50	30~60	40~80	45~100	50~120	65~160	80~200	90~240	110~300	140~360
l 范围(全螺线) (GB/T 5783)			6~30	8~40	10~50	12~60	16~80	20~100	25~120	30~140	40~150	50~150	60~200	70~200
l 系列 (GB/T 5782)			20~65(5 进位)、70~160(10 进位)、180~360(20 进位)											
l 系列 (GB/T 5783)			6、8、10、12、16、20~65(5 进位)、70~160(10 进位)、180、200											

技术条件	材料	力学性能等级	螺纹公差	公差产品等级	表面处理
	钢	5.6、8.8、9.8、10.9	6g	A 级用于 $d \leqslant 24$ 和 $l \leqslant 10d$ 或 $l \leqslant 150$	氧化
	不锈钢	A2-70、A4-70			简单处理
	非金属	Cu2，Cu3，A14 等		B 级用于 $d > 24$ 或 $l > 10d$ 或 $l > 150$	简单处理

注：①A、B 为产品等级，C 产品螺纹公差为 8g，规格为 M5~M64，性能等级为 3.6 级、4.6 级和 4.8 级，详见 GB/T 5780—2016 和 GB/T 5781—2016。

②非优先的螺纹规格未列入。

③表面处理中，电镀按 GB/T 5267，非电解锌粉覆盖层按 ISO 10683，其他按协议。

表 8-23　内六角圆柱头螺钉 (GB/T 70.1—2008 摘录)　　　　　　　(单位：mm)

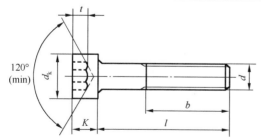
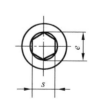

标记示例：

螺纹规格 d = M8、公称长度 l = 20、性能为 8.8 级、表面氧化的 A 级内六角圆柱头螺钉的标记为

螺钉　GB/T 70.1　M8×20

螺纹规格 d	M5	M6	M8	M10	M12	M16	M20	M24	M30	M36
b(参考)	22	24	28	32	36	44	52	60	72	84
d_k(max)	8.5	10	13	16	18	24	30	36	45	54
e(min)	4.583	5.723	6.683	9.149	11.429	15.996	19.437	21.734	25.154	30.854

续表

螺纹规格 d	M5	M6	M8	M10	M12	M16	M20	M24	M30	M36
K(max)	5	6	8	10	12	16	20	24	30	36
s(公称)	4	5	6	8	10	14	17	19	22	27
t(min)	2.5	3	4	5	6	8	10	12	15.5	19
l 范围(公称)	8~50	10~60	12~80	16~100	20~120	25~160	30~200	40~200	45~200	55~200
制成全螺纹时 $l\leqslant$	25	30	35	40	45	55	65	80	90	110
l 系列(公称)	8、10、12、(14)、16、20~50(5进位)、(55)、60~160(10进位)、180、200									
技术条件	材料		性能等级		螺纹公差		产品		表面处理	
	钢		8.8、9、12.9		12.9 级为 5g6g，其他等级为 6g		A		氧化或镀锌钝化	

8.5.4 螺母

螺母的标准见表 8-24。

表 8-24 I 型六角螺母(GB/T 6170—2015 摘录)、六角薄螺母(GB/T 6172.1—2016 摘录)

(单位：mm)

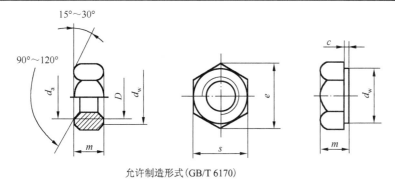

允许制造形式(GB/T 6170)

标记示例:
(1)螺纹规格 D = M12、性能等级为 8 级、不经表面处理、A 级的 I 型六角螺母的标记为
螺母 GB/T 6170 M12
(2)螺纹规格 D = M12、性能等级为 04 级、不经表面处理、A 级六角薄螺母的标记为
螺母 GB/T 6172.1 M12

螺纹规格 D		M3	M4	M5	M6	M8	M10	M12	M(14)	M(16)	M(18)	M20	M(22)	M24	M(27)	M30	M36
d_a	max	3.45	4.6	5.75	6.75	8.75	10.8	13	15.1	17.3	19.5	21.6	23.7	25.9	29.1	32.4	38.9
d_w	min	4.6	5.9	6.9	8.9	11.6	14.6	16.6	19.6	22.5	24.9	27.7	31.4	33.3	38	42.8	51.1
e	min	6.01	7.66	8.79	11.05	14.38	17.77	20.03	23.36	26.75	29.56	32.95	37.29	39.55	45.2	50.85	60.79
s	max	5.5	7	8	10	13	16	18	21	24	27	30	34	36	41	46	55
c	max	0.4	0.4	0.5	0.5	0.6	0.6	0.6	0.6	0.8	0.8	0.8	0.8	0.8	0.8	0.8	0.8
m (max)	六角螺母	2.4	3.2	4.7	5.2	6.8	8.4	10.8	12.8	14.8	15.8	18	19.4	21.5	23.8	25.6	31
	薄螺母	1.8	2.2	2.7	3.2	4	5	6	7	8	9	10	11	12	13.5	15	18
技术条件		材料		性能等级		螺纹公差		表面处理			公差产品等级				
		钢		6，8，10		6H		不经处理 电镀或者协议			A 级用于 $D\leqslant$M16 B 级用于 $D>$M16				

注：括号内的为非优选的螺纹规格，尽量不采用。

8.5.5　垫圈

垫圈的标准参考表 8-25。

表 8-25　标准型弹簧垫圈(GB 93—1987 摘录)、**轻型弹簧垫圈**(GB 859—1987 摘录)　　(单位：mm)

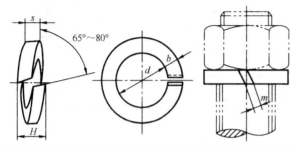

标记示例：
规格 16、材料为 65Mn、表面氧化标准型(或轻型)弹簧垫圈的标记为
垫圈 GB 93 16
(或 GB 859 16)

规格(螺纹大径)			3	4	5	6	8	10	12	(14)	16	(18)	20	(22)	24	(27)	30	(33)	36
GB 93—1987	$s(b)$	公称	0.8	1.1	1.3	1.6	2.1	2.6	3.1	3.6	4.1	4.5	5	5.5	6	6.8	7.5	8.5	9
	H	min	1.6	2.2	2.6	3.2	4.2	5.2	6.2	7.2	8.2	9	10	11	12	13.6	15	17	18
		max	2	2.75	3.25	4	5.25	6.5	7.75	9	10.25	11.25	12.5	13.75	15	17	18.75	21.25	22.5
	m	≤	0.4	0.55	0.65	0.8	1.05	1.3	1.55	1.8	2.05	2.25	2.5	2.75	3	3.4	3.75	4.25	4.5
GB 859—1987	s	公称	0.6	0.8	1.1	1.3	1.6	2	2.5	3	3.2	3.6	4	4.5	5	5.5	6	—	—
	b	公称	1	1.2	1.5	2	2.5	3	3.5	4	4.5	5	5.5	6	7	8	9	—	—
	H	min	1.2	1.6	2.2	2.6	3.2	4	5	6	6.4	7.2	8	9	10	11	12	—	—
		max	1.5	2	2.75	3.25	4	5	6.25	7.5	8	9	10	11.25	12.5	13.75	15	—	—
	m	≤	0.3	0.4	0.55	0.65	0.8	1	1.25	1.5	1.6	1.8	2	2.25	2.5	2.75	3	—	—

注：尽可能不采用括号内的规格。

8.5.6　挡圈

孔用挡圈的标准参考表 8-26。

表 8-26　孔用弹性挡圈-A 型(GB/T 893—2017 摘录)　　(单位：mm)

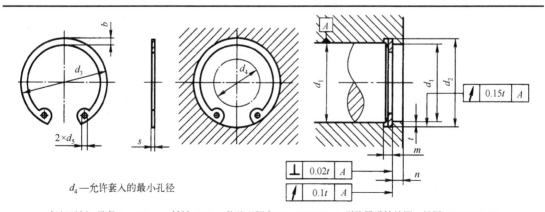

d_4—允许套入的最小孔径

标记示例：孔径 d_1 = 50mm、材料 65Mn、热处理硬度 44~51HRC、A 型孔用弹性挡圈：挡圈 GB/T 893 50

续表

孔径 d_1	挡圈				沟槽(推荐)				d_4	孔径 d_1	挡圈				沟槽(推荐)				d_4
	d_3	s	$b\approx$	d_5	d_2 基本尺寸	d_2 极限偏差	m	n min			d_3	s	$b\approx$	d_5	d_2 基本尺寸	d_2 极限偏差	m	n min	
8	8.7	0.8	1.1	1	8.4	$^{+0.09}_{0}$	0.9		3.0	48	51.5	1.75	4.5		50.5		1.85	3.8	34.5
9	9.8		1.3		9.4			0.6	3.7	50	54.2		4.6		53				36.3
10	10.8		1.4	1.2	10.4				3.3	52	56.2		4.7		55				37.9
11	11.8		1.5		11.4				4.1	55	59.2		5.0		58				40.7
12	13		1.7	1.15	12.5			0.8	4.9	56	60.2	2	5.1		59		2.15	4.5	41.7
13	14.1		1.8		13.6	$^{+0.11}_{0}$		0.9	5.4	58	62.2		5.2		61				43.5
14	15.1		1.9		14.6				6.2	60	64.2		5.4		63	$^{+0.30}_{0}$			44.7
15	16.2		2.0	1.7	15.7			1.1	7.2	62	66.2		5.5		65				46.7
16	17.3	1	2.0		16.8		1.1	1.2	8.0	63	67.2		5.6		66				47.7
17	18.3		2.1		17.8				8.8	65	69.2		5.8		68				49
18	19.5		2.2		19				9.4	68	72.5		6.1		71				51.6
19	20.5		2.2		20			1.5	10.4	70	74.5		6.2		73				53.6
20	21.5		2.3		21	$^{+0.13}_{0}$			11.2	72	76.5		6.4		75		2.65		55.6
21	22.5		2.4		22				12.2	75	79.5	2.5	6.6		78				58.6
22	23.5		2.5	2.0	23				13.2	78	82.5		6.6		81				60.1
24	25.9		2.6		25.2			1.8	14.8	80	85.5		6.8		83.5				62.1
25	26.9		2.7		26.2	$^{+0.21}_{0}$			15.5	82	87.5		7.0		85.5				64.1
26	27.9		2.8		27.2				16.1	85	90.5		7.0		88.5				66.9
28	30.1	1.2	2.9		29.4		1.3	2.1	17.9	88	93.5		7.2		91.5	$^{+0.35}_{0}$			69.9
30	32.1		3.0		31.4				19.9	90	95.5		7.6		93.5			5.3	71.9
31	33.4		3.2		32.7			2.6	20.0	92	97.5	3	7.8		95.5		3.15		73.7
32	34.4		3.2		33.7				20.6	95	100.5		8.1		98.5				76.5
34	36.5		3.3		35.7				22.6	98	103.5		8.3		101.5				79
35	37.8		3.4		37			3	23.6	100	105.5		8.4		103.5				80.6
36	38.8	1.5	3.5	2.5	38	$^{+0.25}_{0}$	1.6		24.6	102	108		8.5		106				82.0
37	39.8		3.6		39				25.4	105	112		8.7		109				85.0
38	40.8		3.7		40				26.4	108	115		8.9		112	$^{+0.54}_{0}$			88.0
40	43.5		3.9		42.5				27.8	110	117	4	9.0		114			6	88.2
42	45.5	1.75	4.1		44.5		1.85	3.8	29.6	112	119		9.1		116		4.15		90.0
45	48.5		4.3		47.5				32.0	115	122		9.3		119				93.0
47	50.5		4.4		49.5				33.5	120	127		9.7		124	$^{+0.63}_{0}$			96.9

8.5.7 键

平键的标准参见表 8-27。

表 8-27 平键连接键槽的剖面和尺寸（GB/T 1095—2003 摘录）、

普通平键的形式和尺寸（GB/T 1096—2003 摘录）　　　　（单位：mm）

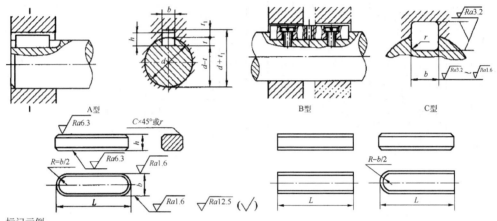

标记示例：

（1）GB/T 1096 键 16×10×100[圆头普通平键（A 型）、b=16、h=10、L=100]

（2）GB/T 1096 键 B16×10×100[平头普通平键（B 型）、b=16、h=10、L=100]

（3）GB/T 1096 键 C16×10×100[单圆头普通平键（C 型）、b=16、h=10、L=100]

轴	键	键槽										
		宽度 b					深度				半径 r	
轴直径 d	键尺寸 b×h	键尺寸 b	极限偏差					轴 t		毂 t_1		
			松连接		正常连接		紧密连接					
			轴 H9	毂 D10	轴 N9	毂 JS9	轴和毂 P9	公称尺寸	极限偏差	公称尺寸	极限偏差	最小	最大
自 6～8	2×2	2	+0.025 0	+0.060 +0.020	−0.004 −0.029	±0.0125	−0.006 −0.031	1.2	+0.1 0	1.0	+0.1 0	0.08	0.16
>8～10	3×3	3						1.8		1.4		
>10～12	4×4	4	+0.030 0	+0.078 +0.030	0 −0.030	±0.015	−0.012 −0.042	2.5		1.8		0.16	0.25
>12～17	5×5	5						3.0		2.3		
>17～22	6×6	6						3.5		2.8		
>22～30	8×7	8	+0.036 0	+0.098 +0.040	0 −0.036	±0.018	−0.015 −0.051	4.0		3.3		0.25	0.40
>30～38	10×8	10						5.0		3.3		
>38～44	12×8	12	+0.043 0	+0.120 +0.050	0 −0.043	±0.0215	−0.018 −0.061	5.0		3.3		
>44～50	14×9	14						5.5	+0.2 0	3.8	+0.2 0	
>50～58	16×10	16						6.0		4.3		
>58～65	18×11	18						7.0		4.4		
>65～75	20×12	20	+0.052 0	+0.149 +0.065	0 −0.052	±0.026	−0.022 −0.074	7.5		4.9		0.40	0.60
>75～85	22×14	22						9.0		5.4		
>85～95	25×14	25						9.0		5.4		
>95～110	25×16	28						10.0		6.4		
键的长度系列	6,8,10,12,14,16,18,20,22,25,28,32,36,40,45,50,56,63,70,80,90,100,110,125,140,160,180,200,220,250,280,320,360												

注：①在工作图中，键槽深用 t 或（d−t）标注，轮毂槽深用（d+t_1）标注。

②（d−t）和（d+t_1）两组组合尺寸的极限偏差按相应的 t 和 t_1 极限偏差选取，但（d−t）极限偏差值应取负号。

③键尺寸的极限偏差 b 为 h8，h 为 h11，L 为 h14。

④键材料的抗拉强度应不小于 590MPa。

8.5.8　销

销的标准参见表 8-28。

表 8-28　圆柱销(GB/T 119.1—2000 摘录)、圆锥销(GB/T 117—2000 摘录)　　　　（单位：mm）

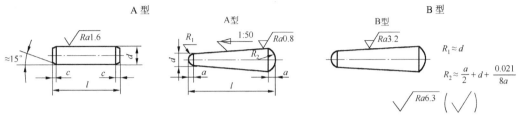

A 型　　　　　A 型　　　　　　　　　　　B 型　　　B 型

$R_1 \approx d$

$R_2 \approx \dfrac{a}{2} + d + \dfrac{0.021}{8a}$

公差 m6：表面粗糙度 $Ra \leqslant 0.8\mu m$
公差 h8：表面粗糙度 $Ra \leqslant 1.6\mu m$

标记示例：

(1) 公称直径 $d=6$、公差 m6、公称长度 $l=30$、材料为 35 钢、不经淬火、不经表面处理的圆柱销的标记为

销 GB/T 119.1　m6×30

(2) 公称直径 $d=6$、长度 $l=30$、材料为 35 钢、热处理硬度 28～38HRC、表面氧化处理的 A 型圆锥销的标记为

销 GB/T 117　6×30

	公称直径 d		3	4	5	6	8	10	12	16	20	25
圆柱销	d h8 或 m6		3	4	5	6	8	10	12	16	20	25
	$c \approx$		0.5	0.63	0.8	1.2	1.6	2.0	2.5	3.0	3.5	4.0
	l(公称)		8～30	8～40	10～50	12～60	14～80	18～95	22～140	26～180	35～200	50～200
圆锥销	d h10	min	2.96	3.95	4.95	5.95	7.94	9.94	11.93	15.93	19.92	24.92
		max	3	4	5	6	8	10	12	16	20	25
	$a \approx$		0.4	0.5	0.63	0.8	1.0	1.2	1.6	2.0	2.5	3.0
	l(公称)		12～45	14～55	18～60	22～90	22～120	26～160	32～180	40～200	45～200	50～200
l(公称)的系列			12～32(2 进位)，35～100(5 进位)，100～200(20 进位)									

8.6　滚　动　轴　承

8.6.1　常用滚动轴承

常用滚动轴承的标准见表 8-29～表 8-32

表 8-29　圆锥滚子轴承(GB/T 297—2015 摘录)

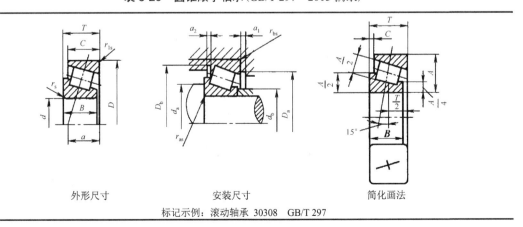

外形尺寸　　　　　　　安装尺寸　　　　　　　简化画法

标记示例：滚动轴承 30308　GB/T 297

续表

轴承代号	径向当量动载荷						当 $F_a/F_r \leq e$ 时，$P_r=F_r$；当 $F_a/F_r > e$ 时，$P_r=0.4F_r+YF_a$										
	径向当量静载荷						取下列两式计算出的大值　$P_{0r}=0.5F_r+Y_0F_0$　$P_{0r}=F_r$										
	基本尺寸/mm						安装尺寸/mm						基本额定		计算系数		
	d	D	T	B	C	a ≈	d_a (min)	d_b (max)	D_a (max)	D_b (min)	a_1 (min)	a_2 (min)	动载荷 C_r/kN	静载荷 C_{0r}/kN	e	Y	Y_0
02 尺寸系列																	
30204	20	47	15.25	14	12	11.2	26	27	41	43	2	3.5	28.2	30.5	0.35	1.7	1
30205	25	52	16.25	15	13	12.6	31	31	46	48	2	3.5	32.2	37	0.37	1.6	0.9
30206	30	62	17.25	16	14	13.8	36	37	56	58	2	3.5	43.2	50.5	0.37	1.6	0.9
30207	35	72	18.25	17	15	15.3	42	44	65	67	3	3.5	54.2	63.5	0.37	1.6	0.9
30208	40	80	19.75	18	16	16.9	47	49	73	75	3	4	63.0	74.0	0.37	1.6	0.9
30209	45	85	20.75	19	16	18.6	52	53	78	80	3	5	67.8	83.5	0.4	1.5	0.8
30210	50	90	21.75	20	17	20	57	58	83	86	3	5	73.2	92.0	0.42	1.4	0.8
30211	55	100	22.75	21	18	21	64	64	91	95	4	5	90.8	115	0.4	1.5	0.8
30212	60	110	23.75	22	19	22.4	69	69	101	103	4	5	102	130	0.4	1.5	0.8
30213	65	120	24.75	23	20	24	74	77	111	114	4	5	120	152	0.4	1.5	0.8
30214	70	125	26.25	24	21	25.9	79	81	116	119	4	5.5	132	175	0.42	1.4	0.8
30215	75	130	27.25	25	22	27.4	84	85	121	125	4	5.5	138	185	0.44	1.4	0.8
30216	80	140	28.25	26	22	28	90	90	130	133	4	6	160	212	0.42	1.4	0.8
30217	85	150	30.5	28	24	29.9	95	96	140	142	5	6.5	178	238	0.42	1.4	0.8
30218	90	160	32.5	30	26	32.4	100	102	150	151	5	6.5	200	270	0.42	1.4	0.8
30219	95	170	34.5	32	27	35.1	107	108	158	160	5	7.5	228	308	0.42	1.4	0.8
30220	100	180	37	34	29	36.5	112	114	168	169	5	8	255	350	0.42	1.4	0.8
03 尺寸系列																	
30304	20	52	16.25	15	13	11	27	28	45	48	3	3.5	33.0	33.2	0.3	2	1.1
30305	25	62	18.25	17	15	13	32	34	55	58	3	3.5	46.8	48.0	0.3	2	1.1
30306	30	72	20.75	19	16	15	37	40	65	66	3	5	59.0	63.0	0.31	1.9	1.1
30307	35	80	22.75	21	18	17	44	45	71	74	3	5	75.2	82.5	0.31	1.9	1.1
30308	40	90	25.25	23	20	19.5	49	52	81	84	3	5.5	90.8	108	0.35	1.7	1
30309	45	100	27.25	25	22	21.5	54	59	91	94	3	5.5	108	130	0.35	1.7	1
30310	50	110	29.25	27	23	23	60	65	100	103	4	6.5	130	158	0.35	1.7	1
30311	55	120	31.5	29	25	25	65	70	110	112	4	6.5	152	188	0.35	1.7	1
30312	60	130	33.5	31	26	26.5	72	76	118	121	5	7.5	170	210	0.35	1.7	1
30313	65	140	36	33	28	29	77	83	128	131	5	8	195	242	0.35	1.7	1
30314	70	150	38	35	30	30.6	82	89	138	141	5	8	218	272	0.35	1.7	1
30315	75	160	40	37	31	32	87	95	148	150	5	9	252	318	0.35	1.7	1
30316	80	170	42.5	39	33	34	92	102	158	160	5	9.5	278	352	0.35	1.7	1
30317	85	180	44.5	41	34	36	99	107	166	168	6	10.5	305	388	0.35	1.7	1
30318	90	190	46.5	43	36	37.5	104	113	176	178	6	10.5	342	440	0.35	1.7	1
30319	95	200	49.5	45	38	40	109	118	186	185	6	11.5	370	478	0.35	1.7	1
30320	100	215	51.5	47	39	42	114	127	201	199	6	12.5	405	525	0.35	1.7	1

续表

径向当量动载荷	当 $F_a/F_r \leq e$ 时，$P_r = F_r$ 当 $F_a/F_r > e$ 时，$P_r = 0.4F_r + YF_a$														
径向当量静载荷	取下列两式计算出的大值 $P_{0r} = 0.5F_r + Y_0F_0$ $P_{0r} = F_r$														
轴承代号	基本尺寸/mm						安装尺寸/mm						基本额定		计算系数		
	d	D	T	B	C	$a \approx$	d_a (min)	d_b (max)	D_a (max)	D_b (min)	a_1 (min)	a_2 (min)	动载荷 C_r/kN	静载荷 C_{0r}/kN	e	Y	Y_0
22 尺寸系列																	
32206	30	62	21.25	20	17	15.4	36	36	56	58	3	4.5	51.8	63.8	0.37	1.6	0.9
32207	35	72	24.25	23	19	17.6	42	42	65	68	3	5.5	70.5	89.5	0.37	1.6	0.9
32208	40	80	24.75	23	19	19	47	48	73	75	3	6	77.8	97.2	0.37	1.6	0.9
32209	45	85	24.75	23	19	20	52	53	78	81	3	6	80.8	105	0.4	1.5	0.8
32210	50	90	24.75	23	19	21	57	57	83	86	3	6	82.8	108	0.42	1.4	0.8
32211	55	100	26.75	25	21	22.5	64	62	91	96	4	6	108	142	0.4	1.5	0.8
32212	60	110	29.75	28	24	24.9	69	68	101	105	4	6	132	180	0.4	1.5	0.8
32213	65	120	32.75	31	27	27.2	74	75	111	115	4	6	160	222	0.4	1.5	0.8
32214	70	125	33.25	31	27	28.6	79	79	116	120	4	6.5	168	238	0.42	1.4	0.8
32215	75	130	33.25	31	27	30.2	84	84	121	126	4	6.5	170	242	0.44	1.4	0.8
32216	80	140	35.25	33	28	31.3	90	89	130	135	5	7.5	198	278	0.42	1.4	0.8
32217	85	150	38.5	36	30	34	95	95	140	143	5	8.5	228	325	0.42	1.4	0.8
32218	90	160	42.5	40	34	36.7	100	101	150	153	5	8.5	270	395	0.42	1.4	0.8
32219	95	170	45.5	43	37	39	107	106	158	163	5	8.5	302	448	0.42	1.4	0.8
32220	100	180	49	46	39	41.8	112	113	168	172	5	10	340	512	0.42	1.4	0.8
23 尺寸系列																	
32304	20	52	22.25	21	18	13.4	27	26	45	48	3	4.5	42.8	46.2	0.3	2	1.1
32305	25	62	25.25	24	20	14.0	32	32	55	58	3	5.5	61.5	68.8	0.3	2	1.1
32306	30	72	28.75	27	23	18.8	37	38	65	66	4	6	81.5	96.5	0.31	1.9	1
32307	35	80	32.75	31	25	20.5	44	43	71	74	4	8.5	99.0	118	0.31	1.9	1
32308	40	90	35.25	33	27	23.4	49	49	81	83	4	8.5	115	148	0.35	1.7	1
32309	45	100	38.25	36	30	25.6	54	56	91	93	4	8.5	145	188	0.35	1.7	1
32310	50	110	42.25	40	33	28	60	61	100	102	5	9.5	178	235	0.35	1.7	1
32311	55	120	45.5	43	35	30.6	65	66	110	111	5	10.5	202	270	0.35	1.7	1
32312	60	130	48.5	46	37	32	72	72	118	122	6	11.5	228	302	0.35	1.7	1
32313	65	140	51	48	39	34	77	79	128	131	6	12	260	350	0.35	1.7	1
32314	70	150	54	51	42	36.5	82	84	138	141	6	12	298	408	0.35	1.7	1
32315	75	160	58	55	45	39	87	91	148	150	7	13	348	482	0.35	1.7	1
32316	80	170	61.5	58	48	42	92	97	158	160	7	13.5	388	542	0.35	1.7	1
32317	85	180	63.5	60	49	43.6	99	102	166	168	8	14.5	422	592	0.35	1.7	1
32318	90	190	67.5	64	53	46	104	107	176	178	8	14.5	478	682	0.35	1.7	1
32319	95	200	71.5	67	55	49	109	114	186	187	8	16.5	515	738	0.35	1.7	1
32320	100	215	77.5	73	60	53	114	122	201	201	8	17.5	600	872	0.35	1.7	1

表 8-30　深沟球轴承(GB/T 276—2013 摘录)

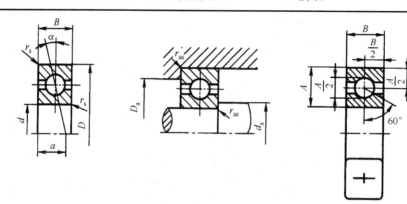

外形尺寸　　　　　　　安装尺寸　　　　　　　简化画法

标记示例：滚动轴承　6209　GB/T 276

F_a/C_{0r}	e	Y	径向当量动载荷	径向当量静载荷
0.014	0.19	2.30		
0.028	0.22	1.99		
0.056	0.26	1.71		
0.084	0.28	1.55		$P_{0r}=F_r$
0.11	0.30	1.45	当 $F_a/F_r \leqslant e$ 时，$P_r=F_r$	$P_{0r}=0.6 F_r+0.5F_a$
0.17	0.34	1.31	当 $F_a/F_r > e$ 时，$P_r=0.56F_r+YF_a$	取上列两式计算结果的大值
0.28	0.38	1.15		
0.42	0.42	1.04		
0.56	0.44	1.00		

轴承代号	基本尺寸/mm				安装尺寸/mm			基本额定动载荷 C_r/kN	基本额定静载荷 C_{0r}/kN	极限转速/(r/min)	
	d	D	B	r_s (min)	d_a (min)	D_a (max)	r_{as} (max)			脂润滑	油润滑
(1)0 系列											
6004	20	42	12	0.6	25	37	0.6	9.38	5.02	15000	19000
6005	25	47	12	0.6	30	42	0.6	10.0	5.85	13000	17000
6006	30	55	13	1	36	49	1	13.2	8.3	10000	14000
6007	35	62	14	1	41	56	1	16.2	10.5	9000	12000
6008	40	68	15	1	46	62	1	17.0	11.8	8500	11000
6009	45	75	16	1	51	69	1	21.0	14.8	8000	10000
6010	50	80	16	1	56	74	1	22.0	16.2	7000	9000
6011	55	90	18	1.1	62	83	1	30.2	21.8	6300	8000
6012	60	95	18	1.1	67	88	1	30.2	24.2	6000	7500
6013	65	100	18	1.1	72	93	1	32.0	24.8	5600	7000
6014	70	110	20	1.1	77	103	1	38.5	30.5	5300	6700
6015	75	115	20	1.1	82	108	1	40.2	33.2	5000	6300
6016	80	125	22	1.1	87	118	1	47.5	39.8	4800	6000
6017	85	130	22	1.1	92	123	1	50.8	42.8	4500	5600

续表

轴承代号	基本尺寸/mm				安装尺寸/mm			基本额定动载荷	基本额定静载荷	极限转速/(r/min)	
	d	D	B	r_s (min)	d_a (min)	D_a (max)	r_{as} (max)	C_r /kN	C_{0r} /kN	脂润滑	油润滑
6018	90	140	24	1.5	99	131	1.5	58.0	49.8	4300	5300
6019	95	145	24	1.5	104	136	1.5	57.8	50.0	4000	5000
6020	100	150	24	1.5	109	141	1.5	64.5	56.2	3800	4800
(0)2 系列											
6204	20	47	14	1	26	41	1	12.8	6.65	14000	18000
6205	25	52	15	1	31	46	1	14.0	7.88	12000	16000
6206	30	62	16	1	36	56	1	19.5	11.5	9500	13000
6207	35	72	17	1.1	42	65	1	25.5	15.2	8500	11000
6208	40	80	18	1.1	47	73	1	29.5	18.0	8000	10000
6209	45	85	19	1.1	52	78	1	31.5	20.5	7000	9000
6210	50	90	20	1.1	57	83	1	35.0	23.2	6700	8500
6211	55	100	21	1.5	64	91	1.5	43.2	29.2	6000	7500
6212	60	110	22	1.5	69	101	1.5	47.8	32.8	5600	7000
6213	65	120	23	1.5	74	111	1.5	57.2	40.0	5000	6300
6214	70	125	24	1.5	79	116	1.5	60.8	45.0	4800	6000
6215	75	130	25	1.5	84	121	1.5	66.0	49.5	4500	5600
6216	80	140	26	2	90	130	2	71.5	54.2	4300	5300
6217	85	150	28	2	95	140	2	83.2	63.8	4000	5000
6218	90	160	30	2	100	150	2	95.8	71.5	3800	4800
6219	95	170	32	2.1	107	158	2.1	110	82.8	3600	4500
6220	100	180	34	2.1	112	168	2.1	122	92.8	3400	4300
(0)3 系列											
6304	20	52	15	1.1	27	45	1	15.8	7.88	13000	17000
6305	25	62	17	1.1	32	55	1	22.2	11.5	10000	14000
6306	30	72	19	1.1	37	65	1	27.0	15.2	9000	12000
6307	35	80	21	1.5	44	71	1.5	33.2	19.2	8000	10000
6308	40	90	23	1.5	49	81	1.5	40.8	24.0	7000	9000
6309	45	100	25	1.5	54	91	1.5	52.8	31.8	6300	8000
6310	50	110	27	2	60	100	2	61.8	38.0	6000	7500
6311	55	120	29	2	65	110	2	71.5	44.8	5600	6700
6312	60	130	31	2.1	72	118	2.1	81.8	51.8	5000	6300
6313	65	140	33	2.1	77	128	2.1	93.8	60.5	4500	5600
6314	70	150	35	2.1	82	138	2.1	105	68.0	4300	5300
6315	75	160	37	2.1	87	148	2.1	112	76.8	4000	5000
6316	80	170	39	2.1	92	158	2.1	122	86.5	3800	4800
6317	85	180	41	3	99	166	2.5	132	96.5	3600	4500
6318	90	190	43	3	104	176	2.5	145	108	3400	4300
6319	95	200	45	3	109	186	2.5	155	122	3200	4000
6320	100	215	47	3	114	201	2.5	172	140	2800	3600

表 8-31　角接触球轴承（GB/T 292—2007 摘录）

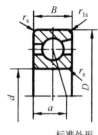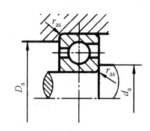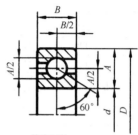

标准外形　　　　　　　安装尺寸　　　　　　简化画法

标记示例：滚动轴承　7209C　GB/T 292

iF_a/C_{0r}	e	Y	7000C 型（$\alpha=15°$）	70000AC 型（$\alpha=25°$）
0.015	0.38	1.47		
0.029	0.40	1.40	径向当量动载荷	径向当量动载荷
0.058	0.43	1.30	当 $F_a/F_r \leqslant e$ 时，$P_r=F_r$	当 $F_a/F_r \leqslant 0.68$ 时，$P_r=F_r$
0.087	0.46	1.23	当 $F_a/F_r > e$ 时，$P_r=0.44F_r+YF_a$	当 $F_a/F_r > 0.68$ 时，$P_r=0.41F_r+0.87F_a$
0.12	0.47	1.19		
0.17	0.50	1.12		
0.29	0.55	1.02	径向当量静载荷	径向当量静载荷
0.44	0.56	1.00	$P_{0r}=0.5F_r+0.46F_a$	$P_{0r}=0.5F_r+0.38F_a$
0.58	0.56	1.00	当 $P_{0r}<F_r$ 时，取 $P_{0r}=F_r$	当 $P_{0r}<F_r$ 时，取 $P_{0r}=F_r$

轴承代号		基本尺寸/mm					安装尺寸/mm			基本额定动载荷 C_r/kN		额定静载荷 C_{0r}/kN	
		d	D	B	a		d_a (min)	D_a (max)	r_{as} (max)	70000C	70000AC	70000C	70000AC
					7000C	7000AC							
(0)2 系列													
7204C	7204AC	20	47	14	11.5	14.9	26	41	1	14.5	14.0	8.22	7.82
7205C	7205AC	25	52	15	12.7	16.4	31	46	1	16.5	15.8	10.5	9.88
7206C	7206AC	30	62	16	14.2	18.7	36	56	1	23.0	22.0	15.0	14.2
7207C	7207AC	35	72	17	15.7	21	42	65	1	30.5	29.0	20.0	19.2
7208C	7208AC	40	80	18	17	23	47	73	1	36.8	35.2	25.8	24.5
7209C	7209AC	45	85	19	18.2	24.7	52	78	1	38.5	36.8	28.5	27.2
7210C	7210AC	50	90	20	19.4	26.3	57	83	1	42.8	40.8	32.0	30.5
7211C	7211AC	55	100	21	20.9	28.6	64	91	1.5	52.8	50.5	40.5	38.5
7212C	7212AC	60	110	22	22.4	30.8	69	101	1.5	61.0	58.2	48.5	46.2
7213C	7213AC	65	120	23	24.2	33.5	74	111	1.5	69.8	66.5	55.2	52.5
7214C	7214AC	70	125	24	25.3	35.1	79	116	1.5	70.2	69.2	60.0	57.5
7215C	7215AC	75	130	25	26.4	36.6	84	121	1.5	79.2	75.2	65.8	63.0
7216C	7216AC	80	140	26	27.7	38.9	90	130	2	89.5	85.0	78.2	74.5

续表

轴承代号		基本尺寸/mm			a		安装尺寸/mm			基本额定动载荷 C_r/kN		额定静载荷 C_{0r}/kN	
		d	D	B	7000C	7000AC	d_a (min)	D_a (max)	r_{as} (max)	70000C	70000AC	70000C	70000AC
7217C	7217AC	85	150	28	29.9	41.6	95	140	2	99.8	94.8	85.0	81.5
7218C	7218AC	90	160	30	31.7	44.2	100	150	2	122	118	105	100
7219C	7219AC	95	170	32	33.8	46.9	107	158	2.1	135	128	115	108
7220C	7220AC	100	180	34	35.8	49.7	112	168	2.1	148	142	128	122
(0)3 系列													
7304C	7304AC	20	52	15	11.3	16.3	27	45	1	14.2	13.8	9.68	9.10
7305C	7305AC	25	62	17	13.1	19.1	32	55	1	21.5	20.8	15.8	14.8
7306C	7306AC	30	72	19	15	22.2	37	65	1	26.2	25.2	19.8	18.5
7307C	7307AC	35	80	21	16.6	24.5	44	71	1.5	34.2	32.8	26.8	24.8
7308C	7308AC	40	90	23	18.5	17.5	49	81	1.5	40.2	38.5	32.3	30.5
7309C	7309AC	45	100	25	20.2	30.2	54	91	1.5	49.2	47.5	39.8	37.2
7310C	7310AC	50	110	27	22	33	60	100	2	53.5	55.5	47.2	44.5
7311C	7311AC	55	120	29	23.8	35.8	65	110	2	70.5	67.2	60.5	56.8
7312C	7312AC	60	130	31	25.6	38.9	72	118	2.1	80.5	77.8	70.2	65.8
7313C	7313AC	65	140	33	27.4	41.5	77	128	2.1	91.5	89.8	80.5	75.5
7314C	7314AC	70	150	35	29.2	44.3	82	138	2.1	102	98.5	91.5	86.0
7315C	7315AC	75	160	37	31	47.2	87	148	2.1	112	108	105	97.0
7316C	7316AC	80	170	39	32.8	50	92	158	2.1	122	118	118	108
7317C	7317AC	85	180	41	34.6	52.8	99	166	2.5	132	125	128	122
7318C	7318AC	90	190	43	36.4	55.6	104	176	2.5	142	135	142	135
7319C	7319AC	95	200	45	38.2	58.5	109	186	2.5	152	145	158	148
7320C	7320AC	100	215	47	40.2	61.9	114	201	2.5	162	165	175	178
(0)4 系列													
	7406AC	30	90	23		26.1	39	81	1		42.5		32.2
	7407AC	35	100	25		29	44	91	1.5		53.8		42.5
	7408AC	40	110	27		34.6	50	100	2		62.0		49.5
	7409AC	45	120	29		38.7	55	110	2		66.8		52.8
	7410AC	50	130	31		37.4	62	118	2.1		76.5		64.2
	7412AC	60	150	35		43.1	72	138	2.1		102		90.8
	7414AC	70	180	42		51.5	84	166	2.5		125		125
	7416AC	80	200	48		58.1	94	186	2.5		152		162
	7418AC	90	215	54		64.8	108	197	3		178		205

表 8-32　圆柱滚子轴承（GB/T 283—2021 摘录）

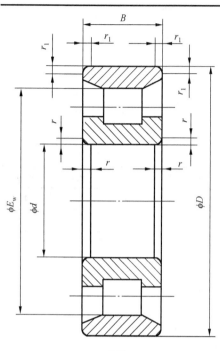

N型

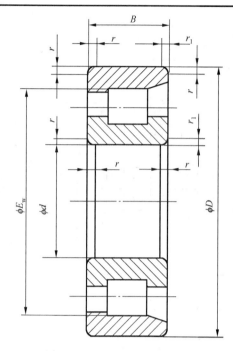

NF型

标记示例：滚动轴承　N209E　GB/T 283

轴承代号		外形尺寸								斜挡圈型号
N 型	NF 型	d	D	B	B_1	F_w	E_w	r_{smin} [a]	r_{1smin} [a]	
(0) 2 尺寸系列										
N204E	NF204	20	47	14	3	27	40	1	0.6	HJ204
N205E	NF205	25	52	15	3	32	45	1	0.6	HJ205
N206E	NF206	30	62	16	4	38.5	53.5	1	0.6	HJ206
N207E	NF207	35	72	17	4	43.8	61.8	1.1	0.6	HJ207
N208E	NF208	40	80	18	5	50	70	1.1	1.1	HJ208
N209E	NF209	45	85	19	5	55	75	1.1	1.1	HJ209
N210E	NF210	50	90	20	5	60.4	80.4	1.1	1.1	HJ210
N211E	NF211	55	100	21	6	66.5	88.5	1.5	1.1	HJ211
N212E	NF212	60	110	22	6	73.5	97.5	1.5	1.5	HJ212
N213E	NF213	65	120	23	6	79.6	105.5	1.5	1.5	HJ213
N214E	NF214	70	125	24	7	84.5	110.5	1.5	1.5	HJ214
N215E	NF215	75	130	25	7	88.5	116.5	1.5	1.5	HJ215
N216E	NF216	80	140	26	8	95.3	125.3	2	2	HJ216
(0) 3 尺寸系列										
N304E	NF304	20	52	15	4	28.5	44.5	1.1	0.6	HJ304
N305E	NF305	25	62	17	4	35	53	1.1	1.1	HJ305
N306E	NF306	30	72	19	5	42	62	1.1	1.1	HJ306
N307E	NF307	35	80	21	6	46.2	68.2	1.5	1.5	HJ307
N308E	NF308	40	90	23	7	53.5	77.5	1.5	1.5	HJ308

轴承代号		外形尺寸								斜挡圈型号
N 型	NF 型	d	D	B	B_1	F_w	E_w	r_{smin}ⓐ	r_{1smin}ⓐ	
N309E	NF309	45	100	25	7	58.5	86.5	1.5	1.5	HJ309
N310E	NF310	50	110	27	8	65	95	2	2	HJ310
N311E	NF311	55	120	29	9	70.5	104.5	2	2	HJ311
N312E	NF312	60	130	31	9	77	113	2.1	2.1	HJ312
N313E	NF313	65	140	33	10	83.5	121.5	2.1	2.1	HJ313
N314E	NF314	70	150	35	10	90	130	2.1	2.1	HJ314
N315E	NF315	75	160	37	11	95.5	139.5	2.1	2.1	HJ315
N316E	NF316	80	170	39	11	103	147	2.1	2.1	HJ316

.注：ⓐ对应的最大倒角尺寸规定在 GB/T 274—2020 中。

8.6.2　滚动轴承的配合

滚动轴承的配合见表 8-33 和表 8-34。

表 8-33　向心轴承和轴的配合——轴公差带（GB/T 275—2015 摘录）

圆柱孔轴承					
载荷情况		举例	深沟球轴承、调心球轴承和角接触球轴承	圆柱滚子轴承和圆锥滚子轴承	调心滚子轴承	公差带
			轴承公称内径 d/mm			
内圈承受旋转载荷或方向不定载荷	轻载荷 $P_r/C_r \leqslant 0.06$	输送机、轻载齿轮箱	≤18 >18~100 >100~200	— ≤40 >40~140 >140~200	— ≤40 >40~100 >100~200	h5 j6① k6① m6①
	正常载荷 $P_r/C_r > 0.06~0.12$	一般通用机械、电动机、泵、内燃机、正齿轮传动装置	≤18 >18~100 >100~140 >140~200 >200~280 —	— ≤40 >40~100 >100~140 >140~200 >200~400	— ≤40 >40~100 >65~100 >100~140 >140~280 >280~500	j5, js5 k5② m5② m6 n6 p6 r6
	重载荷 $P_r/C_r > 0.12$	铁路机车车辆轴箱、牵引电动机、破碎机等	—	>50~140 >140~200 >200	50~100 100~140 >140~200 >200	n6③ p6③ r6③ r7③
内圈承受固定载荷	所有载荷 内圈需在轴向易移动	非旋转轴上的各种轮子	所有尺寸			f6，g6①
	内圈不需要在轴向易移动	张紧轮、绳轮				h6，j6
仅受轴向载荷			所有尺寸			j6，js6
圆锥孔轴承					
所有载荷		铁路机车车辆轴箱	装在退卸套上	所有尺寸		h8(IT6)④
		一般机械传动	装在紧定套上	所有尺寸		h9(IT7)④

注：①凡对精度有较高要求的场合，应用 j5、k5、m5 代替 j6、k6、m6。
②圆锥滚子轴承、角接触球轴承配合对游隙影响不大，可用 k6、m6 代替 k5、m5。
③重载荷下轴承游隙应选大于 N 组。
④凡精度要求较高或转速要求较高的场合，应用 h7(IT5) 代替 h8(IT6) 等，IT6、IT7 表示圆柱度公差数值。

表 8-34　向心轴承和轴承座孔的配合——孔公差带（GB/T 275—2015 摘录）

载荷情况		举例	其他状况	公差带[1]	
				球轴承	滚子轴承
外圈承受固定载荷	轻、正常、重	一般机械、铁路机车车辆轴箱	轴向易移动，可采用剖分式轴承座	H7、G7[2]	
	冲击		轴向能移动，可采用整体或剖分式轴承座	J7、JS7	
方向不定载荷	轻、正常	电动机、泵、曲轴主轴承			
	正常、重		轴向不移动，采用整体式轴承座	K7	
	重、冲击	牵引电动机		M7	
外圈承受旋转载荷	轻	带张紧轮		J7	K7
	正常	轮毂轴承		M7	N7
	重			—	N7、P7

注：①并列公差带随尺寸的增大从左至右旋转。对旋转精度有较高要求时，可相应提高一个公差等级。
　　②不适用于剖分式轴承座。

8.7　润滑与密封

8.7.1　润滑

常用润滑油的主要性质和用途见表 8-35。

表 8-35　常用润滑油的主要性质和用途

名称	代号	运动黏度40℃/(mm²/s)	倾点/℃不高于	闪点(开口)/℃不低于	主要用途
全损耗系统用油(GB 443—1989)	L-AN10	9.00～11.0	−5	130	用于高速轻载机械轴承的润滑和冷却
	L-AN15	13.5～16.5		150	用于小型机床齿轮箱、传动装置轴承，中小型电机，风动工具等
	L-AN22	19.8～24.2			
	L-AN32	28.8～35.2			用于一般机床齿轮变速箱、中小型机床导轨及 100kW 以上电机轴承
	L-AN46	41.4～50.6		160	主要用在大型机床、大型刨床上
	L-AN68	61.2～74.8			主要用在低速重载的纺织机械及重型机床、锻压、铸工设备上
	L-AN100	90.0～110		180	
	L- AN150	135～165			
工业闭式齿轮油(GB 5903—2011)	L-CKC68	61.2～74.8	−8	180	适用于煤炭、水泥、冶金工业部门大型封闭式齿轮传动装置的润滑
	L-CKCI00	90.0～110			
	L-CKC150	135～165		200	
	L-CKC220	198～242			
	L-CKC320	288～352			
	L-CKC460	414～506			
	L-CKC680	612～748	−5	200	

续表

名称	代号	运动黏度40℃ /(mm²/s)	倾点/ ℃ 不高于	闪点 (开口)/℃ 不低于	主要用途
蜗轮蜗杆油 (SH/T 0094—1998)	L-CKE220	198～242	−6	200	用于蜗杆蜗轮传动的润滑
	L-CKE 320	288～352			
	L-CKE 460	414～506			
	L-CKE 680	612～748		220	
	L-CKE 1000	900～1100			

常用润滑脂的主要性质和用途见表 8-36。

表 8-36　常用润滑脂的主要性质和用途

名称	代号	滴点/℃ 不低于	工作锥入度 (25℃，150 g)/0.1 mm	主要用途
钙基润滑脂 (GB/T 491—2008)	1 号	80	310～340	有耐水性能。用于工作温度低于55～60℃的各种农业、交通运输机械设备的轴承润滑，特别是有水或潮湿处
	2 号	85	265～295	
	3 号	90	220～250	
	4 号	95	175～205	
钠基润滑脂 (GB 492—1989)	2 号	160	265～295	不耐水(或潮湿)。用于工作温度在−10～110℃的一般中负荷机械设备轴承润滑
	3 号		220～250	
通用锂基润滑脂 (GB/T 7324—2010)	1 号	170	310～340	有良好的耐水性和耐热性。适用于温度在−20～120℃范围内各种机械的滚动轴承、滑动轴承及其他摩擦部位的润滑
	2 号	175	265～295	
	3 号	180	220～250	
钙钠基润滑脂 (SH/T 0368—2003)	2 号	120	250～290	用于工作温度为 80～100℃、有水分或较潮湿环境中工作的机械润滑，多用于铁路机车、列车、小电动机、发电机滚动轴承(温度较高者)的润滑，不适于低温工作
	3 号	135	200～240	
7407 号齿轮润滑脂 (SH/T 0469—1994)		160	75～90	适用于各种低速，中载荷、重载荷的轮、链和联轴器等的润滑，使用温度≤120℃，可承受冲击载荷不大于 25000MPa

8.7.2　密封

O 形橡胶密封圈结构及尺寸见表 8-37。

表8-37　O形橡胶密封圈结构及尺寸（GB/T 3452.1—2005摘录）

（单位：mm）

标记示例：
O形圈 32.5×2.65-A-N-GB/T 3452.1—2005（内径 d_1=32.5mm，截面直径 d_2=2.65mm，A系列N级O形密封圈）

密封圈尺寸（GB/T 3452.1—2005）

d_1 尺寸	公差±	1.8±0.08	2.65±0.09	3.55±0.10
13.2	0.21	*	*	
14	0.22	*	*	
15	0.22	*	*	
16	0.23	*	*	
17	0.24	*	*	
18	0.25	*	*	*
19	0.25	*	*	*
20	0.26	*	*	*
21.2	0.27	*	*	*
22.4	0.28	*	*	*
23.6	0.29	*	*	*
25	0.30	*	*	*
25.8	0.31	*	*	*
26.5	0.31	*	*	*
28	0.32	*	*	*
30	0.34	*	*	*
31.5	0.35	*	*	*
32.5	0.36	*	*	*

d_1 尺寸	公差±	1.8±0.08	2.56±0.09	3.55±0.10	5.3±0.13
35.5	0.36	*	*	*	
34.5	0.37	*	*	*	
35.5	0.38	*	*	*	
36.5	0.38	*	*	*	
37.5	0.39	*	*	*	
38.7	0.40	*	*	*	
40	0.41	*	*	*	
41.2	0.42	*	*	*	
42.5	0.43	*	*	*	
43.7	0.44	*	*	*	
45	0.44	*	*	*	
46.2	0.45	*	*	*	
47.5	0.46	*	*	*	
48.7	0.47	*	*	*	
50	0.48	*	*	*	
51.5	0.49	*	*	*	*
53	0.50	*	*	*	*
54.5	0.51	*	*	*	*

d_1 尺寸	公差±	2.65±0.09	3.55±0.10	5.3±0.13
56	0.52	*	*	*
58	0.54	*	*	*
60	0.55	*	*	*
61.5	0.56	*	*	*
63	0.57	*	*	*
65	0.58	*	*	*
67	0.60	*	*	*
69	0.61	*	*	*
71	0.63	*	*	*
73	0.64	*	*	*
75	0.65	*	*	*
77.5	0.67	*	*	*
80	0.69	*	*	*
82.5	0.71	*	*	*
85	0.72	*	*	*
87.5	0.74	*	*	*
90	0.76	*	*	*
92.5	0.77	*	*	*

d_1 尺寸	公差±	2.56±0.09	3.55±0.10	5.3±0.13
95	0.79	*	*	*
97.5	0.81	*	*	*
100	0.82	*	*	*
103	0.85	*	*	*
106	0.87	*	*	*
109	0.89	*	*	*
112	0.91	*	*	*
115	0.93	*	*	*
118	0.95	*	*	*
122	0.97	*	*	*
125	0.99	*	*	*
128	1.01	*	*	*
132	1.04	*	*	*
136	1.07	*	*	*
140	1.09	*	*	*
145	1.13	*	*	*
150	1.16	*	*	*
155	1.19	*	*	*

沟槽尺寸（GB/T 3452.3—2005）

d_2	$b_0^{+0.25}$	$h_1^{+0.1}$	d_3 偏差值	r_1	r_2
1.8	2.4	1.312	0 −0.04	0.2~0.4	0.1~0.3
2.65	3.6	2.0	0 −0.05	0.2~0.4	0.1~0.3
3.55	4.8	2.19	0 −0.06	0.4~0.8	0.1~0.3
5.3	7.1	4.31	0 −0.07	0.4~0.8	0.1~0.3
7.0	9.5	5.85	0 −0.09	0.8~1.2	0.1~0.3

* 为可选规格。

8.8 极限与配合、几何公差和表面粗糙度

8.8.1 极限与配合

极限与配合的标准参见表 8-38~表 8-40。

表 8-38 公称尺寸至 800mm 的标准公差数值（GB/T 1800.1—2020 摘录）

（单位：μm）

基本尺寸/mm	标准公差等级																	
	IT1	IT2	IT3	IT4	IT5	IT6	IT7	IT8	IT9	IT10	IT11	IT12	IT13	IT14	IT15	IT16	IT17	IT18
≤3	0.8	1.2	2	3	4	6	10	14	25	40	60	100	140	250	400	600	1000	1400
>3~6	1	1.5	2.5	4	5	8	12	18	30	48	75	120	180	300	480	750	1200	1800
>6~10	1	1.5	2.5	4	6	9	15	22	36	58	90	150	220	360	580	900	1500	2200
>10~18	1.2	2	3	5	8	11	18	27	43	70	110	180	270	430	700	1100	1800	2700
>18~30	1.5	2.5	4	6	9	13	21	33	52	84	130	210	330	520	840	1300	2100	3300
>30~50	1.5	2.5	4	7	11	16	25	39	62	100	160	250	390	620	1000	1600	2500	3900
>50~80	2	3	5	8	13	19	30	46	74	120	190	300	460	740	1200	1900	3000	4600
>80~120	2.5	4	6	10	15	22	35	54	87	140	220	350	540	870	1400	2200	3500	5400
>120~180	3.5	5	8	12	18	25	40	63	100	160	250	400	630	1000	1600	2500	4000	6300
>180~250	4.5	7	10	14	20	29	46	72	115	185	290	460	720	1150	1850	2900	4600	7200
>250~315	6	8	12	16	23	32	52	81	130	210	320	520	810	1300	2100	3200	5200	8100
>315~400	7	9	13	18	25	36	57	89	140	230	360	570	890	1400	2300	3600	5700	8900
>400~500	8	10	15	20	27	40	63	97	155	250	400	630	970	1550	2500	4000	6300	9700
>500~630	9	11	16	22	32	44	70	110	175	280	440	700	1100	1750	2800	4400	7000	11000
>630~800	10	13	18	25	36	50	80	125	200	320	500	800	1250	2000	3200	5000	8000	12500

注：①基本尺寸大于 500mm 的 IT1~IT5 的数值为试行的。
②当基本尺寸小于或等于 1mm 时，无 IT14~IT18。

表 8-39　轴的极限偏差（GB/T 1800.2—2020 摘录）

（单位：μm）

基本尺寸/mm		公差带																						
		a	c	d				e			f					g			h					
大于	至	11*	11*	8*	▼9	10*	11*	7	8*	9*	5*	6*	▼7	8*	9*	5*	▼6	7*	5*	▼6	▼7	8*	▼9	10*
3	6	-270/-345	-70/-145	-30/-48	-30/-60	-30/-78	-30/-105	-20/-32	-20/-38	-20/-50	-10/-15	-10/-18	-10/-22	-10/-28	-10/-40	-4/-9	-4/-12	-4/-16	0/-5	0/-8	0/-12	0/-18	0/-30	0/-48
6	10	-280/-370	-80/-170	-40/-62	-40/-76	-40/-98	-40/-130	-25/-40	-25/-47	-25/-61	-13/-19	-13/-22	-13/-28	-13/-35	-13/-49	-5/-11	-5/-14	-5/-20	0/-6	0/-9	0/-15	0/-22	0/-36	0/-58
10	18	-290/-400	-95/-205	-50/-77	-50/-93	-50/-120	-50/-160	-32/-50	-32/-59	-32/-75	-16/-24	-16/-27	-16/-34	-16/-43	-16/-59	-6/-14	-6/-17	-6/-24	0/-8	0/-11	0/-18	0/-27	0/-43	0/-70
18	30	-300/-430	-110/-240	-65/-98	-65/-117	-65/-149	-65/-195	-40/-61	-40/-73	-40/-92	-20/-29	-20/-33	-20/-41	-20/-53	-20/-72	-7/-16	-7/-20	-7/-28	0/-9	0/-13	0/-21	0/-33	0/-52	0/-84
30	40	-310/-470	-120/-280	-80/-119	-80/-142	-80/-180	-80/-240	-50/-75	-50/-89	-50/-112	-25/-36	-25/-41	-25/-50	-25/-64	-25/-87	-9/-20	-9/-25	-9/-34	0/-11	0/-16	0/-25	0/-39	0/-62	0/-100
40	50	-320/-480	-130/-290																					
50	65	-340/-530	-140/-330	-100/-146	-100/-174	-100/-220	-100/-290	-60/-90	-60/-106	-60/-134	-30/-43	-30/-49	-30/-60	-30/-76	-30/-104	-10/-23	-10/-29	-10/-40	0/-13	0/-19	0/-30	0/-46	0/-74	0/-120
65	80	-360/-550	-150/-340																					
80	100	-380/-600	-170/-390	-120/-174	-120/-207	-120/-260	-120/-340	-72/-107	-72/-126	-72/-159	-36/-51	-36/-58	-36/-71	-36/-90	-36/-123	-12/-27	-12/-34	-12/-47	0/-15	0/-22	0/-35	0/-54	0/-87	0/-140
100	120	-410/-630	-180/-400																					
120	140	-460/-710	-200/-450	-145/-208	-145/-245	-145/-305	-145/-395	-85/-125	-85/-148	-85/-185	-43/-61	-43/-68	-43/-83	-43/-106	-43/-143	-14/-32	-14/-39	-14/-54	0/-18	0/-25	0/-40	0/-63	0/-100	0/-160
140	160	-520/-770	-210/-460																					
160	180	-580/-830	-230/-480																					
180	200	-660/-950	-240/-530	-170/-242	-170/-285	-170/-355	-170/-460	-100/-146	-100/-172	-100/-215	-50/-70	-50/-79	-50/-96	-50/-122	-50/-165	-15/-35	-15/-44	-15/-61	0/-20	0/-29	0/-46	0/-72	0/-115	0/-185
200	225	-740/-1030	-260/-550																					

续表

公差带 (单位：μm)

基本尺寸/mm		a	c	d				e			f					g			h					
大于	至	11*	11*	8*	▼9	10*	11*	7*	8*	9*	5*	6*	▼7	8*	9*	5*	▼6	7*	5*	▼6	▼7	8*	▼9	10*
225	250	-820/-1110	-280/-570																					
250	280	-920/-1240	-300/-620	-190/-271	-190/-320	-190/-400	-190/-510	-110/-162	-110/-191	-110/-240	-56/-79	-56/-88	-56/-108	-56/-137	-56/-185	-17/-40	-17/-49	-17/-69	0/-23	0/-32	0/-52	0/-81	0/-130	0/-210
280	315	-1050/-1370	-330/-650																					
315	355	-1200/-1560	-360/-720	-210/-299	-210/-350	-210/-440	-210/-570	-125/-182	-125/-214	-125/-265	-62/-87	-62/-98	-62/-119	-62/-151	-62/-202	-18/-43	-18/-54	-18/-75	0/-25	0/-36	0/-57	0/-89	0/-140	0/-230
355	400	-1350/-1710	-400/-760																					

公差带 (单位：μm)

基本尺寸/mm		h		j		js			k			m			n		p		r		s	u	
大于	至	▼11	12*	5	6	5*	6*	7*	5*	▼6	7*	5*	6*	7*	▼6	7*	▼6	7*	6*	7*	▼6	▼6	8
3	6	0/-75	0/-120	+3/-2	+6/-2	±2.5	±4	±6	+6/+1	+9/+1	+13/+1	+9/+4	+12/+4	+16/+4	+16/+8	+20/+8	+20/+12	+24/+12	+23/+15	+27/+15	+27/+19	+31/+23	+41/+23
6	10	0/-90	0/-150	+4/-2	+7/-2	±3	±4.5	±7	+7/+1	+10/+1	+16/+1	+12/+6	+15/+6	+21/+6	+19/+10	+25/+10	+24/+15	+30/+15	+28/+19	+34/+19	+32/+23	+37/+28	+50/+28
10	18	0/-110	0/-180	+5/-3	+8/-3	±4	±5.5	±9	+9/+1	+12/+1	+19/+1	+15/+7	+18/+7	+25/+7	+23/+12	+30/+12	+29/+18	+36/+18	+34/+23	+41/+23	+39/+28	+44/+33	+60/+33
18	24	0/-130	0/-210	+5/-4	+9/-4	±4.5	±6.5	±10	+11/+2	+15/+2	+23/+2	+17/+8	+21/+8	+29/+8	+28/+15	+36/+15	+35/+22	+43/+22	+41/+28	+49/+28	+48/+35	+54/+41	+74/+41
24	30	0/-130	0/-210	+5/-4	+9/-4	±4.5	±6.5	±10	+11/+2	+15/+2	+23/+2	+17/+8	+21/+8	+29/+8	+28/+15	+36/+15	+35/+22	+43/+22	+41/+28	+49/+28	+48/+35	+61/+48	+81/+48
30	40	0/-160	0/-250	+6/-5	+11/-5	±5.5	±8	±12	+13/+2	+18/+2	+27/+2	+20/+9	+25/+9	+34/+9	+33/+17	+42/+17	+42/+26	+51/+26	+50/+34	+59/+34	+59/+43	+76/+60	+99/+60
40	50	0/-160	0/-250	+6/-5	+11/-5	±5.5	±8	±12	+13/+2	+18/+2	+27/+2	+20/+9	+25/+9	+34/+9	+33/+17	+42/+17	+42/+26	+51/+26	+50/+34	+59/+34	+59/+43	+86/+70	+109/+70
50	65	0/-190	0/-300	+6/-7	+12/-7	±6.5	±9.5	±15	+15/+2	+21/+2	+32/+2	+24/+11	+30/+11	+41/+11	+39/+20	+50/+20	+51/+32	+62/+32	+60/+41	+71/+41	+72/+53	+106/+87	+133/+87

续表

公差带

基本尺寸/mm 大于	至	h ▼11	h 12*	j 5	j 6	js 5*	js 6*	js 7*	k 5*	k ▼6	k 7*	m 5*	m 6*	m 7*	n 5*	n ▼6	n 7*	p ▼6	p 7*	r 6*	r 7*	s ▼6	u ▼6	u 8
65	80	0 / -220	0 / -350	+6 / -9	+13 / -9	±7.5	±11	±17	+18 / +3	+25 / +3	+38 / +3	+28 / +13	+35 / +13	+48 / +13	+38 / +23	+45 / +23	+58 / +23	+59 / +37	+72 / +37	+62 / +43	+73 / +43	+78 / +59	+121 / +102	+148 / +102
80	100																			+73 / +51	+86 / +51	+93 / +71	+146 / +124	+178 / +124
100	120																			+76 / +54	+89 / +54	+101 / +79	+166 / +144	+198 / +144
120	140	0 / -250	0 / -400	+7 / -11	+14 / -11	±9	±12.5	±20	+21 / +3	+28 / +3	+43 / +3	+33 / +15	+40 / +15	+55 / +15	+45 / +27	+52 / +27	+67 / +27	+68 / +43	+83 / +43	+88 / +63	+103 / +63	+117 / +92	+195 / +170	+233 / +170
140	160																			+90 / +65	+105 / +65	+125 / +100	+215 / +190	+253 / +190
160	180																			+93 / +68	+108 / +68	+133 / +108	+235 / +210	+273 / +210
180	200	0 / -290	0 / -460	+7 / -13	+16 / -13	±10	±14.5	±23	+24 / +4	+33 / +4	+50 / +4	+37 / +17	+46 / +17	+63 / +17	+51 / +31	+60 / +31	+77 / +31	+79 / +50	+96 / +50	+106 / +77	+123 / +77	+151 / +122	+265 / +236	+308 / +236
200	225																			+109 / +80	+126 / +80	+159 / +130	+287 / +258	+330 / +258
225	250																			+113 / +84	+130 / +84	+169 / +140	+313 / +284	+356 / +284
250	280	0 / -320	0 / -520	+7 / -16	+16 / -16	±11.5	±16	±26	+27 / +4	+36 / +4	+56 / +4	+43 / +20	+52 / +20	+72 / +20	+57 / +34	+66 / +34	+86 / +34	+88 / +56	+108 / +56	+126 / +94	+146 / +94	+190 / +158	+347 / +315	+396 / +315
280	315																			+130 / +98	+150 / +98	+202 / +170	+382 / +350	+431 / +350
315	355	0 / -360	0 / -570	+7 / -18	+18 / -18	±12.5	±18	±28	+29 / +4	+40 / +4	+61 / +4	+46 / +21	+57 / +21	+78 / +21	+62 / +37	+73 / +37	+94 / +37	+98 / +62	+119 / +62	+144 / +108	+165 / +108	+226 / +190	+426 / +390	+479 / +390
355	400																			+150 / +114	+171 / +114	+244 / +208	+471 / +435	+524 / +435

▼为优先公差带，*为常用公差带，其余为一般用途公差带。

表 8-40　孔的极限偏差（GB/T 1800.2—2020 摘录）　　　　　　　（单位：μm）

基本尺寸/mm 大于	至	C ▼11	D 8*	D ▼9	D 10*	D 11*	E 8*	E 9*	F 6*	F 7	F ▼8	F 9*	G 6*	G ▼7	H 5	H 6*	H ▼7	H ▼8	H ▼9	H 10*	H ▼11	H 12*	J 6	J 7
3	6	+145/+70	+48/+30	+60/+30	+78/+30	+105/+30	+38/+20	+50/+20	+18/+10	+22/+10	+28/+10	+40/+10	+12/+4	+16/+4	+5/0	+8/0	+12/0	+18/0	+30/0	+48/0	+75/0	+120/0	+5/-3	±6
6	10	+170/+80	+62/+40	+76/+40	+98/+40	+130/+40	+47/+25	+61/+25	+22/+13	+28/+13	+35/+13	+49/+13	+14/+5	+20/+5	+6/0	+9/0	+15/0	+22/0	+36/0	+58/0	+90/0	+150/0	+5/-4	+8/-7
10	18	+205/+95	+77/+50	+93/+50	+120/+50	+160/+50	+59/+32	+75/+32	+27/+16	+34/+16	+43/+16	+59/+16	+17/+6	+24/+6	+8/0	+11/0	+18/0	+27/0	+43/0	+70/0	+110/0	+180/0	+6/-5	+10/-8
18	30	+240/+110	+98/+65	+117/+65	+149/+65	+195/+65	+73/+40	+92/+40	+33/+20	+41/+20	+53/+20	+72/+20	+20/+7	+28/+7	+9/0	+13/0	+21/0	+33/0	+52/0	+84/0	+130/0	+210/0	+8/-5	+12/-9
30	40	+280/+120	+119/+80	+142/+80	+180/+80	+240/+80	+89/+50	+112/+50	+41/+25	+50/+25	+64/+25	+87/+25	+25/+9	+34/+9	+11/0	+16/0	+25/0	+39/0	+62/0	+100/0	+160/0	+250/0	+10/-6	+14/-11
40	50	+290/+130	+119/+80	+142/+80	+180/+80	+240/+80	+89/+50	+112/+50	+41/+25	+50/+25	+64/+25	+87/+25	+25/+9	+34/+9	+11/0	+16/0	+25/0	+39/0	+62/0	+100/0	+160/0	+250/0	+10/-6	+14/-11
50	65	+330/+140	+146/+100	+174/+100	+220/+100	+290/+100	+106/+60	+134/+60	+49/+30	+60/+30	+76/+30	+104/+30	+29/+10	+40/+10	+13/0	+19/0	+30/0	+46/0	+74/0	+120/0	+190/0	+300/0	+13/-6	+18/-12
65	80	+340/+150	+146/+100	+174/+100	+220/+100	+290/+100	+106/+60	+134/+60	+49/+30	+60/+30	+76/+30	+104/+30	+29/+10	+40/+10	+13/0	+19/0	+30/0	+46/0	+74/0	+120/0	+190/0	+300/0	+13/-6	+18/-12
80	100	+390/+170	+174/+120	+207/+120	+260/+120	+340/+120	+126/+72	+159/+72	+58/+36	+71/+36	+90/+36	+123/+36	+34/+12	+47/+12	+15/0	+22/0	+35/0	+54/0	+87/0	+140/0	+220/0	+350/0	+16/-6	+22/-13
100	120	+400/+180	+174/+120	+207/+120	+260/+120	+340/+120	+126/+72	+159/+72	+58/+36	+71/+36	+90/+36	+123/+36	+34/+12	+47/+12	+15/0	+22/0	+35/0	+54/0	+87/0	+140/0	+220/0	+350/0	+16/-6	+22/-13
120	140	+450/+200	+208/+145	+245/+145	+305/+145	+395/+145	+148/+85	+185/+85	+68/+43	+83/+43	+106/+43	+143/+43	+39/+14	+54/+14	+18/0	+25/0	+40/0	+63/0	+100/0	+160/0	+250/0	+400/0	+18/-7	+26/-14
140	160	+460/+210	+208/+145	+245/+145	+305/+145	+395/+145	+148/+85	+185/+85	+68/+43	+83/+43	+106/+43	+143/+43	+39/+14	+54/+14	+18/0	+25/0	+40/0	+63/0	+100/0	+160/0	+250/0	+400/0	+18/-7	+26/-14
160	180	+480/+230	+208/+145	+245/+145	+305/+145	+395/+145	+148/+85	+185/+85	+68/+43	+83/+43	+106/+43	+143/+43	+39/+14	+54/+14	+18/0	+25/0	+40/0	+63/0	+100/0	+160/0	+250/0	+400/0	+18/-7	+26/-14
180	200	+530/+240	+242/+170	+285/+170	+355/+170	+460/+170	+172/+100	+215/+100	+79/+50	+96/+50	+122/+50	+165/+50	+44/+15	+61/+15	+20/0	+29/0	+46/0	+72/0	+115/0	+185/0	+290/0	+460/0	+22/-7	+30/-16

公差带

续表

公差带

基本尺寸/mm 大于	至	C ▼11	D 8*	D ▼9	D 10*	D 11*	E 8*	E 9*	F 6*	F 7	F ▼8	F 9*	G 6*	G ▼7	H 5	H 6*	H ▼7	H ▼8	H ▼9	H 10*	H ▼11	H 12*	J 6	J 7
200	225	+550 / +260																						
225	250	+570 / +280																						
250	280	+620 / +300	+271 / +190	+320 / +190	+400 / +190	+510 / +190	+191 / +110	+240 / +110	+88 / +56	+108 / +56	+137 / +56	+186 / +56	+49 / +17	+69 / +17	+23 / 0	+32 / 0	+52 / 0	+81 / 0	+130 / 0	+210 / 0	+320 / 0	+520 / 0	+25 / -7	+36 / -16
280	315	+650 / +330																						
315	355	+720 / +360	+299 / +210	+350 / +210	+440 / +210	+570 / +210	+214 / +125	+265 / +125	+98 / +62	+119 / +62	+151 / +62	+202 / +62	+54 / +18	+75 / +18	+25 / 0	+36 / 0	+57 / 0	+89 / 0	+140 / 0	+230 / 0	+360 / 0	+570 / 0	+29 / -7	+39 / -18
355	400	+760 / +400																						

公差带

基本尺寸/mm 大于	至	JS 6*	JS 7	JS 8*	JS 9	JS 10	K 6*	K ▼7	K 8*	M 6*	M 7	M 8*	N 6*	N ▼7	N 8*	P 6*	P ▼7	P 9	R 6*	R ▼7	S 6*	S ▼7	U ▼7
3	6	±4	±6	±9	±15	±24	+2 / -6	+3 / -9	+5 / -13	-1 / -9	0 / -12	+2 / -16	-5 / -13	-4 / -16	-2 / -20	-9 / -17	-8 / -20	0 / -30	-12 / -20	-11 / -23	-16 / -24	-15 / -27	-19 / -31
6	10	±4.5	±7.5	±11	±18	±29	+2 / -7	+5 / -10	+6 / -16	-3 / -12	0 / -15	+1 / -21	-7 / -16	-4 / -19	-3 / -25	-12 / -21	-9 / -24	0 / -36	-16 / -25	-13 / -28	-20 / -29	-17 / -32	-22 / -37
10	18	±5.5	±9	±13	±21	±35	+2 / -9	+6 / -12	+8 / -19	-4 / -15	0 / -18	+2 / -25	-9 / -20	-5 / -23	-3 / -30	-15 / -26	-11 / -29	0 / -43	-20 / -31	-16 / -34	-25 / -36	-21 / -39	-26 / -44
18	24	±6.5	±10	±16	±26	±42	+2 / -11	+6 / -15	+10 / -23	-4 / -17	0 / -21	+4 / -29	-11 / -24	-7 / -28	-3 / -36	-18 / -31	-14 / -35	0 / -52	-24 / -37	-20 / -41	-31 / -44	-27 / -48	-33 / -54
24	30	±6.5	±10	±16	±26	±42	+2 / -11	+6 / -15	+10 / -23	-4 / -17	0 / -21	+4 / -29	-11 / -24	-7 / -28	-3 / -36	-18 / -31	-14 / -35	0 / -52	-24 / -37	-20 / -41	-31 / -44	-27 / -48	-40 / -61
30	40	±8	±12	±19	±31	±50	+3 / -13	+7 / -18	+12 / -27	-4 / -20	0 / -25	+5 / -34	-12 / -28	-8 / -33	-3 / -42	-21 / -37	-17 / -42	0 / -62	-29 / -45	-25 / -50	-38 / -54	-34 / -59	-51 / -76

续表

公差带 (单位：μm；每格上行为上偏差/下行为下偏差)

基本尺寸/mm 大于	至	JS 6*	JS 7*	JS 8*	JS 9	JS 10	K 6*	K ▼7	K 8*	M 6*	M 7*	M 8*	N 6*	N ▼7	N 8*	N 9	P 6*	P ▼7	P 9	R 6*	R 7*	S 6*	S ▼7	U ▼7
40	50																							-61/-86
50	65	±9.5	±15	±23	±37	±60	+4/-15	+9/-21	+14/-32	-5/-24	0/-30	+5/-41	-14/-33	-9/-39	-4/-50	0/-74	-26/-45	-21/-51	-32/-106	-35/-54	-30/-60	-47/-66	-42/-72	-76/-106
65	80	±9.5	±15	±23	±37	±60	+4/-15	+9/-21	+14/-32	-5/-24	0/-30	+5/-41	-14/-33	-9/-39	-4/-50	0/-74	-26/-45	-21/-51	-32/-106	-36/-56	-32/-62	-53/-72	-48/-78	-91/-121
80	100	±11	±17	±27	±43	±70	+4/-18	+10/-25	+16/-38	-6/-28	0/-35	+6/-48	-16/-38	-10/-45	-4/-58	0/-87	-30/-52	-24/-59	-37/-124	-44/-66	-38/-73	-64/-86	-58/-93	-111/-146
100	120	±11	±17	±27	±43	±70	+4/-18	+10/-25	+16/-38	-6/-28	0/-35	+6/-48	-16/-38	-10/-45	-4/-58	0/-87	-30/-52	-24/-59	-37/-124	-47/-69	-41/-76	-72/-94	-66/-101	-131/-166
120	140	±12.5	±20	±31	±50	±80	+4/-21	+12/-28	+20/-43	-8/-33	0/-40	+8/-55	-20/-45	-12/-52	-4/-67	0/-100	-36/-61	-28/-68	-43/-143	-56/-81	-48/-88	-85/-110	-77/-117	-155/-195
140	160	±12.5	±20	±31	±50	±80	+4/-21	+12/-28	+20/-43	-8/-33	0/-40	+8/-55	-20/-45	-12/-52	-4/-67	0/-100	-36/-61	-28/-68	-43/-143	-58/-83	-50/-90	-93/-118	-85/-125	-175/-215
160	180	±12.5	±20	±31	±50	±80	+4/-21	+12/-28	+20/-43	-8/-33	0/-40	+8/-55	-20/-45	-12/-52	-4/-67	0/-100	-36/-61	-28/-68	-43/-143	-61/-86	-53/-93	-101/-126	-93/-133	-195/-235
180	200	±14.5	±23	±36	±57	±92	+5/-24	+13/-33	+22/-50	-8/-37	0/-46	+9/-63	-22/-51	-14/-60	-5/-77	0/-115	-41/-70	-33/-79	-50/-165	-68/-97	-60/-106	-113/-142	-105/-151	-219/-265
200	225	±14.5	±23	±36	±57	±92	+5/-24	+13/-33	+22/-50	-8/-37	0/-46	+9/-63	-22/-51	-14/-60	-5/-77	0/-115	-41/-70	-33/-79	-50/-165	-71/-100	-63/-109	-121/-150	-113/-159	-241/-287
225	250	±14.5	±23	±36	±57	±92	+5/-24	+13/-33	+22/-50	-8/-37	0/-46	+9/-63	-22/-51	-14/-60	-5/-77	0/-115	-41/-70	-33/-79	-50/-165	-75/-104	-67/-113	-131/-160	-123/-169	-267/-313
250	280	±16	±26	±40	±65	±105	+5/-27	+16/-36	+25/-56	-9/-41	0/-52	+9/-72	-25/-57	-14/-66	-5/-86	0/-130	-47/-79	-36/-88	-56/-186	-85/-117	-74/-126	-149/-181	-138/-190	-295/-347
280	315	±16	±26	±40	±65	±105	+5/-27	+16/-36	+25/-56	-9/-41	0/-52	+9/-72	-25/-57	-14/-66	-5/-86	0/-130	-47/-79	-36/-88	-56/-186	-89/-121	-78/-130	-161/-193	-150/-202	-330/-382
315	355	±18	±28	±44	±70	±115	+7/-29	+17/-40	+28/-61	-10/-46	0/-57	+11/-78	-26/-62	-16/-73	-5/-94	0/-140	-51/-87	-41/-98	-62/-202	-97/-133	-87/-144	-179/-215	-169/-226	-369/-426
355	400	±18	±28	±44	±70	±115	+7/-29	+17/-40	+28/-61	-10/-46	0/-57	+11/-78	-26/-62	-16/-73	-5/-94	0/-140	-51/-87	-41/-98	-62/-202	-103/-139	-93/-150	-197/-233	-187/-244	-414/-471

▼为优先公差带，*为常用公差带，其余为一般用途公差带。

8.8.2 几何公差

几何公差标准见表 8-41～表 8-44。

表 8-41 直线度、平面度公差（GB/T 1184—1996 摘录） （单位：μm）

主参数 L 图例：

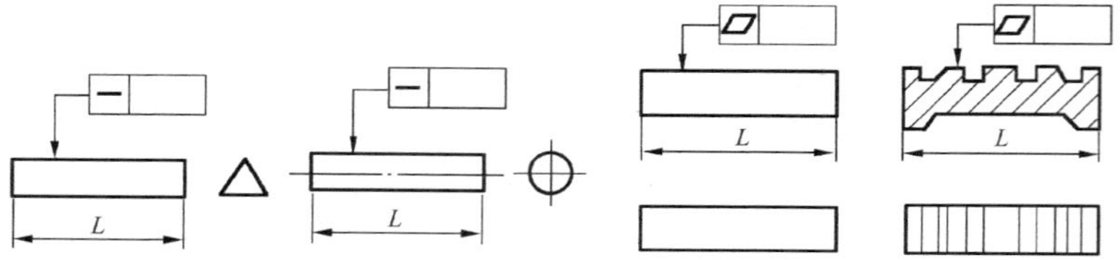

直线度　　平面度

精度等级	主参数 L/mm													应用举例
	≤10	>10~16	>16~25	>25~40	>40~63	>63~100	>100~160	>160~250	>250~400	>400~630	>630~1000	>1000~1600	>1600~2500	
5	2	2.5	3	4	5	6	8	10	12	15	20	25	30	普通精度机床导轨，柴油机进、排气门导杆
6	3	4	5	6	8	10	12	15	20	25	30	40	50	
7	5	6	8	10	12	15	20	25	30	40	50	60	80	轴承体的支承面，压力机导轨及滑块
8	8	10	12	15	20	25	30	40	50	60	80	100	120	
9	12	15	20	25	30	40	50	60	80	100	120	150	200	辅助机构及手动机械的支承面，液压管件和法兰的连接面
10	20	25	30	40	50	60	80	100	120	150	200	250	300	
11	30	40	50	60	80	100	120	150	200	250	300	400	500	离合器的摩擦片，汽车发动机缸盖接合面
12	60	80	100	120	150	200	250	300	400	500	600	800	1000	

表 8-42 圆度、圆柱度公差（GB/T 1184—1996 摘录） （单位：μm）

主参数 d (D) 图例：

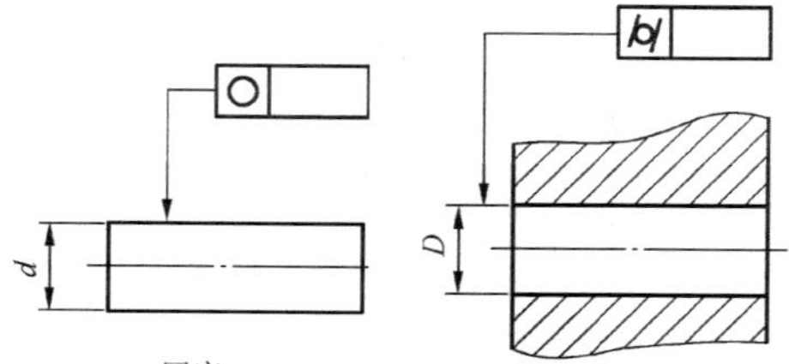

圆度　　圆柱度

续表

精度等级	>3~6	>6~10	>10~18	>18~30	>30~50	>50~80	>80~120	>120~180	>180~250	>250~315	>315~400	>400~500	应用举例
						主参数 $d(D)$/mm								
5	1.5	1.5	2	2.5	2.5	3	4	5	7	8	9	10	安装 P6、P0 级滚动轴承的配合面，中等压力下的液压装置工作面（包括泵、压缩机的活塞和汽缸），风动绞车曲轴，通用减速器轴颈，一般机床主轴
6	2.5	2.5	3	4	4	5	6	8	10	12	13	15	
7	4	4	5	6	7	8	10	12	14	16	18	20	发动机的胀圈、活塞销及连杆中装衬套衬的孔等、千斤顶或压力油缸活塞，水泵及减速器轴颈，液压传动系统的分配机构，拖拉机汽缸体与汽缸盖配合面，炼胶机冷铸轧辊
8	5	6	8	9	11	13	15	18	20	23	25	27	
9	8	9	11	13	16	19	22	25	29	32	36	40	起重机、卷扬机用的滑动轴承，带软密封的低压泵的活塞和汽缸，通用机械用的滑动轴承，拖拉机杆杆与拉杆，拖拉机的活塞环与套筒孔
10	12	15	18	21	25	30	35	40	46	52	57	63	
11	18	22	27	33	39	46	54	63	72	81	89	97	
12	30	36	43	52	62	74	87	100	115	130	140	155	

表 8-43 平行度、垂直度、倾斜度公差（GB/T 1184—2008 摘录）　　　　（单位：μm）

主参数 L、$d(D)$ 图例：

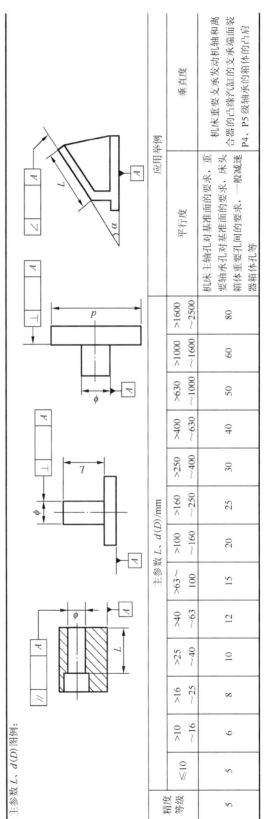

精度等级	≤10	>10~16	>16~25	>25~40	>40~63	>63~100	>100~160	>160~250	>250~400	>400~630	>630~1000	>1000~1600	>1600~2500	平行度	垂直度
					主参数 L、$d(D)$/mm									应用举例	
5	5	6	8	10	12	15	20	25	30	40	50	60	80	机床主轴孔对基准面的要求，重要轴承孔对基准面的要求，床头箱体重要孔间的要求，一般减速器壳体孔等	机床重要支承发动机轴和离合器的凸缘汽缸的支承端面和装配面对基准面的要求，P4、P5 级轴承的箱体凸肩

续表

主参数 L, d(D)/mm

精度等级	≤10	>10~16	>16~25	>25~40	>40~63	>63~100	>100~160	>160~250	>250~400	>400~630	>630~1000	>1000~1600	>1600~2500	应用举例 平行度	应用举例 垂直度
6	8	10	12	15	20	25	30	40	50	60	80	100	120	一般机床零件的工作面或基准面,压力机和镗锤的工作面,中等精度钻模的工作面;机床轴承孔对基准面的要求,床头箱孔间要求,主轴花键对定心直径,汽缸配合面对其轴线,活塞销孔,主轴承盖的端面,重型机械轴承装置的端面卷扬机,手动传动装置中的传动轴	低精度机床主要基准面和工作面、回转工作台端面跳动,一般导轨,主轴箱体孔,机床导轨,砂轮架及工作台回转中心,床轴肩,汽缸端盖对其轴线,活塞销孔对活塞中心线以及装P6、P0级轴承箱体孔的轴线等
7	12	15	20	25	30	40	50	60	80	100	120	150	200		
8	20	25	30	40	50	60	80	100	120	150	200	250	300	低精度零件、重型机械滚动轴承端盖	花键轴轴肩端带式输送机法兰盘等端面对轴承孔中心线,手动扬机及传动装置中轴承端面、减速器箱体平面等
9	30	40	50	60	80	100	120	150	200	250	300	400	500		
10	50	60	80	100	120	150	200	250	300	400	500	600	800	柴油机和煤气发动机的曲轴孔、轴颈等	农业机械齿轮端面等
11	80	100	120	150	200	250	300	400	500	600	800	1000	1200	零件的非工作面,卷扬机,输送机上用的减速器箱体平面	
12	120	150	200	250	300	400	500	600	800	1000	1200	1500	2000		

表 8-44　同轴度、对称度、圆跳动和全跳动公差(GB/T 1184—2008 摘录)　　(单位:μm)

主参数 d(D)、B、L 图例:

同轴度　　同轴度　　对称度

圆跳动　　圆跳动　　全跳动

续表

精度等级	主参数 d(D)、B、L/mm											应用举例
	>3~6	>6~10	>10~18	>18~30	>30~50	>50~120	>120~250	>250~500	>500~800	>800~1250	>1250~2000	
5	3	4	5	6	8	10	12	15	20	25	30	6级和7级精度齿轮轴的配合面，较高精度的高速轴，承轴颈，较高精度机床的轴套
6	5	6	8	10	12	15	20	25	30	40	50	
7	8	10	12	15	20	25	30	40	50	60	80	8级和9级精度齿轮轴的配合面，拖拉机和减动机分配轴轴颈，普通精度高速轴（1000r/min 以下），长度在 1m 以下的主传动轴，起重运输机的鼓轮配合孔和导轮的滚动面
8	12	15	20	25	30	40	50	60	80	100	120	
9	25	30	40	50	60	80	100	120	150	200	250	10级和11级精度齿轮轴的配合面，发动机汽缸套配合面，水泵泵体、离心泵泵体，摩托车活塞，自行车中轴
10	50	60	80	100	120	150	200	250	300	400	500	
11	80	100	120	150	200	250	300	400	500	600	800	用于无特殊要求，一般按尺寸公差等级 IT12 制造的零件
12	150	200	250	300	400	500	600	800	1000	1200	1500	

（应用举例：汽车发动机曲轴，汽车发动机和分配轴的支承轴颈，普通精度高速轴的滚动面，离心泵泵体，水泵叶轮等）

8.8.3　表面粗糙度

表面粗糙度标准见表 8-45 和表 8-46。

表 8-45　表面粗糙度主要评定参数 Ra、Rz 的数值系列（GB/T 1031—2009 摘录）　（单位：μm）

Ra	0.012	0.2	3.2	50
	0.025	0.4	6.3	100
	0.05	0.8	12.5	
	0.1	1.6	25	

Rz	0.025	0.4	6.3	50	100	1600
	0.05	0.8	12.5	100	200	—
	0.1	1.6	25	—	400	—
	0.2	3.2	50		800	

注：在表面粗糙度参数常用的参数范围内（Ra 为 0.025~6.3μm，Rz 为 0.1~25μm），推荐优先选用 Ra。

表 8-46　表面结构图形符号及其含义与说明

序号	图形符号	含义说明
1		基本图形符号：表面可用任何方法获得。当不加注粗糙度参数或有关说明（如表面处理、局部热处理状况等）时，仅适用于简化代号标注
2		扩展图形符号：在基本图形符号上加一短横，表示指定表面是用去除材料的方法获得的，如车、铣、钻、磨、剪、抛光、腐蚀、电火花加工、气割等
3		扩展图形符号：在基本图形符号上加一圆圈，表示指定表面是用不去除材料的方法获得的，如铸、锻、冲压变形、热轧、冷轧、粉末冶金等。也可用于保持原供应状况或保持上道工序状况的表面
4		完整图形符号：在上述三个图形符号的长边上加一横线，用于标注有关参数和说明
5		当在图样某个视图上构成封闭轮廓的各表面有相同的表面结构要求时，在表中第 1、2、3 项图形符号上各加一圆圈，标注在图样中零件的封闭轮廓线上。如果标注会引起歧义，各表面应分别标注

8.9 机 械 传 动

8.9.1 齿轮传动

1. 齿轮传动的精度

齿轮传动的精度标准见表 8-47～表 8-49。

表 8-47 齿轮传动偏差项目和代号（GB/T 10095.1—2022，GB/Z 18620.1~4—2008 摘录）

分类	序号	偏差		公差		评定内容
		名称	代号	名称	代号	
必检参数	1	齿距累积总偏差	F_p	齿距累积总公差	F_{pT}	传递运动准确性
	2	齿距累积偏差	F_{pi}	齿距累积公差	$\pm F_{piT}$	
	3	单个齿距偏差	f_{pi}	单个齿距公差	$\pm f_{pi}$	传递平稳性
	4	齿廓总偏差	F_α	齿廓总公差	$F_{\alpha T}$	
	5	螺旋线总偏差	F_β	螺旋线总公差	$F_{\beta T}$	载荷分布均匀性
可选用参数	6	切向综合总偏差	F_{is}	切向综合总公差	F_{isT}	传递运动准确性
	7	径向综合总偏差	F_{id}	—	—	
	8	径向跳动	F_r	径向跳动	F_r	
	9	一齿切向综合偏差	f_{is}	一齿切向综合公差	f_{isT}	传递平稳性
	10	一齿径向综合偏差	f_{id}	—	—	

表 8-48 径向综合总偏差 F_{id}（GB/T 10095.1—2022，GB/T 10095.2—2008 摘录）　　　（单位：μm）

分度圆直径 d/mm	法向模数 m_n/mm	精度等级								
		4	5	6	7	8	9	10	11	12
20<d≤50	0.5≤m_n≤0.8	10	14	20	28	40	56	80	113	160
	0.8<m_n≤1.0	11	15	21	30	42	60	85	120	169
	1.0<m_n≤1.5	11	16	23	32	45	64	91	128	181
50<d≤125	0.5≤m_n≤0.8	12	17	25	35	49	70	98	139	197
	0.8<m_n≤1.0	13	18	26	36	52	73	103	146	206
	1.0<m_n≤1.5	14	19	27	39	55	77	109	154	218
125<d≤280	0.5≤m_n≤0.8	16	22	31	44	63	89	126	178	252
	0.8<m_n≤1.0	16	23	33	46	65	92	131	185	261
	1.0<m_n≤1.5	17	24	34	48	68	97	137	193	273
280<d≤560	0.5≤m_n≤0.8	20	29	40	57	81	114	161	228	323
	0.8<m_n≤1.0	21	29	42	59	83	117	166	235	332
	1.0<m_n≤1.5	22	30	43	61	86	122	172	243	344

表 8-49　一齿径向综合偏差 f_{id}（GB/T 10095.1—2022，GB/T 10095.2—2008 摘录）　　（单位：μm）

分度圆直径 d/mm	法向模数 m_n/mm	精度等级								
		4	5	6	7	8	9	10	11	12
$20<d\leqslant50$	$0.5\leqslant m_n\leqslant0.8$	2.0	2.5	4.0	5.5	7.5	11	15	22	31
	$0.8<m_n\leqslant1.0$	2.5	3.5	5.0	7.0	10	14	20	28	40
	$1.0<m_n\leqslant1.5$	3.0	4.5	6.5	9.0	13	18	25	36	51
$50<d\leqslant125$	$0.5\leqslant m_n\leqslant0.8$	2.0	3.0	4.0	5.5	8.0	11	16	22	31
	$0.8<m_n\leqslant1.0$	2.5	3.5	5.0	7.0	10	14	20	28	40
	$1.0<m_n\leqslant1.5$	3.0	4.5	6.5	9.0	13	18	26	36	51
$125<d\leqslant280$	$0.5\leqslant m_n\leqslant0.8$	2.0	3.0	4.0	5.5	8.0	11	16	22	32
	$0.8<m_n\leqslant1.0$	2.5	3.5	5.0	7.0	10	14	20	29	41
	$1.0<m_n\leqslant1.5$	3.0	4.5	6.5	9.0	13	18	26	36	52
$280<d\leqslant560$	$0.5\leqslant m_n\leqslant0.8$	2.0	3.0	4.0	5.5	8.0	11	16	23	32
	$0.8<m_n\leqslant1.0$	2.5	3.5	5.0	7.5	10	15	21	29	41
	$1.0<m_n\leqslant1.5$	3.5	4.5	6.5	9.0	13	18	26	37	52

2. 齿形系数 Y_{Fa} 及应力校正系数 Y_{Sa}（表 8-50）

表 8-50　齿形系数 Y_{Fa} 及应力校正系数 Y_{Sa}

齿数 $z(z_v)$	17	18	19	20	21	22	23	24	25	26	27	28	29
齿形系数 Y_{Fa}	2.97	2.91	2.85	2.80	2.76	2.72	2.69	2.65	2.62	2.60	2.57	2.55	2.53
应力校正系数 Y_{Sa}	1.52	1.53	1.54	1.55	1.56	1.57	1.575	1.58	1.59	1.595	1.60	1.61	1.62
齿数 $z(z_v)$	30	35	40	45	50	60	70	80	90	100	150	200	∞
齿形系数 Y_{Fa}	2.52	2.45	2.40	2.35	2.32	2.28	2.24	2.22	2.20	2.18	2.14	2.12	2.06
应力校正系数 Y_{Sa}	1.625	1.65	1.67	1.68	1.70	1.73	1.75	1.77	1.78	1.79	1.83	1.865	1.97

3. 齿轮的齿宽系数 ϕ_d（表 8-51）

表 8-51　圆柱齿轮的齿宽系数 ϕ_d

装置状况	两支承相对小齿轮作对称布置	两支承相对小齿轮作不对称布置	小齿轮作悬臂布置
ϕ_d	0.9～1.4(1.2～1.9)	0.7～1.15(1.1～1.65)	0.4～0.6

4. 齿轮传动的载荷系数 K

载荷系数 K 包括：使用系数 K_A，动载系数 K_v，齿间载荷分配系数 K_α 及齿向载荷分布系数 K_β。其关系式为

$$K = K_A K_v K_\alpha K_\beta \tag{8-1}$$

1)使用系数 K_A（表 8-52）

表 8-52 使用系数 K_A

工作机及其工作特性		原动机			
		电动机、匀速转动的汽轮机	蒸汽机，燃气轮机、液压装置	多缸内燃机	单缸内燃机
均匀平稳	发电机，均匀传送的带式输送机或板式输送机，螺旋输送机，轻型升降机，包装机，机床进给机构，通风机，均匀密度材料搅拌机等	1.00	1.10	1.25	1.50
轻微冲击	不均匀传送的带式输送机或板式输送机，机床的主传动机构，重型升降机，工业与矿用风机，重型离心机，变密度材料搅拌机等	1.25	1.35	1.50	1.75
中等冲击	橡胶挤压机，作间断工作的橡胶和塑料搅拌机，轻型球磨机，木工机械，钢坯初轧机，提升装置，单缸活塞泵等	1.50	1.60	1.75	2.00
严重冲击	挖掘机，重型球磨机，橡胶揉合机，破碎机，重型给水泵，旋转式钻探装置，压砖机，带材冷轧机，压坯机等	1.75	1.85	2.00	2.25 或更大

2)动载系数 K_v（图 8-1）

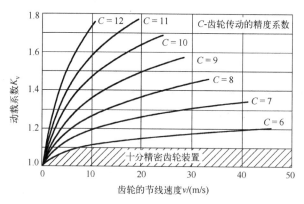

图 8-1 动载荷系数 K_v

3)齿间载荷分配系数 K_α

对于一般精度的齿轮传动，直齿圆柱齿轮传动取 $K_\alpha=1$。斜齿圆柱齿轮传动取 $K_\alpha=1\sim1.4$，齿轮制造精度低、齿面硬度高时取大值；反之取小值。

4)齿向载荷分布系数 K_β（图 8-2）

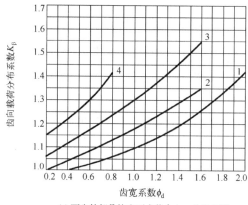

(a) 两齿轮都是软齿面或其中之一是软齿面

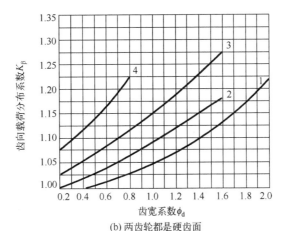

(b) 两齿轮都是硬齿面

1—齿轮在两轴承间对称布置；2—齿轮在两轴承间非对称布置，轴的刚度较大；

3—齿轮在两轴承间非对称布置，轴的刚度较小；4—齿轮悬臂布置

图 8-2 齿向载荷分布系数 K_β

5. 齿轮传动的节点区域系数 Z_H（图 8-3）

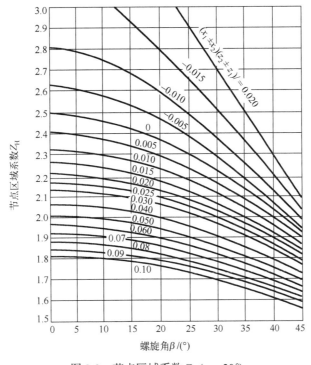

图 8-3 节点区域系数 $Z_H(\alpha = 20°)$

6. 齿轮传动的疲劳寿命系数

1) 接触疲劳寿命系数 K_{HN}（图 8-4）

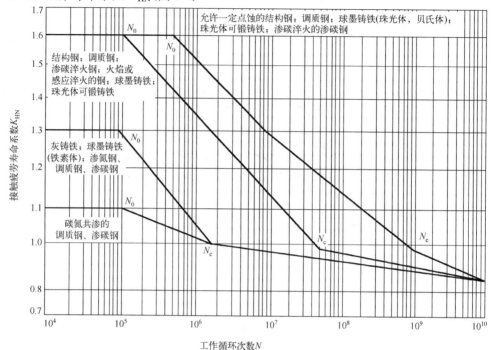

图 8-4　接触疲劳寿命系数 K_{HN}

2) 弯曲疲劳寿命系数 K_{FN}（图 8-5）

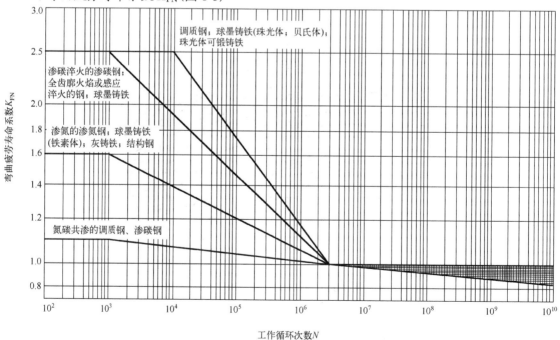

图 8-5　弯曲疲劳寿命系数 K_{FN}

7.齿轮的材料系数 Z_E（表 8-53）

表 8-53　材料系数 Z_E （单位：$\sqrt{\text{MPa}}$）

齿轮材料	配对齿轮材料			
	钢	铸钢	球墨铸铁	灰铸铁
钢	189.8	188.9	181.4	165.4
铸钢	—	188.0	180.5	161.4
球墨铸铁	—	—	173.9	156.6
灰铸铁	—	—	—	146.0

8.齿轮材料的疲劳强度

齿轮的接触疲劳强度极限 σ_{Hlim} 和弯曲疲劳强度极限 σ_{Flim} 分别由图 8-6~图 8-11 查取。图中给出了代表材料质量和热处理要求等级的 ME、MQ、ML 三种取值线，ME 为齿轮材料品质和热处理质量很高时的疲劳强度极限取值线；MQ 为齿轮材料品质和热处理质量达到中等要求时的疲劳强度极限取值线；ML 为齿轮材料品质和热处理质量达到最低要求时的疲劳强度极限取值线。一般按 MQ 取值线选择 σ_{Hlim}、σ_{Flim}。

1）齿轮材料的接触疲劳强度极限 σ_{Hlim}（图 8-6～图 8-8）

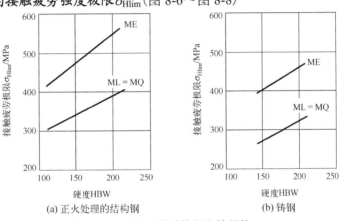

(a) 正火处理的结构钢　　(b) 铸钢

图 8-6　正火处理的结构钢和铸钢的 σ_{Hlim}

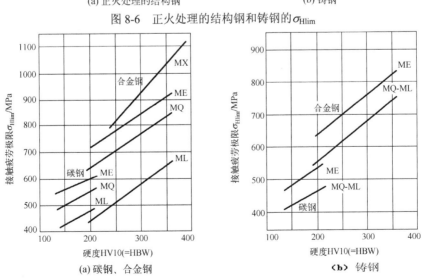

(a) 碳钢、合金钢　　〈b〉铸钢

图 8-7　调质处理的碳钢、合金钢和铸钢的 σ_{Hlim}

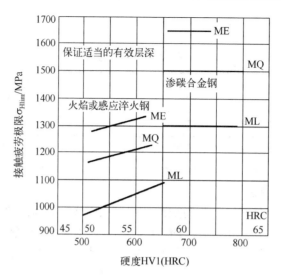

图 8-8　渗碳淬火钢和表面硬化(火焰或感应淬火)钢的 σ_{Hlim}

2) 齿轮材料的接触疲劳强度极限 σ_{Flim} (图 8-9～图 8-11)

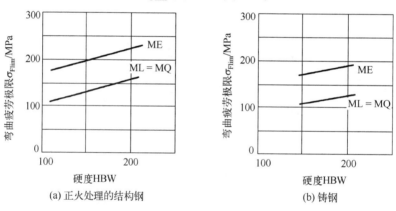

(a) 正火处理的结构钢　　　　　　(b) 铸钢

图 8-9　正火处理的结构钢和铸钢的 σ_{Flim}

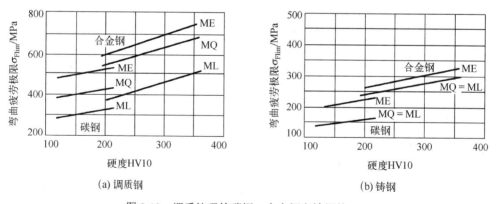

(a) 调质钢　　　　　　(b) 铸钢

图 8-10　调质处理的碳钢、合金钢和铸钢的 σ_{Flim}

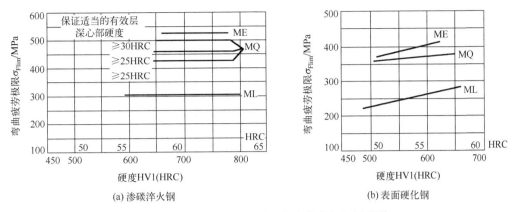

(a) 渗碳淬火钢　　　　　　　　　(b) 表面硬化钢

图 8-11　渗碳淬火钢和表面硬化(火焰或感应淬火)钢的 σ_{Flim}

8.9.2　带传动

1. 普通 V 带的型号及截面尺寸(表 8-54)

表 8-54　普通 V 带的型号及截面尺寸

截型	Y	Z	A	B	C	D	E
顶宽 b /mm	6	10	13	17	22	32	38
节宽 b_p /mm	5.3	8.5	11	14	19	27	32
高度 h /mm	4	6	8	11	14	19	25
单位长度质量 q /(kg/m)	0.02	0.06	0.10	0.17	0.30	0.62	0.90
θ	40°						

2. 普通 V 带型号的选择(图 8-12)

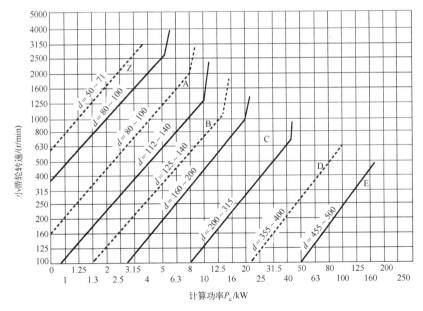

图 8-12　普通 V 带型号的选择

3. 普通 V 带的基准长度 L_d 及带长修正系数 K_L（表 8-55）

表 8-55　普通 V 带的基准长度 L_d(mm) 及带长修正系数 K_L

Y		Z		A		B		C		D		E	
L_d	K_L	L_d	K_L	L_d	K_L	L_d	K_L	L_d	K_L	L_d	K_L	L_d	K_L
200	0.81	405	0.87	630	0.81	930	0.83	1565	0.82	2740	0.82	4660	0.91
224	0.82	475	0.90	700	0.83	1000	0.84	1760	0.85	3100	0.86	5040	0.92
250	0.84	530	0.93	790	0.85	1100	0.86	1950	0.87	3330	0.87	5420	0.94
280	0.87	625	0.96	890	0.87	1210	0.87	2195	0.90	3430	0.90	6100	0.96
315	0.89	700	0.99	990	0.89	1370	0.90	2420	0.92	4080	0.91	6850	0.99
355	0.92	780	1.00	1100	0.91	1560	0.92	2715	0.94	4620	0.94	7650	1.01
400	0.96	920	1.04	1250	0.93	1760	0.94	2880	0.95	5400	0.97	9150	1.05
450	1.00	1080	1.07	1430	0.96	1950	0.97	3080	0.97	6100	0.99	12230	1.11
500	1.02	1330	1.13	1550	0.98	2180	0.99	3520	0.99	6840	1.02	13750	1.15

4. 普通 V 带轮的轮槽结构及尺寸（表 8-56）

表 8-56　普通 V 带轮的轮槽结构及尺寸　　　　　　　　　　（单位：mm）

槽型	基准宽度 b_d	槽顶高 h_a	槽根高 h_f	槽间距 e	槽边宽 f	基准直径 d_d			
						与基准直径 d_d 对应的轮槽角 φ			
						$\varphi=32°$	$\varphi=34°$	$\varphi=36°$	$\varphi=38°$
Y	5.3	1.60	4.7	8±0.3	6	≤60	—	>60	—
Z	8.5	2.00	7.0	12±0.3	7	—	≤80	—	>80
A	11.0	2.75	8.7	15±0.3	9	—	≤118	—	>118
B	14.0	3.50	10.8	19±0.4	11.5	—	≤190	—	>190
C	19.0	4.80	14.3	25.5±0.5	16	—	≤315	—	>315
D	27.0	8.10	19.9	37±0.6	23	—	—	≤475	>475
E	32.0	9.60	23.4	44.5±0.7	28	—	—	≤600	>600

5. 普通 V 带轮的基准直径系列（表 8-57）

表 8-57　普通 V 带轮的基准直径系列　　　　　　　　　　（单位：mm）

带型	基准直径
Y	20，22.4，25，28，31.5，35.5，40，50，56，80，90，100，112，125
Z	50，56，63，71，75，80，90，100，112，125，132，140，150，160，180，200，224，250，280，315，355，400，500，630
A	75，80，85，90，95，100，106，112，118，125，132，140，150，160，180，200，224，250，280，315，355，400，450，500，560，630，710，800
B	125，132，140，150，160，170，180，200，224，250，280，315，355，400，450，500，560，600，630，710，750，800，900，1000，1120
C	200，212，224，236，250，265，280，300，315，335，355，400，450，500，560，600，630，710，750，800，900，1000，1120，1250，1400，1600，2000
D	355，375，400，425，450，475，500，560，600，630，710，750，800，900，1000，1060，1120，1250，1400，1500，1600，1800，2000
E	500，530，560，600，630，670，710，800，900，1000，1120，1250，1400，1500，1600，1800，2000，2240，2500

6. 带传动的工作情况系数（表 8-58）

表 8-58　带传动的工作情况系数

工作载荷性质	动力机(一天工作小时数/h)					
	Ⅰ类			Ⅱ类		
	≤10	10~16	>16	≤10	10~16	>16
工作平稳	1	1.1	1.2	1.1	1.2	1.3
载荷变动小	1.1	1.2	1.3	1.2	1.3	1.4
载荷变动大	1.2	1.3	1.4	1.4	1.5	1.6
冲击载荷	1.3	1.4	1.5	1.5	1.6	1.8

7. 带传动的包角系数（表 8-59）

表 8-59　带传动的包角系数 k_α

包角 $\alpha_1/(°)$	180	175	170	165	160	155	150	145	140	135	130	125	120	110	100	90
k_α	1	0.99	0.98	0.96	0.95	0.93	0.92	0.91	0.89	0.88	0.86	0.84	0.82	0.78	0.74	0.69

8. 单根普通 V 带所能传递的功率（表 8-60）

表 8-60　单根普通 V 带所能传递的功率 P_0（$\alpha_1 = \alpha_2 = 180°$，特定长度，载荷平稳）　　（单位：kW）

带型	小带轮直径 d_{d1}/mm	小带轮转速 $n_1/(\text{r/min})$													
		200	400	730	800	980	1200	1460	1600	2000	2400	2800	3200	3600	4000
A	75	0.16	0.27	0.42	0.45	0.52	0.60	0.68	0.73	0.84	0.92	1.00	1.04	1.08	1.09
	90	0.22	0.39	0.63	0.68	0.79	0.93	1.07	1.15	1.34	1.50	1.64	1.75	1.83	1.87
	100	0.26	0.47	0.77	0.83	0.97	1.14	1.32	1.42	1.66	1.87	2.05	2.19	2.28	2.34
	112	0.31	0.56	0.93	1.00	1.18	1.39	1.62	1.74	2.04	2.30	2.51	2.68	2.78	2.83
	125	0.37	0.67	1.11	1.19	1.40	1.66	1.93	2.07	2.44	2.74	2.98	3.16	3.26	3.28
	140	0.43	0.78	1.31	1.41	1.66	1.96	2.29	2.45	2.87	3.22	3.48	3.65	3.72	3.67
B	125	0.48	0.84	1.34	1.44	1.67	1.93	2.20	2.33	2.64	2.85	2.96	2.94	2.80	2.51
	140	0.59	1.05	1.69	1.82	2.13	2.47	2.83	3.00	3.42	3.70	3.85	3.83	3.63	3.24
	160	0.74	1.32	2.16	2.32	2.72	3.17	3.64	3.86	4.40	4.75	4.89	4.80	4.46	3.82
	180	0.88	1.59	2.61	2.81	3.30	3.85	4.41	4.68	5.30	5.67	5.76	5.52	4.92	3.92
	200	1.02	1.85	3.06	3.30	3.86	4.50	5.15	5.46	6.13	6.47	6.43	5.95	-	-
	224	1.19	2.17	3.59	3.86	4.50	5.26	5.99	6.33	7.02	7.25	6.95	6.05	-	-
C	200	1.92	3.30	3.80	4.07	4.66	5.29	5.86	6.07	6.34	6.02	5.01	-	-	-
	224	2.37	4.12	4.78	5.12	5.89	6.71	7.47	7.75	8.05	5.57	3.57	-	-	-
	250	2.85	5.00	5.82	6.23	7.18	8.21	9.06	9.38	9.62	8.75	2.93	-	-	-
	280	3.40	6.00	6.99	7.52	8.65	9.81	10.74	11.06	11.04	9.50	-	-	-	-
	315	4.04	7.14	8.34	8.92	10.23	11.53	12.48	12.72	12.14	9.43	-	-	-	-

9. 单根普通 V 带 时传动功率增量(表 8-61)

表 8-61　单根普通 V 带 $i \neq 1$ 时传递功率增量 ΔP_0　　　　(单位：kW)

带型	传动比 i	小带轮转速 $n_1/$ (r/min)													
		200	400	730	800	980	1200	1460	1600	2000	2400	2800	3200	3600	4000
A	1.00~1.01	0.00	0.00	0.00	0.00	0.00	0.00	0.00	0.00	0.00	0.00	0.00	0.00	0.00	0.00
	1.02~1.04	0.00	0.01	0.01	0.01	0.01	0.02	0.02	0.02	0.03	0.03	0.04	0.04	0.05	0.05
	1.05~1.08	0.01	0.01	0.02	0.02	0.03	0.03	0.04	0.04	0.06	0.07	0.08	0.09	0.10	0.11
	1.09~1.12	0.01	0.02	0.03	0.03	0.04	0.05	0.06	0.06	0.08	0.10	0.11	0.13	0.15	0.16
	1.13~1.18	0.01	0.02	0.04	0.04	0.05	0.07	0.08	0.09	0.11	0.13	0.15	0.17	0.19	0.22
	1.19~1.24	0.01	0.03	0.05	0.05	0.06	0.08	0.09	0.11	0.13	0.16	0.19	0.22	0.24	0.27
	1.25~1.34	0.02	0.03	0.06	0.06	0.07	0.10	0.11	0.13	0.16	0.19	0.23	0.26	0.29	0.32
	1.35~1.51	0.02	0.04	0.07	0.08	0.08	0.11	0.13	0.15	0.19	0.23	0.26	0.30	0.34	0.38
	1.52~1.99	0.02	0.04	0.08	0.09	0.10	0.13	0.15	0.17	0.22	0.26	0.30	0.34	0.39	0.43
	≥2.0	0.03	0.05	0.09	0.10	0.11	0.15	0.17	0.19	0.24	0.29	0.34	0.39	0.44	0.48
B	1.00~1.01	0.00	0.00	0.00	0.00	0.00	0.00	0.00	0.00	0.00	0.00	0.00	0.00	0.00	0.00
	1.02~1.04	0.01	0.01	0.02	0.03	0.03	0.04	0.05	0.06	0.07	0.08	0.10	0.11	0.13	0.14
	1.05~1.08	0.01	0.03	0.05	0.06	0.07	0.08	0.10	0.11	0.14	0.17	0.20	0.23	0.25	0.28
	1.09~1.12	0.02	0.04	0.07	0.08	0.10	0.13	0.15	0.17	0.21	0.25	0.29	0.34	0.38	0.42
	1.13~1.18	0.03	0.06	0.10	0.11	0.13	0.17	0.20	0.23	0.28	0.34	0.39	0.45	0.51	0.56
	1.19~1.24	0.04	0.07	0.12	0.14	0.17	0.21	0.25	0.28	0.35	0.42	0.49	0.56	0.63	0.70
	1.25~1.34	0.04	0.08	0.15	0.17	0.20	0.25	0.31	0.34	0.42	0.51	0.59	0.68	0.76	0.84
	1.35~1.51	0.05	0.10	0.17	0.20	0.23	0.30	0.36	0.39	0.49	0.59	0.69	0.79	0.89	0.99
	1.52~1.99	0.06	0.11	0.20	0.23	0.26	0.34	0.40	0.45	0.56	0.68	0.79	0.90	1.01	1.13
	≥2.0	0.06	0.13	0.22	0.25	0.30	0.38	0.46	0.51	0.63	0.76	0.89	1.01	1.14	1.27
C	1.00~1.01	0.00	0.00	0.00	0.00	0.00	0.00	0.00	0.00	0.00	0.00	0.00	0.00		
	1.02~1.04	0.02	0.04	0.07	0.08	0.09	0.12	0.14	0.16	0.20	0.23	0.27	0.31		
	1.05~1.08	0.04	0.08	0.14	0.16	0.19	0.24	0.28	0.31	0.39	0.47	0.55	0.63		
	1.09~1.12	0.06	0.12	0.21	0.23	0.27	0.35	0.42	0.47	0.59	0.70	0.82	0.94		
	1.13~1.18	0.08	0.16	0.27	0.31	0.37	0.47	0.58	0.63	0.78	0.94	1.10	1.26	—	—
	1.19~1.24	0.10	0.20	0.34	0.39	0.47	0.59	0.71	0.78	0.98	1.18	1.37	1.57		
	1.25~1.34	0.12	0.23	0.41	0.47	0.56	0.70	0.85	0.94	1.17	1.41	1.64	1.88		
	1.35~1.51	0.14	0.27	0.48	0.55	0.65	0.82	0.99	1.10	1.37	1.65	1.92	2.20		
	1.52~1.99	0.16	0.31	0.55	0.63	0.74	0.94	1.14	1.25	1.57	1.88	2.19	2.51		
	≥2.0	0.18	0.35	0.62	0.71	0.83	1.06	1.27	1.41	1.76	2.12	2.47	2.83		

第 9 章　课程设计任务书

机械设计课程设计任务书明确了课程设计题目、已知条件、设计原始数据和设计任务。本章所选的课程设计题目都是结合工程实际，具有很强的实践性。由于机械类专业学生与近机类专业学生的知识储备存在差异，不同专业方向的机械设计课时有长有短，所以本章提供了两种类型的课程设计题目：第一类课程设计题目具有较强的综合性，适合作为机械类专业学生和近机类专业多学时学生的课程设计题目；第二类课程设计题目相对简单，适合作为近机类专业少学时学生的课程设计题目。

9.1　第一类课程设计题目

9.1.1　带式运输机的传动装置

【题目1】　用于带式运输机的展开式二级圆柱齿轮减速器设计

1. 已知条件

带式运输机的传动系统运动简图如图 9-1 所示，它是展开式二级圆柱齿轮减速器。带式运输机连续单向运转，载荷变化不大，空载启动；输送带速度允许误差±5%，工作机效率为0.95；带式运输机在室内工作，有粉尘；两班制工作，每班 8 小时；使用期限 10 年，大修期为 3 年；在中小型机械厂小批量生产。

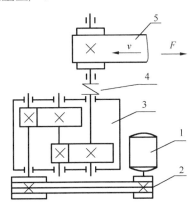

图 9-1　带式运输机的传动系统运动简图（展开式）

1-电动机；2-V 带传动；3-两级圆柱齿轮减速器；4-联轴器；5-带式运输机

2. 设计原始数据

两级圆柱齿轮减速器的设计原始数据列于表 9-1。

表 9-1　二级圆柱齿轮减速器的设计原始数据

题号	1-1	1-2	1-3	1-4	1-5	1-6	1-7	1-8	1-9	1-10
输送带工作拉力 F/kN	1.5	1.6	1.8	2.0	2.2	2.4	2.5	2.8	3.0	2.9
输送带速度 V/(m/s)	1.3	1.3	1.4	1.4	1.5	1.3	1.4	1.5	1.6	1.6
输送带卷筒直径 D/mm	250	280	280	300	300	300	300	320	340	330

3. 设计任务

(1)设计带式运输机的二级圆柱齿轮减速器装配图 1 张。

(2)绘制输出轴、大齿轮的零件图各 1 张。

(3)编写设计说明书 1 份。

【题目2】　带式运输机的同轴式二级圆柱齿轮减速器设计

1. 已知条件

设计用于带式运输机的同轴式二级圆柱齿轮减速器。带式运输机的传动系统运动简图如图 9-2 所示。带式运输机连续单向运转,工作过程中有轻微振动,空载启动;输送带速度允许误差±5%,工作机效率为 0.95;带式运输机工作中有粉尘;每日两班制工作,每班 8 小时;使用期限为 10 年,大修期为 3 年;在中小型机械厂小批量生产。

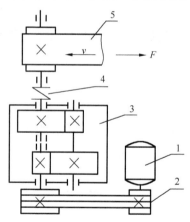

图 9-2　带式运输机的传动系统运动简图(同轴式)

1-电动机；2-V 带传动；3-同轴式两级圆柱齿轮减速器；4-联轴器；5-带式运输机

2. 设计原始数据

同轴式二级圆柱齿轮减速器的设计原始数据列于表 9-2。

表 9-2　同轴式二级圆柱齿轮减速器的设计原始数据

题号	2-1	2-2	2-3	2-4	2-5	2-6	2-7	2-8	2-9	2-10
运输机工作轴转矩 T/(N·m)	1200	1250	1300	1350	1400	1450	1500	1250	1300	1350
输送带速度 V/(m/s)	1.4	1.45	1.5	1.55	1.6	1.4	1.45	1.5	1.55	1.6
输送带卷筒直径 D/mm	430	420	450	480	490	420	450	440	420	470

3．设计任务

(1)设计带式运输机的同轴式二级圆柱齿轮减速器装配图 1 张。

(2)绘制输出轴、大齿轮的零件图各 1 张。

(3)编写设计说明书 1 份。

【题目3】　带式运输机上的二级圆锥-圆柱齿轮减速器设计

1．已知条件

带式运输机的传动系统运动简图如图 9-3 所示。带式运输机连续单向运转，载荷变化不大，空载启动；输送带速度允许误差±5%，工作机效率为 0.95；带式运输机在室内工作，环境最高温度为35℃，有粉尘；每日两班制工作，每班 8 小时；使用期限为 10 年，大修期为 3 年；在中小型机械厂小批量生产。

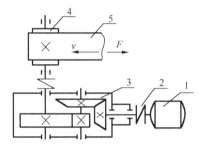

图 9-3　带式运输机的传动系统运动简图(圆锥-圆柱式)

1-电动机；2-联轴器；3-圆锥-圆柱齿轮减速器；4-卷筒；5-带式运输机

2．设计原始数据

二级圆锥-圆柱齿轮减速器的设计原始数据列于表 9-3。

表 9-3　二级圆锥-圆柱齿轮减速器的设计原始数据

题号	3-1	3-2	3-3	3-4	3-5	3-6	3-7	3-8	3-9	3-10
输送带工作拉力 F/kN	1.1	1.15	1.2	1.25	1.3	1.35	1.4	1.45	1.5	1.55
输送带速度 V/(m/s)	1.6	1.6	1.55	1.6	1.6	1.5	1.45	1.6	1.5	1.5
输送带卷筒直径 D/mm	285	285	280	290	300	295	280	300	295	290

3．设计任务

(1)设计带式运输机上的二级圆锥-圆柱齿轮减速器装配图 1 张。

(2)绘制输出轴、大齿轮的零件图各 1 张。

(3)编写设计说明书 1 份。

【题目4】　带式运输机的蜗杆减速器设计

1．已知条件

设计用于带式运输机的蜗杆减速器。带式运输机的传动系统运动简图如图 9-4 所示。带式运输机连续单向运转，工作过程中有轻微振动，空载启动；输送带速度允许误差±5%，工作机效率为 0.95；每日单班制工作，每天工作 8 小时；使用期限为 10 年，检修期间隔为 3 年；在中小型机械厂小批量生产。

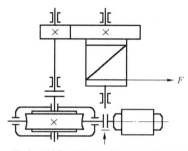

图 9-4 带式运输机的传动系统运动简图(蜗杆式)

2. 设计原始数据

蜗杆减速器的设计原始数据列于表 9-4。

表 9-4 蜗杆减速器的设计原始数据

题号	4-1	4-2	4-3	4-4	4-5	4-6	4-7	4-8	4-9	4-10
输送带工作拉力 F/kN	2.2	2.3	2.4	2.5	2.3	2.4	2.5	2.3	2.4	2.5
输送带速度 V/(m/s)	1.0	1.0	1.0	1.1	1.1	1.1	1.1	1.2	1.2	1.2
输送带卷筒直径 D/mm	380	390	400	400	410	420	390	400	410	420

3. 设计任务

(1)设计带式运输机的蜗杆减速器装配图 1 张。

(2)绘制输出轴、蜗轮的零件图各 1 张。

(3)编写设计说明书 1 份。

9.1.2 链式运输机的传动装置

【题目5】 化工车间链板式运输机的传动装置设计

1. 已知条件

化工车间链板式运输机由电动机驱动。电动机转动经传动装置带动链板式运输机的驱动链轮转动,拖动输送链移动,运送原料或产品,其传动系统运动简图如图 9-5 所示。整机结构要求:电动机轴与运输机的驱动链轮主轴平行布置;使用寿命为 5 年,每日两班制工作,连续运转,单向转动,载荷平稳;允许输送链速度偏差为 ±5% ,工作机效率为 0.95;该机由机械厂小批量生产。

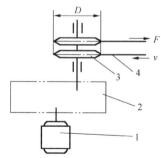

图 9-5 化工车间链板式运输机的传动系统运动简图

1-电动机;2-传动装置;3-驱动链轮;4-输送链

2．设计原始数据

化工车间链板式运输机的设计原始数据列于表 9-5。

表 9-5　化工车间链板式运输机的设计原始数据

题号	5-1	5-2	5-3	5-4	5-5	5-6	5-7	5-8
输送链拉力 F/N	4800	4500	4200	4000	3800	3500	3200	3000
输送链速度 v/(m/s)	0.7	0.8	0.9	1.0	1.0	1.1	1.1	1.2
驱动链轮直径 D/mm	350	360	370	380	390	400	410	430

3．设计任务

(1)设计化工车间链板式运输机的传动装置装配图 1 张。

(2)绘制输出轴、齿轮的零件图各 1 张。

(3)编写设计说明书 1 份。

【题目6】　热处理车间链板式运输机的传动装置设计

1．已知条件

热处理车间链板式运输机由电动机驱动。电动机转动经传动装置带动链板式运输机的驱动链轮转动，拖动输送链移动，运送热处理零件。热处理车间链板式运输机的传动系统运动简图如图 9-6 所示。整机结构要求：要求结构紧凑，电动机轴与运输机的驱动链轮主轴垂直布置；使用寿命为 10 年，每日两班制工作，连续运转，单向转动，载荷平稳；允许输送链速度偏差为 ±5%，工作机效率为 0.95；该机由机械厂小批量生产。

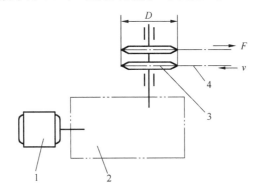

图 9-6　热处理车间链板式运输机的传动系统运动简图

1-电动机；2-传动装置；3-驱动链轮；4-输送链

2．设计原始数据

热处理车间链板式运输机的设计原始数据列于表 9-6。

表 9-6　热处理车间链板式运输机的设计原始数据

题号	6-1	6-2	6-3	6-4	6-5	6-6	6-7	6-8
输送链拉力 F/N	2500	2400	2300	2200	2100	2000	1900	1800
输送链速度 v/(m/s)	1.2	1.25	1.3	1.35	1.4	1.45	1.5	1.55
驱动链轮直径 D/mm	200	210	220	230	240	250	260	270

3．设计任务

(1)设计热处理车间链板式运输机的传动装置装配图 1 张。

(2)绘制输出轴、齿轮的零件图各 1 张。

(3)编写设计说明书 1 份。

9.1.3　卷扬机的传动装置

【题目 7】　用于单筒卷扬机的传动装置设计

1．已知条件

该单筒卷扬机的工作示意图如图 9-7 所示。单筒卷扬机每日采用双班制连续工作，中等振动，使用年限为 5 年，要求电动机轴线与鼓轮轴线平行。

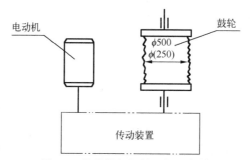

图 9-7　单筒卷扬机的工作示意图

2．设计原始数据

单筒卷扬机的设计原始数据列于表 9-7。

表 9-7　单筒卷扬机的设计原始数据

题号	7-1	7-2	7-3	7-4	7-5	7-6	7-7	7-8
工作机输入功率 P/kW	3.4	3.6	3.8	4.0	4.2	4.4	4.6	4.8
工作机输入转速 n/(r/min)	32	34	36	38	40	32	34	36
题号	7-9	7-10	7-11	7-12	7-13	7-14	7-15	7-16
工作机输入功率 P/kW	5.0	5.2	5.4	5.6	5.8	6.0	6.2	6.4
工作机输入转速 n/(r/min)	38	40	32	34	36	38	40	32

3．设计任务

(1)设计单筒卷扬机的传动装置装配图 1 张。

(2)绘制输出轴、齿轮的零件图各 1 张。

(3)编写设计说明书 1 份。

9.1.4　螺旋运输机的传动装置

【题目 8】　螺旋运输机的传动装置设计

1．已知条件

图 9-8 所示为螺旋运输机的六种传动方案。该运输机为每日两班制工作，连续单向运转，

用于输送散粒物料，如谷物、型砂、煤等，工作载荷较平稳，使用寿命为 8 年，每年 300 个工作日；在一般机械厂小批量生产制造。

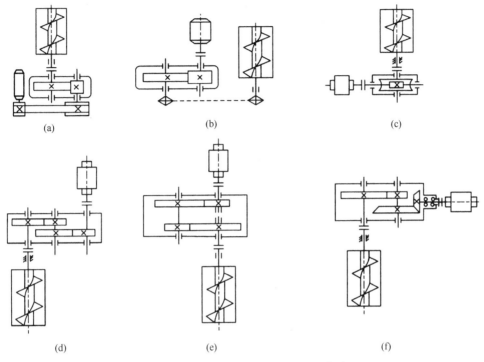

图 9-8　螺旋运输机的六种传动方案

2．设计原始数据

螺旋运输机的设计原始数据列于表 9-8。

表 9-8　螺旋运输机的设计原始数据

题号	8-1	8-2	8-3	8-4	8-5	8-6
方案编号	图 9-8(a)	图 9-8(b)	图 9-8(c)	图 9-8(d)	图 9-8(e)	图 9-8(f)
输送螺旋转速 n/(r/min)	170	160	150	140	130	120
输送螺旋所受阻力矩 T/(N·m)	100	95	90	85	80	75

3．设计任务

(1) 设计螺旋运输机传动装置装配图 1 张。

(2) 绘制输出轴、齿轮(或者蜗轮)的零件图各 1 张。

(3) 编写设计说明书 1 份。

9.1.5　热处理装料机

【题目 9】　热处理装料机的传动装置设计

1．已知条件

热处理装料机用于向加热炉内送料，其工作原理及传动系统图如图 9-9 所示。该热处理装料机由电动机驱动,室内工作,通过传动装置使装料机推杆做往复移动,将物料送入加热炉内;动力源为三相交流380V/220V,电动机单向运转,载荷较平稳;使用期限为10年,大修周期为3年,每日双班制工作;生产厂具有加工7、8级精度的齿轮、蜗轮的能力;生产批量为5台。

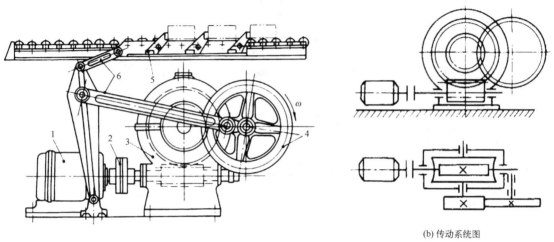

(a) 工作原理示意图　　　　　　　　　　　　　　　　　(b) 传动系统图

图 9-9　热处理装料机的工作原理及传动系统图

1-电动机;2-联轴器;3-蜗杆减速器;4-齿轮传动;5-装料机推杆;6-四连杆机构

2．设计原始数据

热处理装料机的设计原始数据列于表 9-9。

表 9-9　热处理装料机的设计原始数据

题号	9-1	9-2	9-3	9-4	9-5	9-6	9-7	9-8
曲柄的功率 P/kW	2.5	2.75	3.0	3.25	3.5	4.0	5.0	6.0
曲柄的角速度 ω/(rad/s)	3.2	3.6	3.8	4.0	4.25	4.3	5.2	5.5

3．设计任务

(1)设计热处理装料机传动装置装配图 1 张。

(2)绘制输出轴、齿轮的零件图各 1 张。

(3)编写设计说明书 1 份。

9.1.6　飞剪机

【题目 10】　飞剪机的传动装置设计

1．已知条件

飞剪机主要用于轧件的剪切,其机械系统部分如图 9-10 所示。飞剪机每日两班制工作,电动机单向运转,启动频繁,使用期限为 10 年,在专业机械厂制造,小批量生产。

设计要求:在轧件运动方向上剪刃的速度等于或略大于轧件运动速度;一对剪切刀片在剪切过程中做平移运动;剪刃的运动轨迹是封闭曲线,且在剪切段尽量平直,剪切过程中剪切速度均匀。

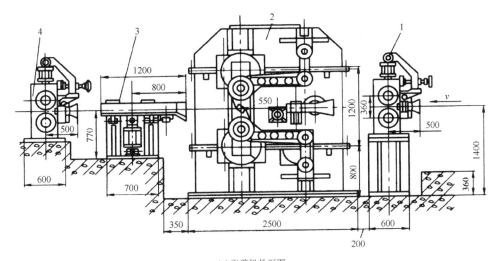

(a) 飞剪机外形图

1-夹送测量辊；2-飞剪机本体；3-卸料导槽；4-夹尾测量辊

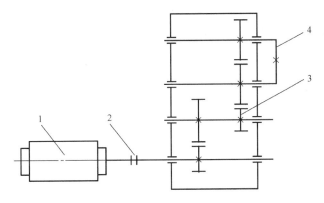

(b) 飞剪机本体机械系统简图

1-电动机；2-联轴器；3-传动齿轮箱；4-剪切机构

图 9-10　飞剪机机械系统设计参考图

2. 设计原始数据

飞剪机传动装置的设计原始数据列于表 9-10。

表 9-10　飞剪机传动装置的设计原始数据

题号	10-1	10-2	10-3	10-4
公称最大剪切力/kN	400	450	500	600
剪切轧件规格/mm	60×60	65×65	70×70	75×75
剪切速度/(m/s)	0.5～3	0.5～3	0.5～3	0.5～3

3. 设计任务

(1) 设计飞剪机传动装置装配图 1 张。

(2) 绘制输出轴、齿轮的零件图各 1 张。

(3) 编写设计说明书 1 份。

9.1.7　搓丝机

【题目11】　搓丝机的传动装置设计

1. 已知条件

搓丝机用于加工轴辊螺纹,其工作原理示意图如图 9-11 所示。在起始(前端)位置时,送料装置将工件送入安装在机头上的上搓丝板和安装在滑块上的下搓丝板之间;加工时,下搓丝板随滑块做往复运动,工件在上、下搓丝板之间滚动,搓制出与搓丝板相同的螺纹。两对搓丝板可同时搓出工件两端的螺纹。滑块往复运动一次,加工一件产品。搓丝机的设计条件:每日两班制工作,室内工作;动力源为三相交流 380V/220V,电动机单向运转,载荷较平稳;使用期限为 10 年,大修周期为 3 年;生产批量为 5 台,生产厂家具有加工 7、8 级精度齿轮、蜗轮的能力。

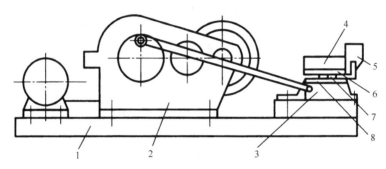

图 9-11　搓丝机的工作原理示意图

1-床身;2-传动系统;3-滑块;4-机头;5-送料装置;6-上搓丝板;7-工件;8-下搓丝板

2. 设计原始数据

搓丝机的设计原始数据列于表 9-11。

表 9-11　搓丝机的设计原始数据

题号	11-1	11-2	11-3	11-4	11-5	11-6	11-7	11-8	11-9
最大加工直径/mm	6	8	10	8	10	12	10	12	16
最大加工长度/mm	160			180			200		
滑块行程/mm	300~320			320~340			340~360		
公称搓动力/kN	8			9			10		
生产率/(件/min)	40			32			24		

3. 设计任务

(1)制定搓丝机传动装置总体方案的设计和论证,绘制总体设计原理方案图 1 张,设计主传动装置装配图 1 张。

(2)绘制主要传动零件图至少 3 张。

(3)编写设计说明书 1 份。

9.1.8　简易半自动三轴钻床

【题目 12】　简易半自动三轴钻床的主传动系统设计

1. 已知条件

该简易半自动三轴钻床的传动装置设计参考图如图 9-12 所示，三个钻头以相同的切削速度做切削主运动，安装工件的工作台做进给运动。每个钻头的切削阻力矩为 T，每个钻头的轴向进给阻力为 F，被加工零件上三孔直径均为 D，每分钟加工 2 件；室内工作，动力源为三相交流 380V/220V，电动机单向运转，载荷较平稳；使用期限为 10 年，大修周期为 3 年，每日双班制工作；在专业机械厂制造，生产厂家可加工 7、8 级精度的齿轮、蜗轮，生产批量为 5 台。

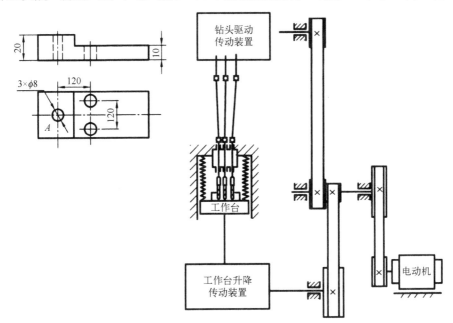

图 9-12　简易半自动三轴钻床的传动装置设计参考图

2. 设计原始数据

简易半自动三轴钻床的设计原始数据列于表 9-12。

表 9-12　简易半自动三轴钻床的设计原始数据

题号	12-1	12-2	12-3	12-4
切削速度 v/(m/s)	0.23	0.22	0.21	0.20
孔径 D/mm	6	7	8	9
每个钻头的切削阻力矩 T/(N·m)	100	110	120	130
切削时间/s	5	6	7	8
每个钻头的轴向切削阻力 F/N	1220	1250	1280	1320

3. 设计任务

(1) 设计简易半自动三轴钻床的主传动装置装配图 1 张。

(2)绘制输出轴、齿轮的零件图各1张。

(3)编写设计说明书1份。

9.2　第二类课程设计题目

9.2.1　单级齿轮传动装置设计

【题目13】　带式运输机传动装置的设计

1. 已知条件

带式运输机的传动系统运动简图如图9-13所示,电动机的位置自行确定。带式运输机连续单向运转,载荷变化不大,空载启动;输送带速度允许误差±5%,工作机效率为0.97;带式运输机在室内工作,环境最高温度为35℃,有粉尘;两班制工作,每班8小时;使用期限为10年,大修期为3年;在中小型机械厂小批量生产。

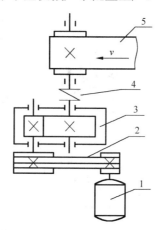

图9-13　带式运输机的传动系统运动简图

1-电动机；2-V带传动；3-圆柱齿轮减速器；4-联轴器；5-带式运输机

2. 设计原始数据

圆柱齿轮减速器的设计原始数据列于表9-13。

表9-13　圆柱齿轮减速器的设计原始数据

题号	8-1	8-2	8-3	8-4	8-5	8-6	8-7	8-8	8-9	8-10
输送带工作拉力 F/kN	1.5	1.8	2	2.2	2.4	2.6	2.8	2.8	2.7	2.5
输送带速度 V/(m/s)	1.5	1.5	1.6	1.6	1.7	1.7	1.8	1.8	1.5	1.4
卷筒直径 D/mm	250	260	270	280	300	320	320	300	300	300

3. 设计任务

(1)设计减速器装配图1张。

(2)绘制输出轴、大齿轮的零件图各1张。

(3)编写设计说明书 1 份。

9.2.2　电动举高器

【题目 14】　电动举高器设计

1．已知条件

设计一电动举高器,如图 9-14 所示。要求其具有转移轻便灵活、工作方便可靠、初始高度可调的优点,常用于工作位置不固定或需将重物举高的场合。

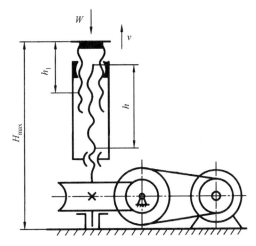

图 9-14　电动举高器的工作原理示意图

要求电动举高器在室外短时间间歇工作,工作中有中等冲击,使用三相交流电源,在一般机械厂制造,小批量生产。

2．设计原始数据

电动举高器的设计原始数据列于表 9-14。

表 9-14　电动举高器的设计原始数据

题号	14-1	14-2	14-3	14-4	14-5
举起最大载重 W/kN	40	50	60	70	80
最大升距 h/mm	280	250	230	220	220
高度调节范围 h_1/mm	0～210	0～200	0～108	0～180	0～160
最大起重高度 H_{max}/mm	1000	950	910	910	900
起升速度 v/(mm/s)	2.5	2.3	2.3	2.1	2.0

3．设计任务

(1)绘制电动举高器装配图 1 张。

(2)绘制主要传动零件图 2 张。

(3)编写设计说明书 1 份。

9.2.3 V带传动

【题目15】 V带传动设计

1. 已知条件

如图 9-15 所示，主动带轮 1 装在电动机轴上，从动带轮 2 装在工作机轴上，两带轮中心的水平距离 a 等于大带轮直径 D_2 的两倍。

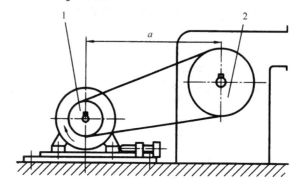

图 9-15 V 带设计简图
1-主动带轮；2-从动带轮

2. 设计原始数据

V 带传动的设计原始数据列于表 9-15。

表 9-15 V 带传动的设计原始数据

题号	15-1	15-2	15-3	15-4	15-5
电动机型号	Y100L2-4	Y112M-4	Y132S-4	Y132M-4	Y160M-4
工作机轴转速 $n_2/(\text{r/min})$	800	750	700	650	600
一天工作时间/h			16		

3. 设计任务

(1) 进行 V 带传动的设计计算；进行 V 带轮的结构设计；绘制主动带轮与轴的装配图 1 张。

(2) 绘制主动带轮零件图 1 张。

(3) 编写设计说明书 1 份。

第 10 章 课程设计示例

设计题目：用于带式运输机的机械传动装置设计。

原始数据：输送带的拉力 $F = 8000$N，输送带的线速度 $v = 0.57$m/s，驱动滚筒直径 $D = 450$mm，工作机传动效率取为 1，要求电动机轴线与滚筒轴线平行。

工作条件：工作年限为 10 年(每年按 300 天计)。

工作班制：每日两班。

工作环境：比较清洁。

载荷性质：轻微冲击。

生产批量：中等批量。

传动装置示意图：如图 10-1 所示。

设计步骤如下。

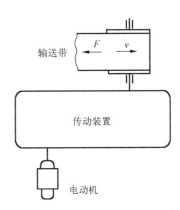

图 10-1 带式运输机的机械传动系统工作示意图

设计过程	计算结果

一、确定传动方案

根据工作要求，可拟定几种传动方案，如图 10-2 所示。

对图 10-2 中的三种传动方案的分析、比较如下。

图 10-2(a)给出的传动方案为电动机直接与两级圆柱齿轮减速器相连接，圆柱齿轮易于加工，但减速器的传动比和结构尺寸较大。

图 10-2(b)给出的传动方案为第一级用带传动，后接两级圆柱齿轮减速器。带传动能缓冲、吸振，过载时起安全保护作用，但结构上宽度和长度的尺寸较大，且带传动不宜在恶劣环境下工作。

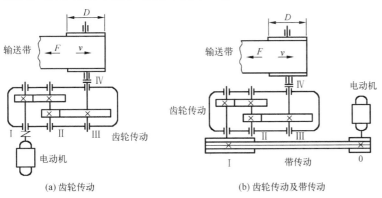

(a) 齿轮传动　　　　　　　　　　(b) 齿轮传动及带传动

设计过程	计算结果

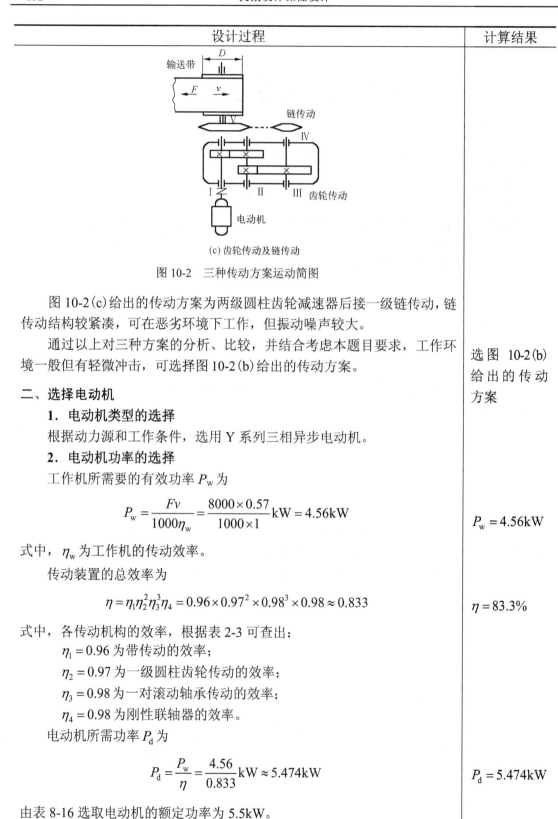

图 10-2　三种传动方案运动简图

图 10-2(c)给出的传动方案为两级圆柱齿轮减速器后接一级链传动,链传动结构较紧凑,可在恶劣环境下工作,但振动噪声较大。

通过以上对三种方案的分析、比较,并结合考虑本题目要求,工作环境一般但有轻微冲击,可选择图 10-2(b)给出的传动方案。

二、选择电动机

1. 电动机类型的选择

根据动力源和工作条件,选用 Y 系列三相异步电动机。

2. 电动机功率的选择

工作机所需要的有效功率 P_w 为

$$P_w = \frac{Fv}{1000\eta_w} = \frac{8000 \times 0.57}{1000 \times 1}\text{kW} = 4.56\text{kW}$$

式中,η_w 为工作机的传动效率。

传动装置的总效率为

$$\eta = \eta_1\eta_2^2\eta_3^3\eta_4 = 0.96 \times 0.97^2 \times 0.98^3 \times 0.98 \approx 0.833$$

式中,各传动机构的效率,根据表 2-3 可查出:

$\eta_1 = 0.96$ 为带传动的效率;

$\eta_2 = 0.97$ 为一级圆柱齿轮传动的效率;

$\eta_3 = 0.98$ 为一对滚动轴承传动的效率;

$\eta_4 = 0.98$ 为刚性联轴器的效率。

电动机所需功率 P_d 为

$$P_d = \frac{P_w}{\eta} = \frac{4.56}{0.833}\text{kW} \approx 5.474\text{kW}$$

由表 8-16 选取电动机的额定功率为 5.5kW。

计算结果栏:

选图 10-2(b) 给出的传动方案

$P_w = 4.56\text{kW}$

$\eta = 83.3\%$

$P_d = 5.474\text{kW}$

设计过程	计算结果

3．动机转速的选择

电动机通常采用的同步转速是 1000r/min 和 1500r/min 两种，现将两种转速进行对比。

由表 8-16 可知，同步转速是 1000r/min 的电动机，其满载转速 n_m 是 960r/min；同步转速是 1500r/min 的电动机，其满载转速 n_m 是 1440r/min。

工作机的转速：

$$n_w = \frac{60 \times 1000v}{\pi D} = \frac{60 \times 1000 \times 0.57}{3.14 \times 450}\text{r/min} \approx 24.204\text{r/min}$$

总传动比 $i = n_m / n_w$，其中 n_m 为电动机的满载转速。

现将两种电动机的有关数据列于表 10-1 进行比较。

表 10-1　两种电动机的数据比较

方案	电动机型号	额定功率/kW	同步转速/(r/min)	满载转速/(r/min)	总传动比 i
I	Y132M2-6	5.5	1000	960	39.663
II	Y132S-4	5.5	1500	1440	59.494

由表 10-1 可知，方案 II 的总传动比过大，为了使传动装置结构紧凑，选用传动方案 I 较合理。

4．电动机型号的确定

根据电动机功率和同步转速，选定电动机型号为 Y132M2-6。查表 8-16，可知电动机有关参数如下：

电动机的额定功率 $P = 5.5\text{kW}$

电动机的满载转速 $n_m = 960\text{r/min}$

三、传动装置的运动学和动力学参数计算

1．总传动比及其分配

总传动比 $i = n_m / n_w = 960 / 24.204 = 39.663$；

根据表 2-1，V 带传动的单级传动比小于 5，本例中初选 i_1=3.2；

减速器的传动比 $i_f = i / i_1 = 39.663 / 3.2 = 12.395$；

考虑两级齿轮润滑问题，两级大齿轮应有相近的浸油深度。

根据式 (2-8)，两级齿轮减速器高速级传动比 i_2 与低速级传动比 i_3 的比值取为 1.3，即 $i_2 = 1.3 i_3$，则

$$i_2 = \sqrt{1.3 i_f} = \sqrt{1.3 \times 12.395} \approx 4.014$$

$$i_3 = i_f / i_2 = 12.395 / 4.014 \approx 3.088$$

2．传动装置中各轴的转速计算

根据传动装置中各轴的安装顺序，对轴依次编号为：0 轴、I 轴、II 轴、III 轴、IV 轴。

计算结果栏：

$n_w = 24.204\text{r/min}$

电动机型号：Y132M2-6

额定功率：$P = 5.5\text{kW}$

满载转速：$n_m = 960\text{r/min}$

总传动比：$i = 39.663$

带传动的传动比：$i_1 = 3.2$

高速级的传动比：$i_2 = 4.014$

低速级的传动比：$i_3 = 3.088$

设计过程	计算结果
$n_0 = n_m = 960 \text{r/min}$	$n_0 = 960 \text{r/min}$
$n_I = n_m / i_1 = 960 / 3.2 \text{r/min} = 300 \text{r/min}$	$n_I = 300 \text{r/min}$
$n_{II} = n_I / i_2 = 300 / 4.014 \text{r/min} \approx 74.738 \text{r/min}$	$n_{II} = 74.738 \text{r/min}$
$n_{III} = n_{II} / i_3 = 74.738 / 3.088 \text{r/min} \approx 24.203 \text{r/min}$	$n_{III} = 24.203 \text{r/min}$
$n_{IV} = n_{III} = n_w = 24.203 \text{r/min}$	$n_{IV} = 24.203 \text{r/min}$

3．传动装置中各轴的功率计算

$$P_0 = P_d = 5.474 \text{kW}$$
$$P_I = P_d \eta_1 = 5.474 \times 0.95 \text{kW} = 5.200 \text{kW}$$
$$P_{II} = P_I \eta_2 \eta_3 = 5.200 \times 0.97 \times 0.98 \text{kW} \approx 4.943 \text{kW}$$
$$P_{III} = P_{II} \eta_3 \eta_2 = 4.943 \times 0.98 \times 0.97 \text{kW} \approx 4.699 \text{kW}$$
$$P_{IV} = P_{III} \eta_3 \eta_4 = 4.699 \times 0.98 \times 0.99 \text{kW} \approx 4.559 \text{kW}$$

計算結果：
$P_0 = 5.474 \text{kW}$
$P_I = 5.200 \text{kW}$
$P_{II} = 4.943 \text{kW}$
$P_{III} = 4.699 \text{kW}$
$P_{IV} = 4.559 \text{kW}$

4．传动装置中各轴的输入转矩计算

$$T_0 = T_d = 9550 P_d / n_m = 9550 \times 5.474 / 960 \text{N·m} \approx 54.455 \text{N·m}$$
$$T_I = 9550 P_I / n_I = 9550 \times 5.200 / 300 \text{N·m} \approx 165.533 \text{N·m}$$
$$T_{II} = 9550 P_{II} / n_{II} = 9550 \times 4.943 / 74.738 \text{N·m} \approx 631.615 \text{N·m}$$
$$T_{III} = 9550 P_{III} / n_{III} = 9550 \times 4.699 / 24.203 \text{N·m} \approx 1854.128 \text{N·m}$$
$$T_{IV} = 9550 P_{IV} / n_{IV} = 9550 \times 4.559 / 24.203 \text{N·m} \approx 1798.887 \text{N·m}$$

計算結果：
$T_0 = 54.455 \text{N·m}$
$T_I = 165.533 \text{N·m}$
$T_{II} = 631.615 \text{N·m}$
$T_{III} = 1854.128 \text{N·m}$
$T_{IV} = 1798.887 \text{N·m}$

将传动装置中各轴的转速、功率、转矩和传动比列表，如表 10-2 所示。

表 10-2　各轴的运动和动力参数

参数	轴名				
	0 轴	Ⅰ 轴	Ⅱ 轴	Ⅲ 轴	Ⅳ 轴
转速 n/（r/min）	960	300	74.738	24.203	24.203
功率 P/kW	5.474	5.200	4.943	4.699	4.559
转矩 T/(N·m)	54.455	165.533	631.615	1854.128	1798.887
传动比 i	3.2		4.014	3.088	1

四、带传动设计

1．确定带传动的计算功率 P_{ca}

已知 $P = 5.474 \text{kW}$，输入轴转速 $n_m = 960 \text{r/min}$，$i_1 = 3.2$。

根据表 8-58，得带传动的工作情况系数 $K_A = 1.1$，因此，带传动的计算功率为 $P_{ca} = K_A P = 1.1 \times 5.474 \text{kW} = 6.02 \text{kW}$。

計算結果：
$K_A = 1.1$
$P_{ca} = 6.02 \text{kW}$

2．选取带传动的带型

根据 P_{ca}、n_m，由图 8-12 可知，选用 A 型 V 带。

計算結果：A 型 V 带

设计过程	计算结果
3. 确定带轮基准直径 　　根据图 8-12 和表 8-57，选取主动轮(小带轮)基准直径 d_{d1}=112mm；从动轮(大带轮)基准直径 d_{d2}=$i_1 \times d_{d1}$=3.2×112mm=358.4mm，由表 8-57 取 d_{d2}=355mm。 　　验证带传动的实际传动比 i_1=d_{d2}/d_{d1}=355/112=3.17，与总传动比分配的带传动的传动比基本一致。 　　验算 V 带的线速度为 $$v = \frac{\pi d_{d1} n_m}{60 \times 1000} = \frac{3.14 \times 112 \times 960}{60 \times 1000} \text{m/s} = 5.627\text{m/s} < 25\text{m/s}$$ 所以 V 带的线速度合适。 **4. 确定 V 带的基准长度和带传动的中心距** 　　根据 $0.7(d_{d1}+d_{d2}) < a_0 < 2(d_{d1}+d_{d2})$，初步确定带传动的中心距 a_0，取 a_0=850mm。 $$L_{d0} = 2a_0 + \frac{\pi}{2}(d_1+d_2) + \frac{(d_2-d_1)^2}{4a_0}$$ $$= \left[2 \times 850 + \frac{3.14}{2}(112+355) + \frac{(355-112)^2}{4 \times 850} \right] \text{mm}$$ $$\approx 2450.56\text{mm}$$ 由表 8-55 选带的基准长度 $L_d = 2500\text{mm}$。 　　计算带传动的实际中心距 a： $$a = a_0 + \frac{L_d - L_{d0}}{2} = 850 + \frac{2500 - 2450.56}{2}\text{mm} = 874.72\text{mm}。$$ **5. 验算主动轮上的包角 α_1** $$\alpha_1 = 180° - \frac{d_{d2}-d_{d1}}{a} \times 57.5° = 180° - \frac{355-112}{874.72} \times 57.5°$$ $$= 164.03° > 120°$$ 所以，主动轮上的包角是合适的。 **6. 计算 V 带的根数 z** 　　由 $n_m = 960\text{r/min}$，$d_{d1} = 112\text{mm}$，$i_1 = 3.17$；查表 8-60，按照线性插值得 $P_0 = 1.17\text{kW}$；查表 8-61 得 $\Delta P_0 = 0.11\text{kW}$。 　　由表 8-59 得包角系数 $K_\alpha = 0.96$；查表 8-55 得带长修正系数 $K_L = 1.09$。 　　则 $$z = \frac{P_{ca}}{(P_0 + \Delta P_0)K_\alpha K_L} = \frac{6.02}{(1.17+0.11) \times 0.96 \times 1.09} \approx 4.49$$ 取 $z = 5$ 根。 **7. 计算带传动的预紧力 F_0** 　　查表 8-54 得带的单位长度质量 $q = 0.1\text{kg/m}$，则	d_{d1}=112mm d_{d2}=355mm $v = 5.627\text{m/s}$ $a = 874.72\text{mm}$ 主动轮上的包角 $\alpha = 164.03°$ $z = 5$

设计过程	计算结果

$$F_0 = 500 \frac{P_{ca}}{vz} \left(\frac{2.5}{K_\alpha} - 1 \right) + qv^2 = 500 \times \frac{6.02}{5.627 \times 5} \left(\frac{2.5}{0.96} - 1 \right) + 0.1 \times 5.627^2$$

$$\approx 174.79 \text{N}$$

8．计算作用在带轮轴上的压轴力 F_p

$$F_p = 2zF_0 \sin \frac{\alpha_1}{2} = 2 \times 5 \times 174.79 \times \sin \frac{164.03°}{2} \text{N} \approx 1730.95 \text{N}$$

V 带的主要参数列于表 10-3 中。

预紧力
$F_0 = 174.79$N

压轴力
$F_p = 1730.95$N

表 10-3　带传动的主要参数

名称	结果	名称	结果	名称	结果
带型	A	传动比	$i_1 = 3.17$	根数	$z = 5$
带轮基准直径	$d_{d1} = 112$mm	基准长度	$L_d = 2500$mm	预紧力	$F_0 = 174.79$N
	$d_{d2} = 355$mm	中心距	$a = 874.72$mm	压轴力	$F_p = 1730.95$N

9．带轮设计

由表 8-56 得带轮的轮槽结构及尺寸 $e = (15 \pm 0.3)$mm；$f = 10_{-1}^{+2}$mm。

则带轮轮缘宽度：$B = (z-1)e + 2f = (5-1) \times 15 + 2 \times 10 = 80$(mm)。

大带轮的轮毂直径由后续高速轴设计来定，$d = d_{11} = 35$mm。

带轮的轮毂宽度 L：取 $L = B = 80$mm。

带轮结构图(略)。

五、高速级齿轮传动的设计

1．选定高速级齿轮的类型、精度等级、材料及齿数

(1)齿轮传动的类型：按传动方案选用斜齿圆柱齿轮传动。

(2)精度等级：由于输送机为一般工作机械，速度不高，故选用 8 级精度齿轮传动。

(3)齿轮材料：选择小齿轮材料为 45 钢，并进行调质处理，由表 8-13 得平均硬度为 235HBW；大齿轮材料为 45 钢，并进行正火处理，平均硬度为 190HBW。大、小齿轮的硬度差为 45HBW。

(4)选择小齿轮齿数：$z_1 = 31$，则大齿轮齿数 $z_2 = i_2 z_1 = 4.014 \times 31 = 124.4$，取 $z_2 = 125$。齿数比 $u = 125/31 \approx 4.032$。

(5)选择齿宽系数：按软齿面齿轮，非对称安装，查表 8-51，取齿宽系数 $\phi_d = 1.0$。

(6)初选螺旋角：$\beta = 13°$。

2．按齿面接触疲劳强度设计

$$d_1 \geqslant \sqrt[3]{\frac{2KT_1}{\phi_d} \cdot \frac{u \pm 1}{u} \left(\frac{Z_H Z_E Z_\varepsilon Z_\beta}{[\sigma_H]} \right)^2}$$

1)确定公式内各项参数值

(1)由图 8-3，选取区域系数 $Z_H = 2.433$。

$z_1 = 31$
$z_2 = 125$
齿数比
$u = 4.032$
$\phi_d = 1.0$

$Z_H = 2.433$

设计过程	计算结果

(2) 大、小齿轮均采用 45 钢锻造，分别进行正火处理和调质处理, 由表 8-53，查得材料系数 $Z_E = 189.8\sqrt{\text{MPa}}$。
 	
   (3) 重合度系数 Z_ε，由机械设计手册知 $Z_\varepsilon = 0.75 \sim 0.88$，齿数多时取小值。本例齿数中等，所以取 $Z_\varepsilon = 0.8$。
 	
   (4) 螺旋角系数 $Z_\beta = \sqrt{\cos\beta} = \sqrt{\cos 13°} \approx 0.987$。
 	
   (5) 小齿轮传递的扭矩为
$$T_1 = T_I = 163.982\text{N}\cdot\text{m} = 1.6398\times 10^5\text{N}\cdot\text{mm}。$$
   (6) 试选载荷系数 $K_t = 1.7$。
 	
   (7) 根据齿面硬度，根据图 8-7(a) 查得小齿轮的接触疲劳强度极限 $\sigma_{H\lim 1} = 560\text{MPa}$；由图 8-6(a) 查得大齿轮的接触疲劳强度极限 $\sigma_{H\lim 2} = 400\text{MPa}$。
 	
   (8) 计算应力循环次数。
   按 $N_1 = 60n_1 jL_h$，式中，j 为齿轮每转一圈时，同一齿面啮合的次数。在本题目中 $j=1$；L_h 为齿轮的工作寿命，单位为小时。本题目中 L_h=2 班制×8 小时×300 天×10 年，所以有
$$N_1 = 60n_1 jL_h = 60\times 300\times 1\times(2\times 8\times 300\times 10) = 8.64\times 10^8$$
$$N_2 = N_1/u = 8.64\times 10^8 / 4.032 = 2.143\times 10^8$$
   (9) 由图 8-4 查得接触疲劳寿命系数：$K_{HN1} = 0.91$，$K_{HN2} = 0.95$。
 	
   (10) 计算许用接触疲劳应力。
   取安全系数 S=1，失效概率为 1%。
$$[\sigma_{H1}] = \frac{K_{HN1}\sigma_{H\lim 1}}{S} = 0.91\times 560\text{MPa} = 509.6\text{MPa}$$
$$[\sigma_{H2}] = \frac{K_{HN2}\sigma_{H\lim 2}}{S} = 0.95\times 400 = 380\text{MPa}$$
$$[\sigma_H] = \frac{[\sigma_{H1}]+[\sigma_{H2}]}{2} = \frac{509.6+380}{2} = 444.8\text{MPa}$$
 	
2) 设计计算
   (1) 试算齿轮分度圆直径 d_{1t}，根据齿轮设计公式：
$$d_{1t} \geqslant \sqrt[3]{\frac{2\times 1.7\times 1.6398\times 10^5}{1.0}\cdot\frac{4.032+1}{4.032}\left(\frac{2.433\times 189.8\times 0.8\times 0.987}{444.8}\right)^2}$$
$$\approx 77.62\text{mm}$$
   (2) 计算圆周速度 v。
$$v = \frac{\pi d_{1t}n_1}{60\times 1000} = \frac{3.14\times 77.62\times 302.839}{60\times 1000} = 1.23\text{m}/\text{s}$$
   (3) 计算载荷系数。
   由表 8-52 查得使用系数 $K_A = 1$；根据 $v=1.23\text{m/s}$、8 级精度，
	$Z_E = 189.8\sqrt{\text{MPa}}$
	
	$Z_\varepsilon = 0.8$
	$Z_\beta = 0.987$
	$T_1 =$
	$1.6398\times 10^5\text{N}\cdot\text{mm}$
	$K_t = 1.7$
	
	$\sigma_{H\lim 1} = 560\text{MPa}$
	$\sigma_{H\lim 2} = 400\text{MPa}$
	
	应力循环次数
	$N_1 = 8.64\times 10^8$
	$N_2 = 2.163\times 10^8$
	
	$K_{HN1} = 0.91$
	$K_{HN2} = 0.95$
	
	$[\sigma_H] = 444.8\text{MPa}$
	
	$d_{1t} \geqslant 77.62\text{mm}$
	
	$v = 1.23\text{m/s}$

设计过程	计算结果
由图 8-1 查得动载荷系数 $K_v = 1.09$；根据 8.9.1 节得齿间载荷分配系数 $K_\alpha = 1.3$；由图 8-2 查得齿向载荷分配系数 $K_\beta = 1.3$；因此有 $$K = K_A K_v K_\alpha K_\beta = 1 \times 1.09 \times 1.3 \times 1.3 = 1.842$$	$K = 1.842$
(4)校正分度圆直径。 按实际的载荷系数校正所得的分度圆直径，得 $$d_1 = d_{1t} \sqrt[3]{K / K_t} = 77.62 \times \sqrt[3]{1.842 / 1.7} = 79.72\text{mm}$$	$d_1 = 79.72\text{mm}$
(5)计算齿轮模数 m_n。 $$m_n = \frac{d_1 \cos\beta}{z_1} = \frac{79.72 \times \cos 13°}{31} = 2.506\text{mm}$$ 取齿轮模数 $m_n = 2.5\text{mm}$。	$m_n = 2.5\text{mm}$
3. 计算齿轮传动的几何尺寸 **1)中心距 a** $$a = \frac{(z_1 + z_2)m_n}{2\cos\beta} = \frac{(31+125) \times 2.5}{2\cos 13°} \approx 200.129\text{mm}$$ 将中心距 a 圆整为 200mm。	$a = 200$
2)按圆整后的中心距修正螺旋角 $$\begin{aligned} \beta &= \arccos\frac{(z_1 + z_2)m_n}{2a} \\ &= \arccos\frac{(31+125) \times 2.5}{2 \times 200} \approx 12.839° \end{aligned}$$	螺旋角 $\beta = 12.839°$
3)计算大、小齿轮的分度圆直径 $$d_1 = \frac{z_1 m_n}{\cos\beta} = \frac{31 \times 2.5}{\cos 12.839°}\text{mm} \approx 79.487\text{mm}$$	$d_1 = 79.487\text{mm}$
$$d_2 = \frac{z_2 m_n}{\cos\beta} = \frac{125 \times 2.5}{\cos 12.839°}\text{mm} \approx 320.513\text{mm}$$	$d_2 = 320.513\text{mm}$
4)计算齿轮宽度 $$b = \phi_d d_1 = 1 \times 79.487\text{mm} = 79.487\text{mm}$$ 圆整后 $b = 80\text{mm}$。所以，大齿轮宽度 $b_2 = 80\text{mm}$，小齿轮宽度 $b_1 = 85\text{mm}$。	$b_1 = 85\text{mm}$ $b_2 = 80\text{mm}$
4. 校核齿根弯曲疲劳强度 根据齿轮强度设计公式得 $$\sigma_F = \frac{2KT_1}{bdm_n} Y_{Fa} Y_{Sa} Y_\varepsilon Y_\beta \leqslant [\sigma_F]$$	
1)确定上式中各项参数的值 (1)根据图 8-10(a)，按齿面硬度查得：小齿轮的弯曲疲劳强度极限 $\sigma_{Flim1} = 230\text{MPa}$；从图 8-9(a)，按齿面硬度查得：大齿轮	$\sigma_{Flim1} = 230\text{MPa}$ $\sigma_{Flim2} = 180\text{MPa}$

设计过程	计算结果
的弯曲疲劳强度极限 $\sigma_{Flim2} = 180MPa$。 (2) 由图 8-5，按应力循环次数 $$N_1 = 8.64 \times 10^8，\quad N_2 = 2.163 \times 10^8$$ 查得弯曲疲劳寿命系数 $K_{FN1} = 0.92$，$K_{FN2} = 0.93$。 (3) 计算许用弯曲疲劳应力。 取弯曲疲劳安全系数 $S = 1.4$，可得 $$[\sigma_{F1}] = \frac{K_{FN1}\sigma_{Flim1}}{S} = \frac{0.92 \times 230}{1.4}MPa = 151.1MPa$$ $$[\sigma_{F2}] = \frac{K_{FN2}\sigma_{Flim2}}{S} = \frac{0.93 \times 180}{1.4}MPa = 119.57MPa$$ (4) 计算当量齿数。 $$z_{v1} = \frac{z_1}{\cos^3\beta} = \frac{31}{\cos^3 12.839°} \approx 33.45$$ $$z_{v2} = \frac{z_2}{\cos^3\beta} = \frac{125}{\cos^3 12.839°} \approx 134.86$$ (5) 查取齿数系数及应力校正系数。 查表 8-50 得：$Y_{Fa1} = 2.471$，$Y_{Fa2} = 2.152$；$Y_{Sa1} = 1.643$，$Y_{Sa2} = 1.818$。 (6) 计算大小齿轮的 $\dfrac{Y_{Fa}Y_{Sa}}{[\sigma_F]}$，并加以比较： $$\frac{Y_{Fa1}Y_{Sa1}}{[\sigma_{F1}]} = \frac{2.471 \times 1.643}{151.1} = 0.02687$$ $$\frac{Y_{Fa2}Y_{Sa2}}{[\sigma_{F2}]} = \frac{2.152 \times 1.818}{119.57} = 0.03272$$ 所以，大齿轮的 $\dfrac{Y_{Fa}Y_{Sa}}{[\sigma_F]}$ 数值大。 (7) 选取螺旋角系数 $Y_\beta = 0.88$。 (8) 选取重合度系数 Y_ε，根据斜齿轮的重合度系数知 $Y_\varepsilon = 0.63 \sim$ 0.87，齿数多时取小值。 本例齿数中等，因此可取 $Y_\varepsilon = 0.8$。 **2) 校核计算** $$\sigma_{F2} = \frac{2 \times 1.842 \times 1.6398 \times 10^5}{80 \times 79.487 \times 2.5} \times 2.152 \times 1.818 \times 0.8 \times 0.88 = 104.66MPa \leqslant [\sigma_{F2}]$$ 所以，齿根弯曲疲劳强度满足要求。 **5．齿轮结构设计** 由于小齿轮 1 的直径较小，故采用齿轮轴结构。 大齿轮 2 采用孔板式结构，结构尺寸按表 5-10 的经验公式计算。大齿轮 2 的孔径根据后续设计的中间轴配合部分的直径确定，设计结果列于表 10-4。	$K_{FN1} = 0.92$ $K_{FN2} = 0.93$ $[\sigma_{F1}] = 151.1MP$ $[\sigma_{F2}] = 119.57M$ $z_{v1} = 33.45$ $z_{v2} = 134.86$ $Y_{Fa1} = 2.471$ $Y_{Fa2} = 2.152$ $Y_{Sa1} = 1.643$ $Y_{Sa2} = 1.818$ 大齿轮的数值大，应按大齿轮校核齿轮弯曲疲劳强度 $Y_\beta = 0.88$ $Y_\varepsilon = 0.8$ 齿根弯曲疲劳强度满足要求

设计过程	计算结果

大齿轮 2 的结构草图如图 10-3 所示。高速级齿轮传动的尺寸总结于表 10-5。

表 10-4　大齿轮的结构尺寸

名称	结构尺寸及经验计算公式	结果/ mm
毂孔直径 d_h	根据中间轴设计而定 $d_h = d_{24}$	60
轮毂直径 D_1	$D_1 = 1.6d_h$	96
轮毂宽度 l	$l = (1.2 \sim 1.5)d_h = 72 \sim 90$	80(取为与齿宽 b_2 相等)
腹板最大直径 D_2	$D_2 \approx d_a - (10 \sim 14)m_n$	274
板孔分布圆直径 D_0	$D_0 = 0.5(D_1 + D_2)$	185
板孔直径 d_0	$d_0 = 15 \sim 25mm$	25
腹板厚度 C	$C = (0.2 \sim 0.3)b$	20

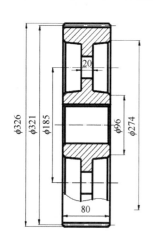 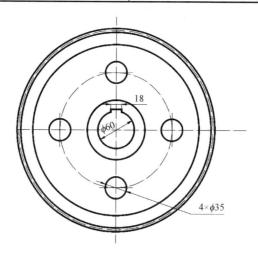

图 10-3　大齿轮的结构草图

表 10-5　高速级齿轮传动的尺寸

名称	代号及计算公式	结果/ mm
法面模数	m_n	2.5
法面压力角	α_n	20°
螺旋角	β	12.839°
齿数	z_1	31
	z_2	125
传动比	i_2	4.032
分度圆直径	d_1	79.487
	d_2	320.513

| | | 设计过程 | 计算结果 |

续表

名称	代号及计算公式	结果/ mm
齿顶圆直径	$d_{a1} = d_1 + 2h_a^* m_n$	84.487
	$d_{a2} = d_2 + 2h_a^* m_n$	325.513
齿根圆直径	$d_{f1} = d_1 - 2(h_a^* + c^*)m_n$	73.237
	$d_{f2} = d_2 - 2(h_a^* + c^*)m_n$	314.263
中心距	$a = \dfrac{(z_1 + z_2)m_n}{2\cos\beta}$	200
齿宽	$b_1 = b + 5$	85
	$b_2 = b$	80

注：h_a^* 和 c^* 分别为齿顶高系数和顶隙系数。GB/T 1356—2001 规定其标准值如下：

①正常齿制。当 $m \geqslant 1$mm 时，$h_a^* = 1$，$c^* = 0.25$；当 $m < 1$mm 时，$h_a^* = 1$，$c^* = 0.35$。

②非标准的短齿制。$h_a^* = 0.8$，$c^* = 0.3$。

六、低速级齿轮传动的设计

低速级齿轮传动的设计过程与高速级类似，这里省略。

低速级齿轮传动的尺寸列于表 10-6。

表 10-6 低速级齿轮传动的尺寸

名称	代号及计算公式	结果/ d
法面模数	m_n	4
法面压力角	α_n	20°
螺旋角	β	14.652°
齿数	z_3	29
	z_4	90
传动比	i_3	3.103
分度圆直径	d_3	119.899
	d_4	372.101
齿顶圆直径	$d_{a3} = d_3 + 2h_a^* m_n$	127.899
	$d_{a4} = d_4 + 2h_a^* m_n$	380.101
齿根圆直径	$d_{f3} = d_3 - 2(h_a^* + c^*)m_n$	109.899
	$d_{f4} = d_4 - 2(h_a^* + c^*)m_n$	362.101
中心距	$a = \dfrac{(z_3 + z_4)m_n}{2\cos\beta}$	246
齿宽	$b_3 = b + 5$	125
	$b_4 = b$	120

注：h_a^* 和 c^* 分别为齿顶高系数和顶隙系数。

七、轴的初步设计计算

根据轴上零件(齿轮、带轮、轴承、联轴器等)的结构尺寸、装配关系、定位、零件间的相对位置等要求，参照图 5-3、图 5-4、图 5-6、图 5-10 及表 5-2，设计出图 10-4 所示的减速器装配草图。

设计过程	计算结果

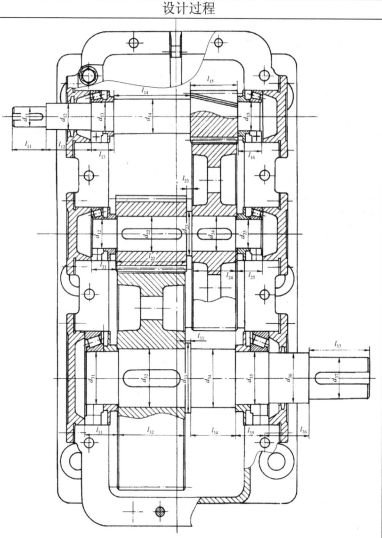

图 10-4　减速器装配草图

1. 轴的材料选择

根据轴的工作条件，初选轴材料为 45 钢，调质处理。

2. 轴的最小直径估算

按式(5-1)进行最小直径估算，即 $d \geqslant C\sqrt[3]{\dfrac{P}{n}}$ （mm）。

当该轴段上有一个键槽时，d 增大 5%～7%；当有两个键槽时，d 增大 10%～15%。C 值由表 5-4 确定为 $C = 120$。

1) 高速轴

$$d'_{1\min} = C\sqrt[3]{\frac{P_1}{n_1}} = 120 \times \sqrt[3]{\frac{5.2}{300}} \text{mm} = 31.06\text{mm}$$

因为在最小直径处开有一个键槽为了安装大带轮，所以

减速器中
零件的装
配关系

设计过程	计算结果
$d_{1\min} = d'_{1\min}(1 + 7\%) = 31.06 \times (1 + 7\%) = 33.23\text{mm}$ 圆整后取 $d_{1\min} = 35\text{mm}$ 。	$d_{1\min} = 35\text{mm}$

2) 中间轴

$d'_{2\min} = C\sqrt[3]{\dfrac{P_2}{n_2}} = 120 \times \sqrt[3]{\dfrac{4.943}{74.738}}\text{mm} = 48.53\text{mm}$ ，因在中间轴最

小直径处安装滚动轴承，取为标准值 $d_{2\min} = 50\text{mm}$ 。

3) 低速轴

$d'_{3\min} = C\sqrt[3]{\dfrac{P_3}{n_3}} = 120 \times \sqrt[3]{\dfrac{4.699}{24.203}}\text{mm} = 69.489\text{mm}$

因在低速轴直径处安装联轴器，参见第 8 章联轴器的选择，
取为联轴器孔径，$d_{3\min} = 70\text{mm}$ 。

3．高速轴的结构设计

高速轴系的结构尺寸如图 10-4 所示。

1) 各轴段直径的确定

d_{11}：轴的最小直径，是安装大带轮的外伸轴段直径，
$d_{11} = d_{1\min} = 35\text{mm}$ 。

d_{12}：密封处轴段直径，根据带轮轴向定位要求，定位高度
$h = (0.07 \sim 0.1)d_{11}$ ，以及密封圈的尺寸要求(拟采用毡圈密封)，
取 $d_{12} = 45\text{mm}$ 。

d_{13}：滚动轴承处轴段直径，$d_{13} = 50\text{mm}$ 。查表 8-29，初选
滚动轴承 30210，查表 8-29 得其尺寸为

$$d \times D \times T \times B = 50\text{mm} \times 90\text{mm} \times 21.75\text{mm} \times 20\text{mm}$$

d_{14}：过渡轴段的直径，由于齿轮传动的线速度均小于 2m/s，
滚动轴承采用脂润滑，考虑挡油盘的轴向定位，$d_{14} = 60\text{mm}$ 。

齿轮处轴段：由于小齿轮直径较小，故采用齿轮轴结构。

d_{15}：滚动轴承处轴段直径，同一个轴上安装的两个滚动轴
承是同一个型号，所以 $d_{15} = d_{13} = 50\text{mm}$ 。

2) 各轴段长度的确定

l_{11}：由大带轮的轮毂孔宽度 $B = 80\text{mm}$ 确定，$l_{11} = 78\text{mm}$ 。

l_{12}：由箱体结构、轴承端盖尺寸、装配要求等确定，
$l_{12} = 80\text{mm}$ 。

l_{13}：由滚动轴承、挡油环尺寸及装配要求等确定，
$l_{13} = 40\text{mm}$ 。

l_{14}：由两级齿轮装配要求、箱体结构等确定，$l_{14} = 135\text{mm}$ 。

l_{15}：由高速级小齿轮宽度 $b_1 = 85\text{mm}$ 确定，$l_{15} = 85\text{mm}$ 。

计算结果栏：

$d_{2\min} = 50\text{mm}$

$d_{3\min} = 70\text{mm}$

$d_{11} = 35\text{mm}$

$d_{12} = 45\text{mm}$

$d_{13} = 50\text{mm}$

$d_{14} = 60\text{mm}$

$d_{15} = 50\text{mm}$

$l_{11} = 78\text{mm}$

$l_{12} = 80\text{mm}$

$l_{13} = 40\text{mm}$

$l_{14} = 135\text{mm}$

$l_{15} = 85\text{mm}$

设计过程	计算结果

3) 细部结构设计

参见中间轴的结构设计。

4. 中间轴结构设计

中间轴系的初步结构如图 10-5 所示。

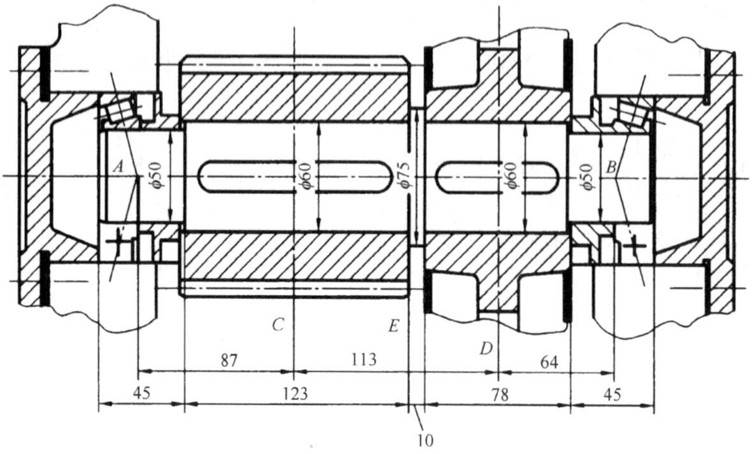

图 10-5 中间轴系结构

1) 各段轴径的确定

d_{21}：最小直径，是滚动轴承处轴段直径，$d_{21} = d_{2\min} = 50\text{mm}$。滚动轴承选取 30210，其尺寸为

$$d \times D \times T \times B = 50\text{mm} \times 90\text{mm} \times 21.75\text{mm} \times 20\text{mm}$$

d_{22}：低速级小齿轮轴段直径，根据低速级小齿轮尺寸确定，$d_{22} = 60\text{mm}$。

d_{23}：轴环直径，根据齿轮的轴向定位要求确定，$d_{23} = 75\text{mm}$。

d_{24}：高速级大齿轮轴段直径，根据低速级大齿轮尺寸确定，$d_{24} = 60\text{mm}$。

d_{25}：滚动轴承处轴段直径，同一个轴上安装的两个滚动轴承是同一个型号，所以，$d_{25} = d_{21} = 50\text{mm}$。

2) 各轴段长度的确定

l_{21}：由滚动轴承、挡油环尺寸及装配要求等确定，$l_{21} = 45\text{mm}$。

l_{22}：由低速级小齿轮的轮毂孔宽度 $B_3 = 125$ mm 确定，$l_{22} = 123\text{mm}$。

l_{23}：轴环宽度，$l_{23} = 10\text{mm}$。

l_{24}：由高速级大齿轮的轮毂孔宽度 $B_2 = 80\text{mm}$ 确定，$l_{24} = 78\text{mm}$。

计算结果栏：

$d_{21} = 50\text{mm}$

$d_{22} = 60\text{mm}$

$d_{23} = 75\text{mm}$

$d_{24} = 60\text{mm}$

$d_{25} = 50\text{mm}$

$l_{21} = 45\text{mm}$

$l_{22} = 123\text{mm}$

$l_{23} = 10\text{mm}$

$l_{24} = 78\text{mm}$

中间轴的轴系结构

设计过程	计算结果
l_{25}：由滚动轴承、挡油环尺寸及装配要求等确定，$l_{25}=45\text{mm}$。	$l_{25}=45\text{mm}$

3）细部结构设计

由表 8-27 查出，高速级大齿轮与轴之间安装键的尺寸为：$b\times h\times L=18\text{mm}\times11\text{mm}\times70\text{mm}(t=7\text{mm},r=0.3\text{mm})$；低速级小齿轮处键的尺寸为

$$b\times h\times L=18\text{mm}\times11\text{mm}\times110\text{mm}(t=7\text{mm},r=0.3\text{mm})$$

齿轮的轮毂与轴的配合采用 $\phi60\text{H7}/\text{n6}$；滚动轴承与轴采用过渡配合，轴的直径公差选为 $\phi50\text{m6}$；查表 8-4，各轴肩处的过渡圆角半径见图 10-6，查表 8-2 得倒角为 $C2$；参考表 6-2，各轴段的表面粗糙度见图 10-6。

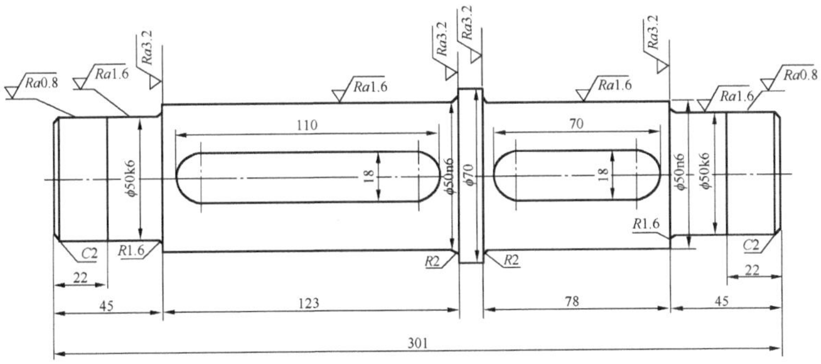

图 10-6　中间轴结构设计图

5. 低速轴的结构设计

低速轴的初步结构如图 10-4 所示。

1）各轴段直径的确定

d_{37}：最小直径，是安装联轴器的外伸轴段的直径，$d_{37}=d_{3\min}=70\text{mm}$。	$d_{37}=70\text{mm}$
d_{31}：滚动轴承处的直径，初选滚动轴承型号 30218，查表 8-29 得滚动轴承内孔为 90mm，所以，$d_{31}=90\text{mm}$。	$d_{31}=90\text{mm}$
d_{32}：低速级大齿轮轴段的直径，$d_{32}=100\text{mm}$。	$d_{32}=100\text{mm}$
d_{33}：轴环的直径，根据齿轮的轴向定位要求确定，$d_{33}=120\text{mm}$。	$d_{33}=120\text{mm}$
d_{34}：过渡轴段的直径，考虑到挡油环的轴向定位要求，取 $d_{34}=110\text{mm}$。	$d_{34}=110\text{mm}$
d_{35}：滚动轴承处轴段的直径，同一个轴上安装的两个滚动轴承是同一个型号，$d_{35}=d_{31}=90\text{mm}$。	$d_{35}=90\text{mm}$
d_{36}：密封处轴段的直径，根据联轴器轴向定位要求，以及密封圈的尺寸标准(采用毡圈密封)，查表 5-12 得 $d_{36}=85\text{mm}$。	$d_{36}=85\text{mm}$

设计过程	计算结果
2）各轴段长度的确定 　　l_{31}：由滚动轴承、挡油环尺寸及装配要求等确定，$l_{31}=57\text{mm}$。 　　l_{32}：由低速级大齿轮的毂孔宽 $b_4=120\text{mm}$ 确定，$l_{32}=118\text{mm}$。 　　l_{33}：轴环宽度，$l_{33}=10\text{mm}$。 　　l_{34}：由装配要求、箱体结构等确定，$l_{34}=80\text{mm}$。 　　l_{35}：由滚动轴承、挡油环尺寸及装配要求等确定，$l_{35}=55\text{mm}$。 　　l_{36}：由箱体结构、轴承端盖、装配要求等确定，$l_{36}=70\text{mm}$。 　　l_{37}：由联轴器毂孔的宽度 $B_1=107\text{mm}$ 确定，$l_{37}=105\text{mm}$。	$l_{31}=57\text{mm}$ $l_{32}=118\text{mm}$ $l_{33}=10\text{mm}$ $l_{34}=80\text{mm}$ $l_{35}=55\text{mm}$ $l_{36}=70\text{mm}$ $l_{37}=105\text{mm}$

3）轴的细部结构设计

具体可参见中间轴的细部结构设计内容。

八、轴的校核

以中间轴为例，对轴的强度进行校核。

1．轴的力学模型的建立

1）力的作用点和支承点位置的确定

齿轮啮合力的作用点位置应在齿轮宽度的中点。

中间轴上安装的是 30210 轴承，由表 8-29 可查出：载荷作用中心到轴承外端面的距离 $a=20\text{mm}$，故可计算出支承点位置和轴上各力作用点位置。两个支承点之间的总跨距 $L=264\text{mm}$；低速级小齿轮的力作用点 C 到左支点 A 距离 $L_1=87\text{mm}$；两齿轮的力作用点之间的距离 $L_2=113\text{mm}$；高速级大齿轮的力作用点 D 到右支点 B 距离 $L_3=64\text{mm}$。

2）作出轴的受力简图

初步选定高速级小齿轮为右旋，高速级大齿轮为左旋；根据中间轴所受轴向力应该尽可能小的要求，可以确定低速级小齿轮为左旋，低速级大齿轮为右旋。根据齿轮传动的转动方向，绘制的轴的受力简图如图 10-7(a) 所示。

2．计算齿轮对轴的作用力

齿轮 2：$F_{t2}=F_{t1}=\dfrac{2T_{\mathrm{I}}}{d_1}=\dfrac{2\times165.533\times10^3}{80}=4138.325\,\text{N}$

$F_{r2}=F_{r1}=F_{t1}\dfrac{\tan\alpha_{\mathrm{n}}}{\cos\beta}=4138.25\times\dfrac{\tan20°}{\cos12.839°}=1544.850\,\text{N}$

$F_{a2}=F_{a1}=F_{t1}\tan\beta=4138.325\times\tan12.839°=943.167\,\text{N}$

（右侧计算结果栏）

$F_{t2}=4138.325\,\text{N}$

$F_{r2}=1544.850\,\text{N}$

$F_{a2}=943.167\,\text{N}$

设计过程	计算结果

齿轮 3：$F_{t3} = \dfrac{2T_{II}}{d_3} = \dfrac{2 \times 631.615 \times 10^3}{120} = 10526.917 \, \text{N}$ ┃ $F_{t3} = 10526.917 \, \text{N}$

$F_{r3} = F_{t3} \dfrac{\tan \alpha_n}{\cos \beta} = 10526.917 \times \dfrac{\tan 20°}{\cos 12.839°} = 3929.734 \, \text{N}$ ┃ $F_{r3} = 3929.734 \, \text{N}$

$F_{a3} = F_{t3} \tan \beta = 10526.917 \times \tan 12.839° = 2399.193 \, \text{N}$ ┃ $F_{a3} = 2399.193 \, \text{N}$

3. 计算轴承对轴的支反力

1) 垂直面内的支反力

在 xOy 平面内，根据图 10-7(b)，由绕支点 B 的力矩平衡 $\sum M_{BV} = 0$，得

$$F_{RAV}(L_1 + L_2 + L_3) + F_{r2}L_3 + F_{a2}\frac{d_2}{2} + F_{a3}\frac{d_3}{2} - F_{r3}(L_2 + L_3) = 0$$

$$F_{RAV}(87 + 113 + 64) + [1544.850 \times 64 + 943.167 \times \frac{321}{2} +$$

$$2399.193 \times \frac{120}{2} - 3929.734 \times (113 + 64)] = 0$$

解得 $F_{RAV} = 1141.525 \, \text{N}$，方向向下。 ┃ $F_{RAV} = 1141.525 \text{N}$

由 y 轴方向的合力 $\sum F_V = 0$，可以求出 F_{RBV}。

$$F_{RBV} + F_{RAV} + F_{r2} - F_{r3} = 0$$

$$F_{RBV} + 1141.525 + 1544.850 - 3929.734 = 0$$ ┃ $F_{RBV} = 1243.359 \, \text{N}$

解得 $F_{RBV} = 1243.359 \text{N}$，方向向下。

2) 水平面的支反力

在 xOz 平面内，参看图 10-7(d)，由绕支点 B 的力矩平衡，$\sum M_{BH} = 0$，得

$$F_{RAH}(L_1 + L_2 + L_3) - F_{t2}L_3 - F_{t3}(L_2 + L_3) = 0$$

$$F_{RAH} \times (87 + 113 + 64) - 4138.325 \times 64 - 10526.917 \times (113 + 64) = 0$$

解得 $F_{RAH} = 8061.050 \text{N}$，方向向前。 ┃ $F_{RAH} = 8061.050 \text{N}$

由 z 轴方向上的合力 $\sum F_H = 0$，可以求出 F_{RBH}。

$$F_{t2} + F_{t3} + F_{RAH} - F_{RBH} = 0$$

$$4138.325 + 10526.917 - 8061.050 - F_{RBH} = 0$$

解得 $F_{RBH} = 6604.192 \text{N}$，方向向前。 ┃ $F_{RBH} = 6604.192 \text{N}$

3) 计算支承点的总支反力

A 点的总支反力为

$$F_{RA} = \sqrt{F_{RAV}^2 + F_{RAH}^2} = \sqrt{1141.525^2 + 8061.050^2}\,\text{N} = 8141.474\text{N}$$ ┃ $F_{RA} = 8141.474\text{N}$

B 点的总支反力为

$$F_{RB} = \sqrt{F_{RBV}^2 + F_{RBH}^2} = \sqrt{1243.359^2 + 6604.192^2}\,\text{N} = 6720.215\text{N}$$ ┃ $F_{RB} = 6720.215\text{N}$

设计过程	计算结果

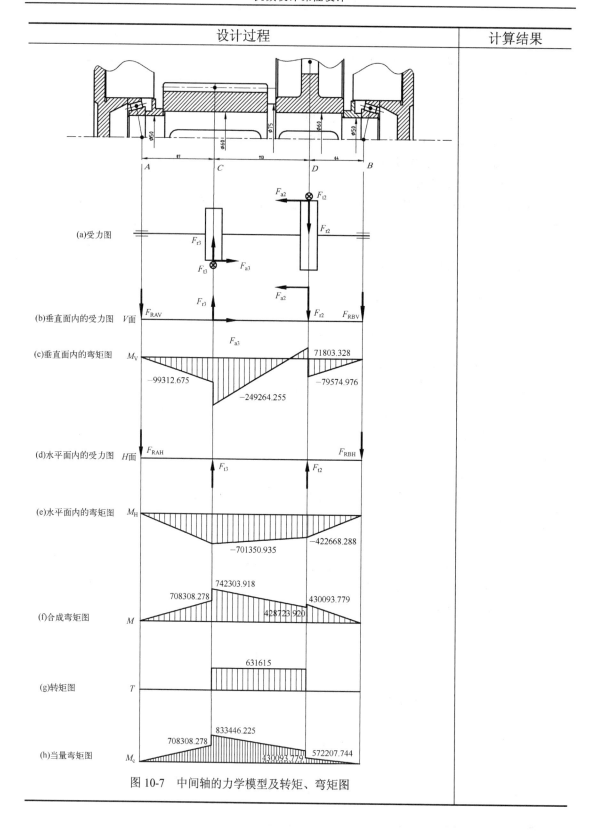

图 10-7　中间轴的力学模型及转矩、弯矩图

设计过程	计算结果

4．绘制轴的弯矩图和转矩图

1）垂直面内的弯矩图

参看图 10-7（c），在 xOy 平面内，轴在 C 点截面处的弯矩：

$M_{CV左} = -F_{RAV} \times L_1 = -1141.525 \times 87 \text{N} \cdot \text{mm} = -99312.675 \text{N} \cdot \text{mm}$

$$M_{CV右} = -F_{RAV} \times L_1 - F_{a3} \times \frac{d_3}{2}$$
$$= -1141.525 \times 87 - 2399.193 \times \frac{120}{2}$$
$$= -243264.255 \text{N} \cdot \text{mm}$$

轴在 D 点截面处的弯矩：

$$M_{DV左} = -F_{RBV} \times L_3 - F_{a2} \times \frac{d_2}{2}$$
$$= -1243.359 \times 64 + 943.167 \times \frac{321}{2}$$
$$= 71803.328 \text{N} \cdot \text{mm}$$

$M_{DV右} = -F_{RBV} \times L_3 = -1243.359 \times 64 = -79574.976 \text{N} \cdot \text{mm}$

2）水平面内的弯矩图

参看图 10-7（e），在 xOz 平面内，轴在 C 点截面处的弯矩：

C 截面处弯矩：$M_{CH} = -F_{RAH} L_1 = -8061.050 \times 87 = -701311.35 \text{mm}$

D 截面处弯矩：

$$M_{DH} = -F_{RBH} L_3 = -6604.192 \times 64 = -422668.288 \text{N} \cdot \text{mm}$$

3）合成弯矩图

参看图 10-7（f），轴在 C 截面处的合成弯矩：

$$M_{C左} = \sqrt{M_{CV左}^2 + M_{CH}^2}$$
$$= \sqrt{99312.675^2 + 701311.35^2}$$
$$= 708308.278 (\text{N} \cdot \text{mm})$$

$$M_{C右} = \sqrt{M_{CV右}^2 + M_{CH}^2}$$
$$= \sqrt{2432674.255^2 + 701311.35^2}$$
$$= 742303.918 (\text{N} \cdot \text{mm})$$

在 D 截面处的合成弯矩：

$$M_{D左} = \sqrt{M_{DV左}^2 + M_{DH}^2}$$
$$= \sqrt{71803.328^2 + 422668.288^2}$$
$$= 428723.920 \text{N} \cdot \text{mm}$$

计算结果栏：

$M_{C左} = 708308.278 \text{N} \cdot \text{mm}$

$M_{C右} = 742303.918 \text{N} \cdot \text{mm}$

$M_{D左} = 428723.920 \text{N} \cdot \text{mm}$

设计过程	计算结果
$$M_{D右} = \sqrt{M_{DV右}^2 + M_{DH}^2}$$ $$= \sqrt{79574.976^2 + 422668.288^2}$$ $$= 430093.779\text{N}\cdot\text{mm}$$ **4) 轴的转矩图** 参看图 10-7(g)，轴受到的转矩为 $$T_2 = T_{\text{II}} = 631615\text{N}\cdot\text{mm}$$ **5) 轴的当量弯矩图** 参看图 10-7(h)，轴在 C 截面处的当量弯矩： $$M_{C左}' = M_{C左} = 708308.278\text{N}\cdot\text{mm}$$ $M_{C右}' = \sqrt{M_{C右}^2 + (\alpha T_2)^2}$，因为中间是单向旋转轴，扭转切应力可视为脉动循环变应力，取折算系数 $\alpha = 0.6$。所以 $$M_{C右}' = \sqrt{M_{C右}^2 + (\alpha T_2)^2}$$ $$= \sqrt{742303.918^2 + (0.6\times631615)^2}$$ $$= 833446.225\text{N}\cdot\text{mm}$$ 轴在 D 截面处的当量弯矩： $$M_{D左}' = \sqrt{M_{D左}^2 + (\alpha T_2)^2}$$ $$= \sqrt{428723.920^2 + (0.6\times631615)^2}$$ $$= 572207.744\text{N}\cdot\text{mm}$$ $$M_{D右}' = M_{D右} = 430093.779\text{N}\cdot\text{mm}$$	$M_{D右} =$ $430093.7791\text{N}\cdot\text{mm}$ $M_{C左}' =$ $708308.278\text{N}\cdot\text{mm}$ $M_{C右}' =$ $833446.225\text{N}\cdot\text{mm}$ $M_{D左}' =$ $572207.744\text{N}\cdot\text{mm}$ $M_{D右}' =$ $430093.779\text{N}\cdot\text{mm}$

5. 按照弯扭合成强度校核

通过上述分析，中间轴的承受最大当量弯矩在截面 C 处（即危险截面），所以只校核截面 C 处的强度。

$$\sigma_{\text{ca}} = \frac{M_{C右}'}{W} \approx \frac{M_{C右}'}{0.1d^3} = \frac{833446.225}{0.1\times60^3} = 38.585\text{MPa}$$

中间轴的材料 45 钢，经过调质处理，根据机械设计手册，45 钢的许用疲劳应力 $[\sigma_{-1}] = 60\text{MPa}$。因为 $\sigma_{\text{ca}} < [\sigma_{-1}]$，所以中间轴的强度是足够的。

$\sigma_{\text{ca}} = 38.585\text{MPa}$
中间轴强度足够

九、键的选择与强度校核

这里仅以中间轴上的键为例，来进行键的选择与强度校核。

根据中间轴与高速级大齿轮装配处的轴径是 $\phi60$，由表 8-27 选定高速级大齿轮处键 1 为

$$b\times h\times L = 18\text{mm}\times11\text{mm}\times70\text{mm} \qquad (t = 7\text{mm}, \quad r = 0.3\text{mm})$$

该键标记为

键 $18\times11\times70$　GB/T 1096—2003

根据中间轴与低速级小齿轮装配处的轴径是 $\phi60$，由表 8-27 选定低速级小齿轮处键 2 为

$$b\times h\times L = 18\text{mm}\times11\text{mm}\times110\text{mm} \qquad (t = 7\text{mm}, r = 0.3\text{mm})$$

键 $18\times11\times70$

设计过程	计算结果
该键标记为 　　　　　　键18×11×110　GB/T 1096—2003 由于同一根轴传递相同的扭矩，所以只需校核较短的键 1 即可。 键 1 的工作长度：$l = L - b = 70 - 18 = 52\text{(mm)}$； 键 1 的接触高度：$k = 0.5h = 0.5 \times 11 = 5.5\text{(mm)}$； 键 1 传递的扭矩：$T = T_{\text{II}} = 631.615\text{N} \cdot \text{m}$。 　　根据键 1、齿轮轮毂、轴的材料均为 45 钢，根据机械设计手册，该键静连接时的许用挤压应力$[\sigma_\text{p}] = 125\text{MPa}$。 $$\sigma_\text{p} = \frac{2T \times 10^3}{kld} = \frac{2 \times 631.615 \times 10^3}{5.5 \times 52 \times 60} = 73.615\text{MPa} < [\sigma_\text{p}]$$ 所以，键 1 的连接强度是足够的。	键18×11×110 键 1 的连接强度 足够

十、滚动轴承的选择与校核

这里仅以中间轴上的滚动轴承为例，来进行滚动轴承的选择与寿命计算。

1. 滚动轴承的选择

根据中间轴承受载荷及速度情况，拟定选用圆锥滚子轴承。由中间轴的结构设计，得出圆锥滚子轴承的内孔 $d_{22} = d_{25} = 50\text{mm}$，初步选取圆锥滚子轴承的型号为 30210。其基本参数查表 8-29，可得 $C_\text{r} = 73.2\text{kN}$，$C_{0\text{r}} = 92.0\text{kN}$，$e = 0.42$，$Y = 1.4$，$Y_0 = 0.8$。

轴承的型号：
30210

2. 滚动轴承的校核

轴承的受力如图 10-8 所示。

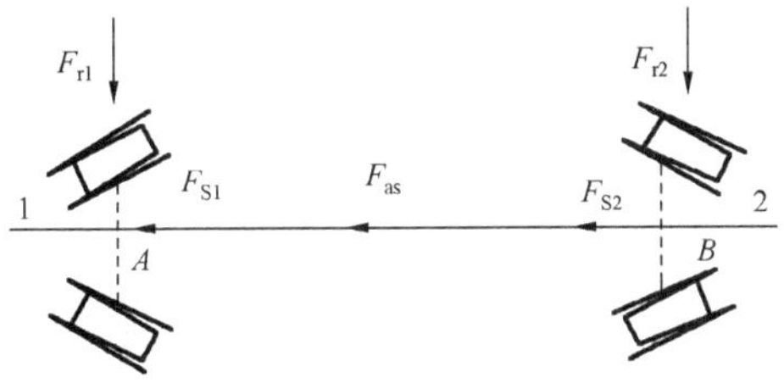

图 10-8　轴承的受力图

1）径向载荷 F_r

根据轴的受力分析，可知：A 点总支反力 $F_{\text{r1}} = F_{RA} = 8141.474\text{N}$，$B$ 点支反力 $F_{\text{r2}} = F_{RB} = 6720.215\text{N}$。

$F_{\text{r1}} = 8141.474\text{N}$
$F_{\text{r2}} = 6720.215\text{N}$

2）轴向载荷 F_a

外部轴向力 $F_{\text{ae}} = F_{\text{a3}} - F_{\text{a2}} = 2399.193 - 943.167 = 1456.026\text{N}$，从最不利的受力情况考虑，$F_{\text{ae}}$ 指向 A 处的轴承 1（方向向左）。

$F_{\text{ae}} = 1456.026\text{N}$

轴承派生轴向力 F_S，由圆锥滚子轴承的计算公式 $F_\text{S} = F_\text{r} / (2Y)$ 求出：

$F_{\text{S1}} = F_{\text{r1}} / (2Y) = 8141.474 / (2 \times 1.4)\text{N} = 2907.669\text{N}$（方向向右）；

$F_{\text{S2}} = F_{\text{r2}} / (2Y) = 6720.215 / (2 \times 1.4)\text{N} = 2400.077\text{N}$（方向向左）。

设计过程	计算结果
因　为　$F_{ae} + F_{S2} = (1456.026 + 2400.077)\text{N} = 3856.103\text{N} > 2907.669\text{N}$ $= F_{S1}$，所以，A 处轴承 1 被压紧，B 处轴承 2 被放松。故可得 $$F_{a1} = F_{ae} + F_{S2} = 3856.103\text{N}$$ $$F_{a2} = F_{S2} = 2400.077\text{N}$$	$F_{a1} = 3856.103\text{N}$ $F_{a2} = 2400.077\text{N}$

3) 当量动载荷 P

对于轴承 1：因　$F_{a1} / F_{r1} = 3856.103 / 8141.474 = 0.441 > 0.42 = e$，由表 8-29 可知：

$$
\begin{aligned}
P_1 &= 0.4F_{r1} + YF_{a1} \\
&= 0.4 \times 8141.474 + 1.4 \times 3856.103 \\
&= 8655.1338(\text{N})
\end{aligned}
$$

对于轴承 2：因　$F_{a2} / F_{r2} = 2400.077 / 6720.215 = 0.357 < 0.42 = e$，由表 8-29 可知：

$$
\begin{aligned}
P_2 &= 1 \times F_{r2} + 0 \times F_{a2} \\
&= 1 \times 6720.215 + 0 \times 2400.077 \\
&= 6720.215(\text{N})
\end{aligned}
$$

	$P_1 = 8655.1338\text{N}$
	$P_2 = 6720.215\text{N}$

4) 验算轴承寿命

因 $P_1 > P_2$，故只需验算轴承 1。设轴承预期寿命与整机寿命相同，轴承预期寿命为 $L_h' = 10$ 年 $\times 300$ 天 $\times 16$ 小时 $= 48000$ 小时轴承的寿命计算公式为

$$L_h = \frac{10^6}{60n_2}\left(\frac{f_t C_r}{f_P P_1}\right)^{\varepsilon}$$

式中，温度系数 $f_t = 1$（轴承工作温度小于 120℃）；根据滚动轴承的工况（无冲击或轻微冲击），取载荷系数 $f_P = 1.1$；寿命指数 ε，对于圆锥滚子轴承，取 $\varepsilon = 10/3$。因此有

$$
\begin{aligned}
L_h &= \frac{10^6}{60n_{\text{II}}}\left(\frac{f_t C_r}{f_P P_1}\right)^{\varepsilon} \\
&= \frac{10^6}{60 \times 74.738} \times \left(\frac{1 \times 73.2 \times 10^3}{1.1 \times 8655.134}\right)^{\frac{10}{3}} = 200042.66\text{h} > 48000\text{h}
\end{aligned}
$$

所以，轴承具有足够寿命。

轴承具有足够寿命

十一、联轴器的选择

根据带式运输机的工作要求，为了缓和冲击，减速器的输出轴应选用弹性柱销联轴器。考虑到带式运输机工作过程中转矩变化不大，取联轴器的工作情况系数 $K = 1.3$，可得联轴器的计算转矩 T_{ca} 为

$$T_{ca} = KT_{\text{IV}} = 1.3 \times 1798.887 = 2338.553(\text{N})$$

按照计算转矩 T_{ca} 应小于联轴器的公称转矩，查表 8-19 所示的弹性

设计过程	计算结果
柱销联轴器（GB/T 5014—2017），确定选用 LX6 型弹性柱销联轴器，其公称转矩为 3150N·m，孔径 $d_1 = 70\text{mm}$，$L = 142\text{mm}$，$L_1 = 107\text{mm}$，许用转速为 2100r/min，故适用。	LX6 型联轴器
该联轴器标记为：LX6 型联轴器 $\dfrac{\text{JB}70\times107}{\text{JB}70\times107}$ GB/T 5014—2017。	$\dfrac{\text{JB}70\times107}{\text{JB}70\times107}$

十二、箱体及其附件设计

减速器箱体的结构尺寸可根据图 4-5 和表 4-1 确定。

减速器主要附件(窥视孔盖、通气器、油标、放油螺塞、定位销、启盖螺钉、吊运装置)的结构尺寸可参照表 5-19～表 5-25 确定。

具体设计过程略。

十三、润滑、密封的设计

1. 齿轮和轴承润滑

仅以高速轴为例来进行说明。

1) 齿轮

根据 $v = 2\pi \times \dfrac{n_1}{60} \times \dfrac{m_n z_1}{2} = 2\pi \times \dfrac{300}{60} \times \dfrac{2.5 \times 31}{2} = 1217(\text{mm/s}) = 1.217(\text{m/s})$

$< 12\text{m/s}$，可采用浸油润滑，选 50 号机械润滑油。按每传递 1kW 的功率需油量 0.35～0.7L 来计算，所需润滑油量为

$$0.5 \times 5.474 = 2.74(\text{L})$$

2) 轴承

滚动轴承的速度因素：$dn = 50 \times 300 = 15000 < 2 \times 10^5 \,(\text{mm·r/min})$，所以滚动轴承可采用脂润滑或油润滑。

2. 密封的设计

密封的结构和尺寸设计，可参照表 5-11～表 5-15 来确定并进行设计。具体设计过程略。

十四、设计小结

(1)课程设计的体会；

(2)设计的减速器的优缺点及改进建议。

具体内容略。

十五、参考文献

[1]周海.机械设计课程设计[M]. 北京：科学出版社, 2023.

[2]王旭. 机械设计课程设计[M]. 北京：机械工业出版社, 2019.

[3]冯立艳. 机械设计课程设计[M]. 北京：机械工业出版社, 2019.

[4]王军.机械设计课程设计[M]. 北京：机械工业出版社, 2018.

[5]王大康. 机械设计课程设计[M]. 北京：机械工业出版社, 2021.

[6]朱龙英.机械设计[M]. 北京：高等教育出版社, 2023.

[7]濮良贵.机械设计[M]. 北京：高等教育出版社, 2013.

[8]陈铁鸣. 新编机械设计课程设计图册[M]. 北京：高等教育出版社, 2020.

第11章 参考图例

11.1 减速器装配图

1．一级圆柱齿轮减速器装配图（图 11-1）

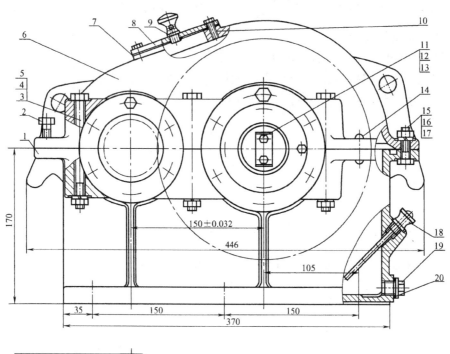

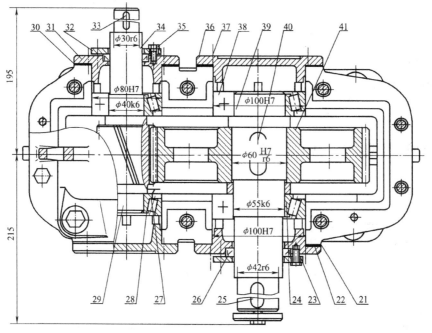

图 11-1

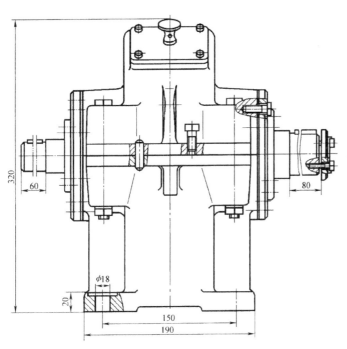

一级圆柱
齿轮减速
器装配

序号	代号	名称	数量	材料	单件 重量	总计 重量	备注
18	JSQ 01—06	油标	1	Q235A			
17	GB 93—1987	垫圈10	2	65Mn			
16	GB/T 6170—2015	螺母	2	5			M10
15	GB/T 5782—2016	螺栓	2	5.6			M10×35
14	GB/T 117—2000	销	2	35			A8×30
13	GB 93—1987	垫圈6	1	65Mn			
12	GB/T 892—1986	轴端挡圈	1	Q235A			
11	GB/T 5782—2016	螺栓	2	5.6			M6×25
10	GB/T 5782—2016	螺栓	4	5.6			M6×20
9	JSQ 01—05	通气器	1	Q235A			
8	JSQ 01—04	试孔盖	1	Q215A			
7	JSQ 01—03	垫片	1	石棉橡胶纸			
6	JSQ 01—02	箱盖	1	HT200			
5	GB 93—1987	垫圈12	6	65Mn			
4	GB/T 6170—2015	螺母	6	5			M12
3	GB/T 5782—2016	螺栓	6	5.6			M12×100
2	GB/T 5782—2016	启盖螺钉	1	5.6			M10×30
1	JSQ 01—01	箱座	1	HT200			

技 术 特 性

输入功率 /kW	高速轴转速 /(r/min)	传动比
4.5	480	4.16

技 术 要 求

1.装配前,全部零件用煤油清洗,箱体内不允许有杂物存在。在内壁涂两次不被机油侵蚀的涂料。

2.用涂色法检验斑点。齿高接触斑点不小于40%;齿长接触斑点不小于70%。必要时可以研磨啮合齿面,以便改善接触情况。

3.调整轴承时所留轴向间隙如下:$\phi 40$ 为0.05~0.1mm;$\phi 55$ 为0.08~0.15mm。

4.装配时,剖分面不允许使用任何填料,可涂以密封胶或水玻璃。试运转时,应检查剖分面,各接触面及密封处,均不准漏油。

5.箱体内注入L-AN68号润滑油至规定高度。

6.箱体外表面涂深灰色油漆。

							╳╳学校	
							一级减速器	
标记	处数	分区	更改文件号	签名	年月日			
设计			标准化			阶段标记	重量	比例
制图								1:1
审核								JSQ01.0
工艺			批准			共 张第 张		

一级圆柱齿轮减速器的装配图

2. 一级蜗杆减速器装配图(图 11-2)

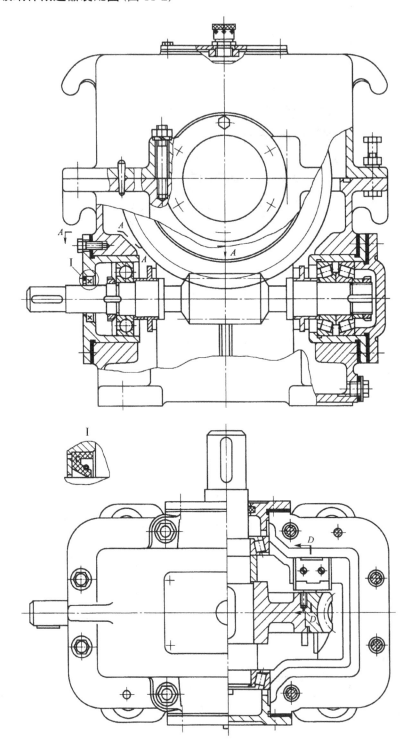

图 11-2

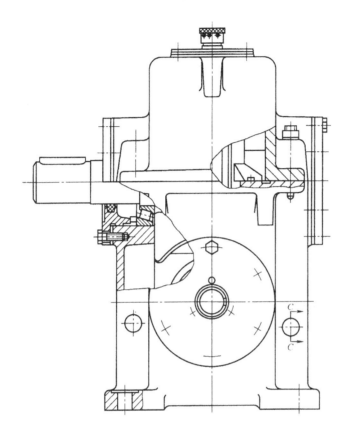

一级蜗杆
减速器
装配

A—A

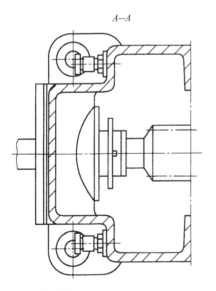

$\dfrac{C—C}{a:1}$

$\dfrac{D—D}{a:1}$

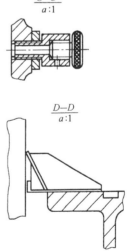

一级蜗杆减速器的装配图

3. 二级展开式圆柱齿轮减速器装配图（图 11-3）

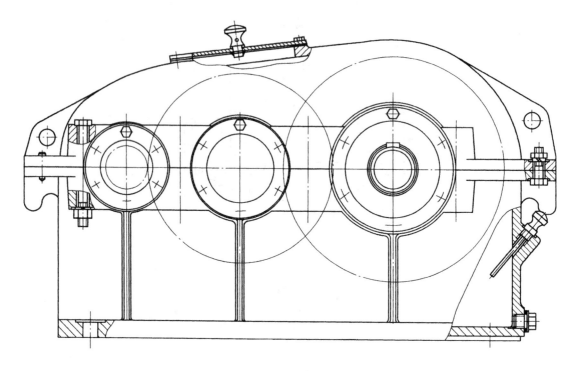

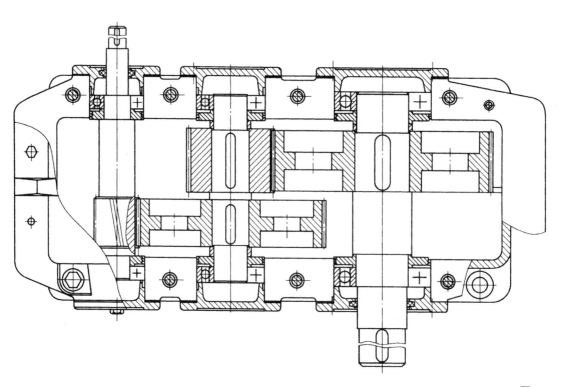

图 11-3

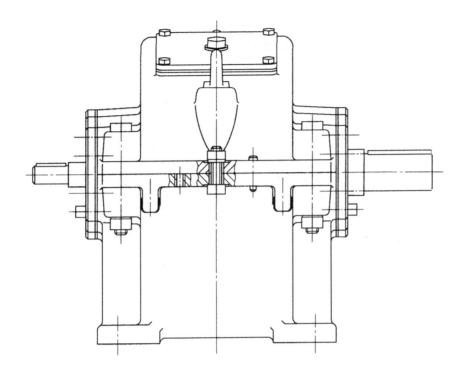

二级展开式圆柱齿轮减速器装配

二级展开式圆柱齿轮减速器的装配图

4. 二级同轴式圆柱齿轮减速器装配图(图 11-4)

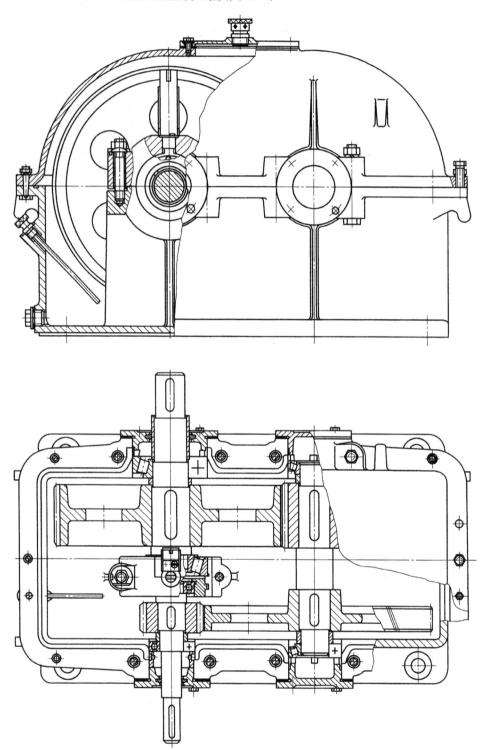

图 11-4

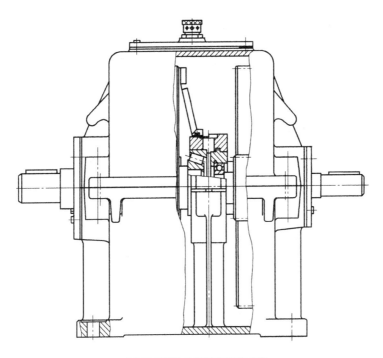

中间轴承部件的结构及润滑方法

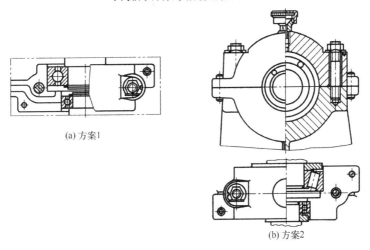

(a) 方案1

(b) 方案2

注:

1. 本图是同轴式结构,这种结构的中间支承润滑比较困难,若采用稀油润滑必须设法将本机体内的润滑油引到中间轴承处。图中提供一些中间轴承部件结构及润滑方法。

2. 图(a)所示的方案中,轴的另一支点为双向固定。

二级同轴式圆柱齿轮减速器装配

二级同轴式圆柱齿轮减速器的装配图

圆柱齿轮

11.2　减速器零件图

1. 圆柱齿轮
圆柱齿轮的工作图如图 11-5 所示。

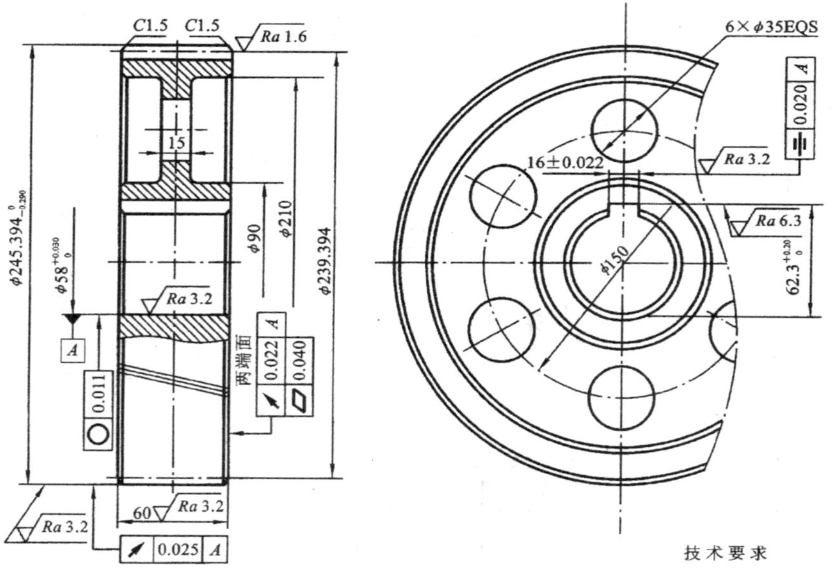

	代号	数值
法向模数	m_n	3
齿数	z	79
齿形角	α	20°
齿顶高系数	h_a^*	1
顶隙系数	c^*	0.25
螺旋角	β	8° 6′ 34″
螺旋线方向		右旋
法向变位系数	x_n	0
精度等级		7
全齿高	h	6.75
中心距及其极限偏差	$a \pm f_a$	150±0.032
配对齿轮	图号	
	齿数	20
检验项目	代号	数值
单个齿距偏差的极限偏差	$\pm f_{pt}$	0.019
齿距累积总偏差的公差	F_p	0.077
齿廓总偏差的公差	F_α	0.027
螺旋线总偏差的公差	F_β	0.021
径向跳动公差	F_r	0.062
公法线平均长度及其偏差	W_k	$87.476^{-0.064}_{-0.148}$
跨测齿数	k	10

$\sqrt{Ra\ 12.5}\ (\sqrt{\ })$

技术要求
1. 其余倒角为C2。
2. 未注圆角半径为R3。
3. 调质处理220~250 HBS。

图 11-5　圆柱齿轮的工作图

2. 圆锥齿轮

圆锥齿轮的工作图如图 11-6 所示。

项目	代号	数值
大端面模数	m	5
齿数	z	38
大端压力角	α	20°
分度圆直径	d	190
螺旋角	β	0°
切向变位系数	x_1	0
径向变位系数	x	0
大端全齿高	h	11
精度等级		8
配对齿轮	图号	
	齿数	20

公差组	检验项目	项目代号	公差值
I	齿距累积公差	F_p	0.090
II	齿距极限偏差	$\pm f_{pt}$	±0.020
III	接触斑点		沿齿长接触率 >60% 沿齿高接触率 >65%
	大端分度圆弦齿厚	$\bar{s}$	$7.853^{-0.122}_{-0.252}$
	大端分度圆弦齿高	$\bar{h}_a$	5.038

技术要求
1. 正火处理 220~250HBW。
2. 未注圆角 R3。
3. 未注倒角 C2，未注表面粗糙度 Ra 值为 25μm。

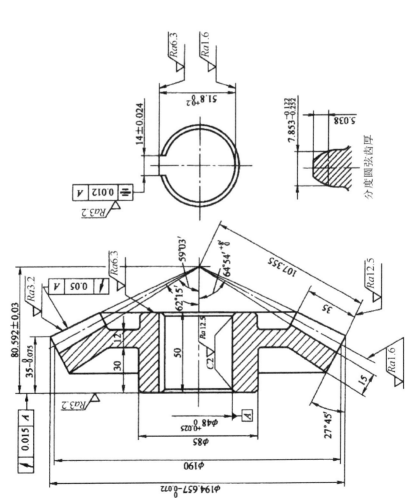

图 11-6 圆锥齿轮的工作图

蜗杆轴

3. 蜗杆轴

蜗杆轴的工作图如图 11-7 所示。

轴向模数	m	4		全齿高	h	8.8
头数	z	4		蜗轮图号		
轴向齿形角	α	20°		蜗杆类型		ZA
齿顶高系数	h_a^*	1		中心距及其偏差	a	125 ± 0.050
顶隙系数	c_n^*	0.2		蜗杆齿距极限偏差	f_{px}	± 0.014
导程角	γ	21°48′05″		蜗杆齿距累积公差	f_{pxt}	0.024
螺旋方向		右旋		蜗杆齿形公差	f_{fl}	0.022
精度等级		7		蜗杆齿槽径向跳动公差	f_r	0.017
分度圆直径	d	40				

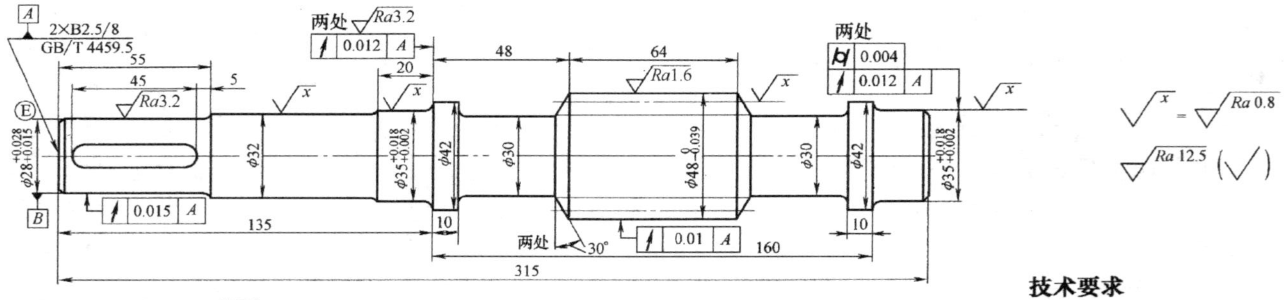

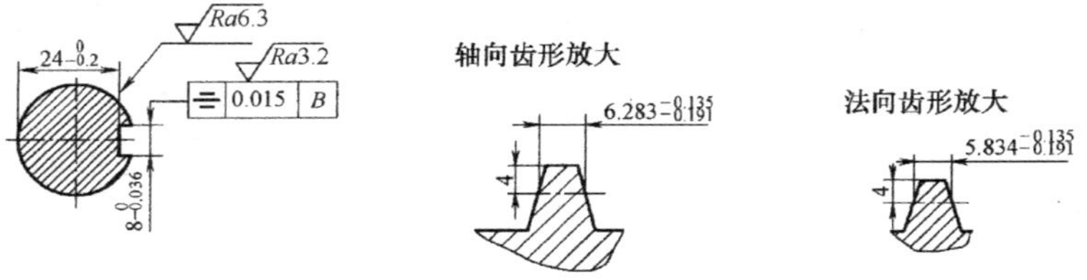

$\sqrt{x} = \sqrt{Ra\,0.8}$

$\sqrt{} \quad (\sqrt{Ra\,12.5})$

技术要求

1. 调质处理220～250HBW。
2. 未注圆角R1。
3. 未注倒角C2。
4. 未注公差尺寸的公差等级为GB/T 1804—m。

法向齿形放大

轴向齿形放大

图 11-7　蜗杆轴的工作图

中间平面模数	m		4
齿数	z		52
蜗杆轴向齿形角	α		20°
齿顶高系数	h_{an}^*		1
顶隙系数	c_n^*		0.2
螺旋角	β		21°48'05"
旋向			右旋
变位系数	x_2		0.25
精度等级			7
分度圆直径	d		208
全齿高	h		8.8
蜗杆图号			
蜗杆类型			ZA
蜗轮齿距累积公差	F_p		0.09
蜗轮齿距极限偏差	f_{pt}		0.020
蜗轮齿形公差	f_{f2}		0.016
轴交角极限偏差	f_Σ		± 0.012

技术要求

1. 轮缘与轮心装配后，钻螺栓孔，拧上螺栓后精车和切齿。
2. 未注公差尺寸的公差等级按GB/T 1804—m。

序号	名 称	数量	材料	
3	螺栓 M6 × 25	6		GB/T 5782—2016
2	轮缘	1	ZCuSn10Pb1	
1	轮心	1	HT200	
序号	名 称	数量	材料	标准

4. 蜗轮

蜗轮部件装配图如图 11-8 所示。

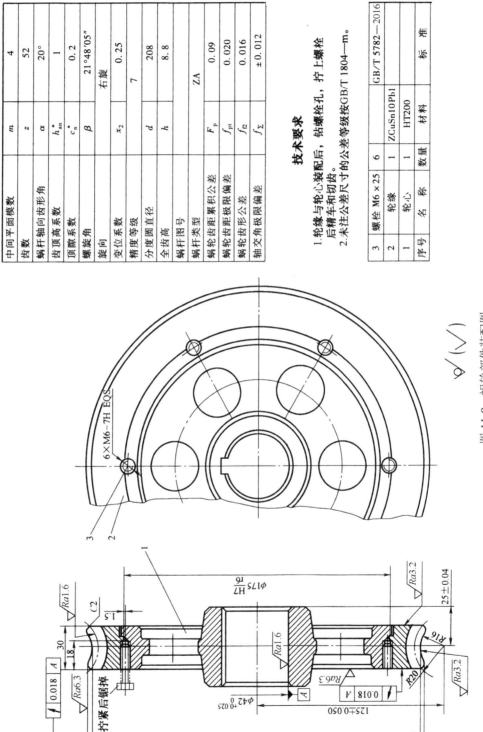

图 11-8　蜗轮部件装配图

5. 轴

轴的工作图如图 11-9 所示。

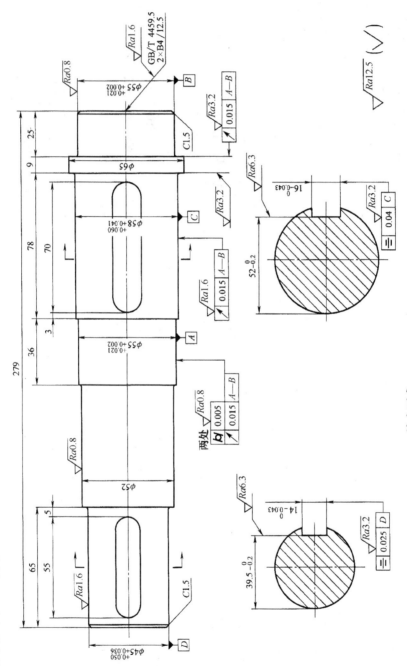

技术要求

1. 调质处理220～250HBW。
2. 未注圆角R1。
3. 未注公差尺寸的公差等级按GB/T 1804—m。

图 11-9　轴的工作图

6. 箱盖

箱盖的工作图如图 11-10 所示。

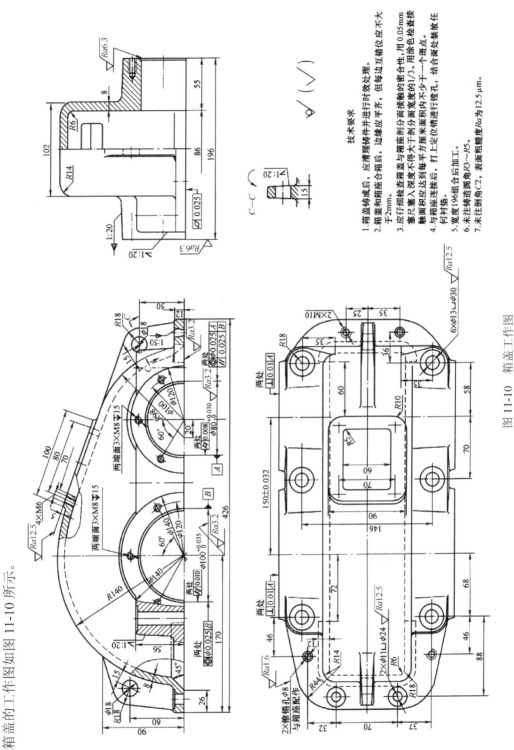

技术要求

1. 箱盖铸成后，应清理掉铸件并进行时效处理。
2. 箱盖和箱座应合箱后，边缘应平齐，但每边互错位应不大于2mm。
3. 应行细检查箱座与箱盖剖分面接触的密合性，用0.05mm塞尺塞入深度不得大于剖分面宽度的1/3。用涂色检查接触面积应达到每平方厘米面积内不少于一个斑点。
4. 与箱座连接后，打上定位销孔，进行镗孔。
5. 宽度196组合后加工。
6. 未注铸造圆角R3～R5。
7. 未注倒角C2，表面粗糙度Ra为12.5μm。

图 11-10 箱盖工作图

减速器
箱盖

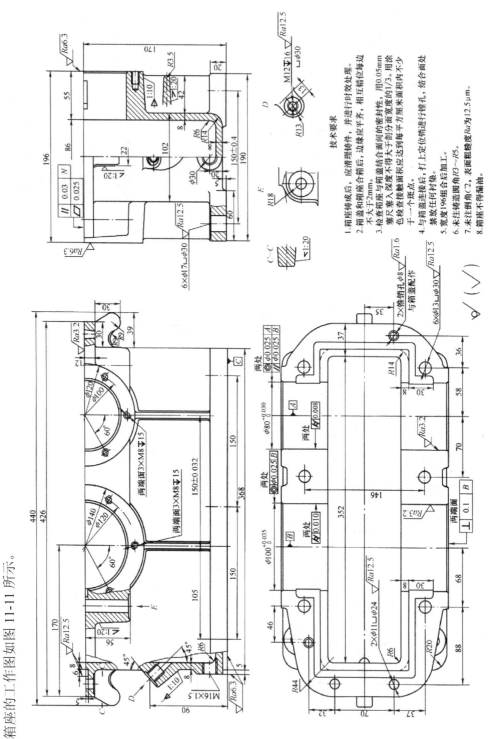

图 11-11　箱座的工作图

技术要求

1.箱座铸成后,应清理转件,并进行时效处理。
2.箱盖和箱座结合箱后,边缘应平齐,相互错位每边不大于2mm。
3.检查箱座与箱盖接触面的密封性,用0.05mm塞尺塞入深度不得大于剖分面宽度的1/3。用涂色检查接触面面积到每平方厘米面积内不少于一个班点。
4.与箱盖连接后,打上定位销进行镗孔,结合面处案放任何衬垫。
5.箱盖连接后,打上定位销进行镗孔。
6.未注铸造圆角R3~R5。
7.宽度196组合后加工,表面粗糙度Ra为12.5μm。
8.箱座不得漏油。

7. 箱座

箱座的工作图如图 11-11 所示。

第 12 章　计算机辅助机械设计

12.1　计算机辅助课程设计概述

12.1.1　计算机辅助课程设计内容

计算机辅助设计（Computer Aided Design，CAD）是设计过程中应用计算机进行计算和信息处理。它主要包括计算和绘图两个功能。CAD 系统支撑机械设计的全过程，即在产品规划阶段，调查了解市场需求，建立定量分析模型；在方案设计阶段，进行产品功能分析评价，开展总体设计；在技术设计阶段，通过对产品结构模型的静态性能分析和动态性能分析，确定零部件的设计参数。最终完成产品的详细设计和技术设计。因此，CAD 设计应包括二维工程绘图、三维几何造型、有限元分析等多方面的技术。

CAD 可以大幅度提高设计速度和设计质量，是现代机械设计的先进技术和手段。在机械设计课程设计过程中，提倡计算机辅助设计方法的应用可以让学生尽快掌握机械 CAD 的一般方法，同时可以提高课程设计的整体质量，达到人才培养要求。

12.1.2　计算机辅助设计软件

计算机辅助设计系统的软件是计算机辅助设计技术的关键，软件的水平决定了设计系统效率的高低以及使用的方便程度，所以应十分重视软件的开发和应用。

常用的计算机辅助机械设计软件有 Pro/E、NX、CAXA、AutoCAD、SolidWorks、ANSYS 等。

（1）Pro/E 软件是一个由机械设计至生产的自动化软件，不仅是功能完备的产品造型系统，还是一个参数化、基于特征的实体造型系统。

（2）NX 软件是集 CAD/CAM/CAE 功能于一体的软件集成系统。它功能强大，可以轻松实现各种复杂实体及造型的建构，主要基于工作站运行。

（3）CAXA 软件包括 CAD/CAM/CAPP/BOM 等设计制造软件和 PLM/PDM/MES 等管理软件。它能为制造企业提供从产品订单、制造、交货直至产品维护的信息化解决方案。

（4）AutoCAD 是一个可视化的绘图软件，许多命令和操作可以通过菜单选项与工具按钮等多种方式来实现。它不仅在二维绘图处理方面很成熟，而且三维造型功能也很完善，可以方便地进行建模和渲染。

（5）SolidWorks 软件功能强大、易学易用，是企业三维 CAD 解决方案之一，能提高产品的设计质量和设计效率。

(6)ANSYS 软件是集结构、流体、电场分析于一体的通用有限元分析软件。它能与 Pro/E、AutoCAD 等多种机械设计软件相结合实现数据的共享和交换。

12.1.3　计算机辅助课程设计注意事项

在机械设计课程设计中，学生可采用手工计算和手工画图的方法进行设计。如果条件许可，鼓励学生采用计算机进行辅助设计计算，用计算机进行绘图。在使用计算机辅助课程设计时，要注意以下事项。

(1)选择合适的机械设计软件。每一种机械 CAD 软件都有特定的功能和应用环境，既有前面介绍的 AutoCAD、NX、CAXA 等通用软件，也有专门为机械设计课程设计教学环节开发的软件。因此，应在了解软件功能和需要解决的问题基础上，选择合适的机械设计软件。

(2)应遵循机械设计的一般原则。面对较小的计算机屏幕，容易将注意力集中在零件的局部结构上，从而忽视对机械系统的整体要求和对结构功能的分析。建议学生在手工绘出装配草图后，对机械系统整体功能、零部件组成有一定了解时，再应用 CAD 软件进行设计。同时设计时应该遵循先整体后局部、先内后外、先主后次、先合理布局后结构细节等设计原则。

(3)充分发挥机械设计软件的功能。机械设计软件不仅可以绘制二维工程图，还可以进行产品的三维参数化设计，进而检查零件间的干涉情况，分析复杂零件的应力应变情况，从而及时发现问题，修改结构参数，完善设计方案，以便更快、更好地完成机械设计。

(4)遵循 CAD 绘图规范，有效管理图形文件。在使用 CAD 软件绘图时，要符合国家工程制图等方面的标准规范。教师应对图层、颜色、线型、线宽等参数设置进行必要的约定，并要求学生遵守，最后对设计的图形文件进行有效的管理。

12.2　基于 NX 的机械设计

12.2.1　机械零件的三维设计

下面以 NX 软件为例，介绍课程设计对象减速器的三维零件设计及装配过程。

1. 低速轴(轴类零件)的三维设计

启动 NX1926，选择菜单栏中【文件】/【新建】命令，选择"模型"按钮，单击"确定"按钮，进入创建零件三维模型界面。

(1)选择【草图】命令，进入草图绘制；绘制如图 12-1 所示的草图；通过轴中心线的下半截面，构成封闭图形，选取轴的中心线作为旋转中心线，绘制完成后，单击"完成"按钮，退出草图。

选择菜单【插入】/【设计特征】/【旋转】命令，选择画好的曲线，指定矢量为 Y 轴方向，指定点为旋转轴上任意一点，在开始"角度"输入框中输入 0°，结束"角度"输入框中输入 360°，如图 12-2 所示，单击"确定"按钮，完成轴的旋转实体建模。

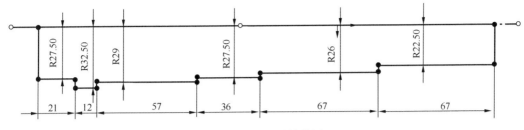

图 12-1　轴的结构草图

（2）通过选择菜单【插入】/【基准】/【基准平面】命令，弹出【基准平面】属性管理器，选择【按某一距离】，在"距离"输入框中输入 23mm，如图 12-3 所示，单击"确定"按钮，完成基准面的创建。

图 12-2　【旋转】属性管理器

图 12-3　【基准平面】属性管理器

进入草图绘制，在前面创建的基准面上，绘制如图 12-4 所示的键槽草图，绘成后单击"完成"按钮，退出草图。选择菜单【插入】/【设计特征】/【拉伸】命令，在结束"距离"中输入 6mm，在"布尔"中选择"减去"，单击"确定"按钮，完成轴中间轴段键槽的建模。

（3）通过选择菜单【插入】/【基准】/【基准平面】命令，弹出【基准平面】属性管理器，选择【按某一距离】，在"距离"输入框中输入 17mm，单击"确定"按钮，完成基准面的创建。

进入草图绘制，在前面创建的基准面上，按照前面方法，绘制轴端键槽草图，选择菜单【插入】/【设计特征】/【拉伸】命令，拉伸 6mm，在"布尔"中选择"减去"，单击"确定"按钮，完成轴端键槽的建模。

（4）选择菜单【插入】/【细节特征】/【倒斜角】命令，在"距离"输入框中输入 2mm，单击"确定"按钮，完成轴的两端倒角。

(5)选择菜单【插入】/【细节特征】/【边倒圆】命令，在"半径"输入框中输入1.5mm，单击"确定"按钮完成轴的圆角。

至此，完成了低速轴的三维实体建模，效果如图12-5所示。

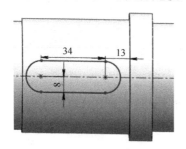
图12-4　轴中间段键槽草图

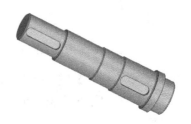
图12-5　低速轴的三维实体模型

2. 斜齿轮（盘类零件）的三维设计

1)调用设计库的齿轮

启动NX，选择菜单【GC工具箱】/【齿轮建模】/【柱齿轮】命令，弹出对话框，选择【创建齿轮】，单击"确定"按钮，弹出对话框，选择菜单【斜齿轮】/【外啮合齿轮】/【滚齿】命令，单击"确定"按钮，在弹出的对话框中输入参数，单击"确定"按钮，指定矢量，指定坐标原点为齿轮中心点，完成齿轮的创建，如图12-6所示。

2)齿轮的结构设计

(1)选择【草图】命令，选择齿轮某一侧面作为绘图平面，绘制如图12-7所示的草图，单击"完成"按钮，退出草图。选择【拉伸】命令，完成中心孔的创建。

选择菜单【插入】/【基准】/【基准平面】命令，弹出【基准平面】属性管理器，在视图区域单击选择齿轮的右侧端面，在"距离"输入框中输入30mm，单击"距离"中的"反向"按钮，再单击"确定"按钮，完成基准面的创建。

(2)选择【草图】命令，进入草图绘制；在所选齿轮的侧面上，画两个同心圆，这两个圆的圆心必须与基准轴重合。修改两圆的直径为210mm和90mm，单击"确定"按钮，退出草图，进行拉伸，完成齿轮腹板的拉伸切除。

(3)选择菜单【插入】/【关联复制】/【镜像特征】命令，弹出【镜像特征】属性管理器。选择拉伸切除特征，"镜像平面"选择创建的基准平面，单击"确定"按钮，完成齿轮另一侧腹板的拉伸切除。

图12-6　齿轮参数

(4)选择菜单【插入】/【细节特征】/【倒斜角】命令，弹出【倒斜角】属性管理器，在视图区域单击选择齿轮侧面的12条边线，在"距离"输入框中输入2mm，单击"确定"按钮。采用同样的操作方法，把轮齿进行倒角，尺寸为C1。

(5)选择菜单【插入】/【细节特征】/【边倒圆】命令，弹出【边倒圆】属性管理器，在视图区域单击选择齿轮侧面的4条边线，在"半径"输入框中输入3mm，单击"确定"按钮。

(6) 单击选中齿轮右侧腹板平面，进入草图绘制；选择曲线的"圆""直线"命令，绘制如图 12-8 所示的草图，然后选择【插入】/【设计特征】/【拉伸】命令，完成腹板孔的拉伸。

图 12-7 齿轮中心孔

图 12-8 腹板孔切除的草图

(7) 选择菜单【插入】/【关联复制】/【阵列特征】命令。弹出【阵列特征(圆周)】属性管理器，选择要阵列的特征，"布局"选择圆形，"指定矢量"为垂直于齿轮侧面的方向，"指定点"为齿轮中心点，"数量"设置为 6，"间隔角"设置为 60°，单击"确定"按钮，完成齿轮腹板上所有孔的拉伸切除。

最终完成的齿轮三维实体模型，如图 12-9 所示。

3. 箱盖(箱体类零件)的三维设计

启动 NX，选择菜单栏中【文件】/【新建】命令，选择"模型"按钮，单击"确定"按钮，进入创建零件三维模型界面。

图 12-9 齿轮的三维实体模型

(1) 箱盖主体的拉伸。进入草图命令，绘制如图 12-10 所示的草图；选择菜单【插入】/【设计特征】/【拉伸】命令，拉伸 102mm，完成箱盖主体的拉伸。

(2) 箱盖剖分面凸缘拉伸。进入草图命令，绘制如图 12-11 所示的草图，完成后退出草图；选择菜单【插入】/【设计特征】/【拉伸】命令，拉伸 196mm，完成箱盖凸缘的拉伸。

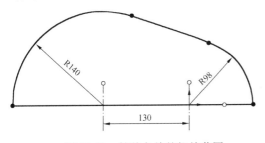

图 12-10 箱盖主体的拉伸草图

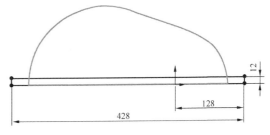

图 12-11 箱盖剖分面凸缘的拉伸草图

(3) 抽壳生成箱盖的壁厚。选择菜单【插入】/【偏置/缩放】/【抽壳】命令，弹出【抽壳】属性框，选择抽壳方式【打开】，在【厚度】下面的"厚度"右边输入框中输入 8mm；在【备选厚度】下面选择凸缘侧面，在"厚度 1"右侧输入 55mm，然后单击"添加新集"依次选择其他三个侧面，在"厚度 2""厚度 3""厚度 4"里面分别输入 55mm、38mm、38mm，完成箱盖的抽壳。

(4)通过【拉伸】"减去"命令，完成凸缘两角的完善。

(5)用【镜像特征】命令选择对称平面"基准平面(3)"、镜像凸缘的两角、轴承座凸台、轴承座槽，用【拔模】命令完成镜像后的轴承座"拔模"。

(6)选择"基准平面(3)"用【筋板】和【拔模】命令构造加强筋；用【拉伸】"减去"命令完成加强筋上的孔构造；用相同的方法构造另一端的加强筋。

(7)用【孔】命令完成连接箱体、箱盖螺栓的沉头孔。用【镜像】命令，完成箱盖上所有的沉头孔。利用上面相似的步骤，构造箱盖端头的两个 M10 六角螺栓的沉头孔。

(8)通过【草图】命令确定 M10 螺纹孔的中心，用【孔】命令完成螺纹孔的构造。

(9)在距离"基准平面(3)"35mm 处建立"基准平面(38)"，通过【旋转】命令在"基准平面(38)"中绘制草图构造销孔。用类似的操作构造另一个销孔，如图 12-12 所示。

(10)通过【草图】命令，确定 M8 螺纹孔在轴承座上的中心，用【孔】命令完成螺纹孔的构造，用【镜像】命令选择对称平面"基准面"，镜像 M8 螺纹孔。

(11)通过【拉伸】和【草图】命令完成窥视孔的构造。

(12)通过【孔】/【线性阵列】/【镜像】命令完成 M6 螺纹孔的构造。

(13)通过【边倒圆】和【倒斜角】命令对箱盖进行"倒角"和"倒圆角"，最后完成的箱盖三维实体模型如图 12-13 所示。

箱盖的实
体模型

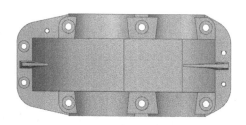

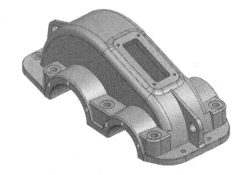

图 12-12　两个销孔　　　　　　　图 12-13　箱盖的三维实体模型

12.2.2　机械产品的三维装配

在机械设计中，大多数的机械产品都不是由单一的零件组成的，而是由许多零件装配而成的，如螺栓、螺母等装配而成的紧固件组合，以及轴、齿轮、轴承构成的轴系部件等。所以对于大型、复杂产品必须通过装配来构建整个模型。

产品装配的一般流程为：建立装配文件、调入基础零件、通过约束装配其他零件、干涉检查。NX 软件常用的装配约束有接触对齐和同心等。

1.　低速轴组件装配

低速轴组件包括轴、齿轮、轴承、定距环、键等零件，装配过程基本涵盖常用装配方法。

启动 NX，选择菜单栏中【文件】/【新建】，弹出【新建】对话框，选择"装配"按钮，然后单击"确定"按钮。

（1）调入低速轴。在弹出的【添加组件】属性管理器中单击"打开"按钮，弹出【打开】对话框，在文件夹中找到"低速轴"零件，然后单击"打开"按钮，在视图区域单击插入低速轴。

（2）装入平键（连接齿轮用）。在弹出的【添加组件】属性管理器中单击"打开"按钮，弹出【打开】对话框，在文件夹中找到"低速轴键"零件，然后单击"打开"按钮，在视图区域的合适位置单击插入低速轴斜齿轮与轴连接的键。可以先通过单击装配体命令管理器中的"移动组件"按钮，再通过平移和旋转来调整键的位置。

在装配体命令管理器中，单击"装配约束"按钮，弹出【装配约束】属性管理器，如图 12-14 所示。在视图区域中，选择低速轴键槽侧面及键的一个侧面（图 12-15），在【装配约束】属性管理器中选择约束类型"接触对齐"，单击"接触对齐"按钮。单击"确定"按钮，从而定义了键与轴上键槽之间的一个重合面。

 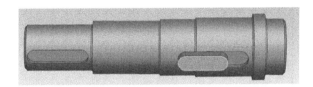

图 12-14　【装配约束】属性管理器　　　　　　图 12-15　轴键槽侧面与键侧面的选择

通过【装配约束】属性管理器，在视图区域中选择低速轴键槽的底面及键的底面（图 12-16），在【装配约束】属性管理器中选择约束类型"接触对齐"，单击"接触对齐"按钮。单击"确定"按钮，从而定义了键与键槽间的另一个重合面。

图 12-16　轴键槽底面与键底面的选择

再次通过【装配约束】属性管理器，在视图区域中选择低速轴键槽的一端半圆柱面及键的一端半圆柱面，在【装配约束】属性管理器中选择约束类型"接触对齐"，单击"接触对齐"按钮。单击"确定"按钮，这时键自动进入轴上键槽对应位置，键与轴装配完毕，如图 12-17 所示。

图 12-17　轴键槽与键装配体

(3)安装齿轮。在装配体命令管理器中，单击"添加组件"按钮 🚛，在弹出的【添加组件】属性管理器中单击"打开"按钮 🖼，弹出【打开】对话框，在文件夹中找到"低速轴斜齿轮"零件，然后单击文件，再单击"确定"按钮，在视图区域单击插入低速轴斜齿轮。

在装配体命令管理器中，单击"装配约束"按钮 🖌，弹出【装配约束】属性管理器，在【装配约束】属性管理器中选择约束类型"接触对齐"，单击"接触对齐"按钮 ᴴᴵᴵ，如图 12-18 所示。在视图区域中，选择低速轴上装键的轴段圆柱面及齿轮孔的圆柱面（图 12-19），单击"确定"按钮，定义了低速轴与齿轮的轴线重合。

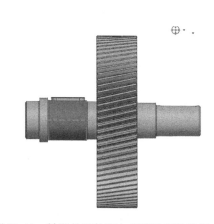

图 12-18　选择"接触对齐"约束类型　　　　　图 12-19　轴段的圆柱面与齿轮孔面的选择

系统弹出【装配约束】属性管理器，在视图区域中，选择齿轮键槽侧面及键的一个侧面，在约束类型中单击"接触对齐"按钮 ᴴᴵᴵ，再单击"确定"按钮。

系统又弹出【装配约束】属性管理器，选择齿轮轮毂的左侧端面及轴环的右侧端面，在约束类型中单击"接触对齐"按钮 ᴴᴵᴵ。单击"确定"按钮，这时齿轮安装到轴上应有的位置，完成齿轮的装配，如图 12-20 所示。

(4)采用上面类似的步骤，装配另一个轴承和键，完成低速轴上相关零件的装配，如图 12-21 所示。

单级低速
轴装配

图 12-20　齿轮装配图　　　　　　　　　　图 12-21　低速轴的装配

2．减速器的装配

减速器的零部件较多，可先把部件装配好，再进行总装。总装时，先调入箱体，再装轴系、箱盖、轴承端盖，最后装紧固件及其他减速器辅件，完成减速器的装配。

(1)调入箱体。启动 NX，选择菜单栏中【文件】/【新建】，弹出【新建】对话框，选择"装配"按钮，然后单击"确定"按钮。

在弹出的【添加组件】属性管理器中单击"打开"按钮 ，弹出【打开】对话框，在文件夹中找到"箱体"零件，然后单击"打开"按钮，在视图区域中单击，即调入减速器箱体。

(2)装配高速轴部件和低速轴部件。在装配体命令管理器中，单击"添加组件"按钮 ，在弹出的【添加组件】属性管理器中单击"打开"按钮 ，弹出【打开】对话框，在文件夹中找到"高速轴装配体"部件，单击"确定"按钮，在视图区域中单击，即调入高速轴装配体。

单击"装配约束"按钮 ，弹出【装配约束】属性管理器，在视图区域中，选择高速轴轴承外圈的圆柱面及箱体轴承孔的圆柱面，在【装配约束】属性管理器中选择约束类型，单击"接触对齐"按钮 。单击"确定"按钮，完成高速轴装配体的装配。

采用同样方法，将低速轴装配体装入箱体，如图 12-22 所示。

(3)装配其他零部件。将箱盖、轴承端盖、窥视孔盖、油标等减速器辅件依次装入，再将螺钉、垫片、螺母等紧固件依次装入。最终完成的减速器三维装配体如图 12-23 所示。

图 12-22　装入高速轴部件和低速轴部件

图 12-23　减速器三维装配体

减速器三维装配体

3．爆炸视图

为便于观察机械产品的内部结构，对完成的三维装配体，可以生成爆炸视图。减速器的爆炸视图生成方法如下。

(1)将减速器的装配体打开，单击"爆炸"按钮 ，在弹出的【爆炸】属性管理器中再单击"新建爆炸"按钮 ，弹出对话框，单击"确定"按钮，完成爆炸视图的创建。单击"编辑爆炸"按钮 ，在弹出的【编辑爆炸】属性管理器中选择"选择对象"，在装配体中单击"通气器 1"零件，再在【编辑爆炸】属性管理器中单击移动对象，单击装配体中零件上显示的箭头可移动零件，如图 12-24 所示；在【爆炸】属性管理器中单击"编辑爆炸"按钮，如图 12-25 所示，然后单击"确定"按钮。

(2)在装配体中单击窥视孔上的"螺钉"和"通气器"，单击装配体中零件上显示的箭头可移动零件；在【爆炸】属性管理器中单击"编辑爆炸"按钮，然后单击"确定"按钮。

（3）重复上面的步骤，把减速器的零部件依次从装配体中分离出来，单击"确定"按钮，完成减速器的爆炸视图。爆炸视图的效果如图 12-26 所示。

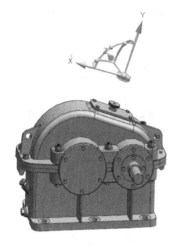

图 12-24　选择零件

图 12-25　【爆炸】属性管理器

减速器的
爆炸过程

图 12-26　减速器的爆炸视图

（4）生成动画视频。在装配界面的装配导航器中将装配好的部件的所有约束去掉，然后在装配界面中单击"序列"按钮，单击"新建"按钮，新建好文件后，单击"插入运动"按钮，系统自动弹出【录制组件运动】属性管理器，如图 12-27 所示。单击"摄像机"按钮，单击【录制组件运动】属性管理器中的"选择对象"按钮，选择"通气器 1"零件，单击【录制组件运动】属性管理器中的"移动对象"按钮，按照步骤（1）中位置拖动，然后

图 12-27　【录制组件运动】属性管理器

在【录制组件运动】属性管理器中单击"确定"按钮。重复上面的步骤，把减速器的零部件依次从装配体中分离出来，单击"确定"按钮，完成减速器的爆炸图视频录制。单击"导出至电影"按钮，单击"确定"按钮，保存动画文件。

12.3　基于 NX 的二维工程图生成

在绘制二维工程图方面，NX 系统提供了强大的功能，用户可以方便地借助三维模型创建所需的各类视图，包括装配图、零件图、剖视图、局部放大图等。下面简要介绍二维工程图的生成方法。

12.3.1　二维装配图的生成

1．新建工程图文件

启动 NX，打开需要绘制工程图的装配体，在最上方的选项条中单击"应用模块"按钮，在弹出的应用模块选项卡中单击"制图"按钮，如图 12-28 所示。

图 12-28　应用模块选项卡

2．设置图纸属性

单击"新建图纸"按钮，系统弹出【工作表】属性管理器，在【工作表】属性管理器中选择【标准尺寸】，弹出图纸属性对话框，如图 12-29 所示，单击·按钮，在对话框中设定【比例】为 1∶2，选择【标准图纸大小】单选项，在列表框中单击选择"A1"，最后单击"确定"按钮。

3．插入标准三视图

单击工具栏中的"基本视图"按钮，弹出【基本三视图】属性管理器。通过拖动鼠标在图纸合适位置添加需要的"装配体"的三视图。

4．在主视图中添加局部剖视图

在主视图的螺栓连接处添加局部剖视图。鼠标右键单击主视图所在图框，单击"活动视图草图"按钮，再在要剖切的位置绘制一条封闭的样条曲线，如图 12-30 所示，单击"确定"按钮。在【菜单】/【插入】/【视图】中单击"局部剖"按钮，弹出【局部剖】属性管理器，单击"选择视图"按钮，选择主视图。然后单击"指出基点"按钮，选择螺栓中心，单击"指出拉伸矢量"按钮，选择合适的方向，最后单击"选择曲线"按钮，选择刚刚画好的封闭的样条曲线，单击"确定"按钮。单击【菜单】/

图 12-29　图纸属性设置

【GC工具箱】/【视图】中的"编辑剖面边界"按钮▣，选择不需要剖切的螺母、垫圈、螺栓零件，单击"确定"按钮，剖切结果如图 12-31 所示。

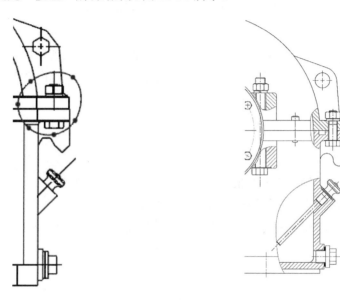

图 12-30 局部剖面样条曲线　　　　　　　　　图 12-31 剖切结果

5. 在俯视图中添加局部剖视图

按照上面步骤对俯视图添加局部剖视图，剖切结果如图 12-32 所示。

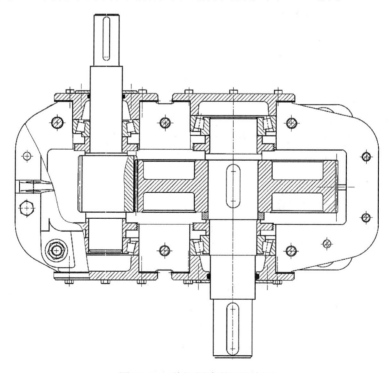

图 12-32 俯视图中的局部剖视

6．在视图中添加尺寸标注

1)给各个视图添加中心线及中心符号线

选择【菜单】/【插入】/【中心线】中的"中心标记"按钮⊕，弹出【中心标记】属性管理器，勾选【创建多个中心标记】，如图 12-33 所示。然后移动鼠标单击选择要插入中心线的视图，系统会自动插入中心线；对于不必要显示的中心线，可以单击选择这些中心线，按【Delete】键删除。

选择【菜单】/【插入】/【中心线】中的"螺栓圆"按钮，弹出【螺栓圆中心线】  属性管理器，如图 12-34 所示；移动鼠标到视图中，单击选择要插入中心符号线的螺栓，最后单击"确定"按钮，结束添加。

图 12-33　【中心标记】属性管理器　　　　图 12-34　【螺栓圆中心线】属性管理器

2)在工程图上标注尺寸

(1)标注基本尺寸。选择【菜单】/【插入】/【尺寸】中的"快速尺寸"按钮，或者单击【尺寸】工具栏中的"快速尺寸"按钮，手动为减速器装配图标注必要的基本尺寸、特性尺寸，如总长、宽、高、中心距等。

(2)标注尺寸偏差。中心距的基本尺寸为 150，需要加注尺寸偏差，双击选择该尺寸标注，则弹出【线性尺寸】属性管理器，同时弹出一个修改尺寸参数的对话框，单击对话框中的"公差类型"下拉框，单击选择"等双向公差"ᵗˣ，在对话框右边的输入框中输入 0.027mm，则尺寸标注显示为图 12-35 所示的带尺寸偏差。

图 12-35　带尺寸偏差的标注

(3)标注配合公差。轴与齿轮的配合公差标注。双击尺寸标注,同时弹出【线性尺寸】属性管理器和修改尺寸参数对话框,单击【线性尺寸】属性管理器下面的"设置"按钮，系统自动弹出【线性尺寸设置】属性管理器,单击左侧菜单中的公差选项,单击"限制与配合"下拉菜单按钮▶　限制和配合 ,选择类型"拟合",孔的"偏差"选择"H","等级"选择"7",轴的"偏差"选择"m","等级"选择"6","格式"选择"仅拟合","显示"选择"单行",单击"关闭"按钮,则尺寸标注结果如图 12-36 所示。

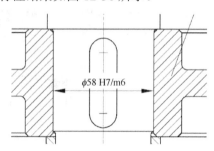

图 12-36　轴与齿轮的配合公差

7. 给工程图添加注释

工程图上的技术要求等文字,是通过添加注释来实现的。单击【注释】工具栏中的"注释"按钮,或者选择【菜单】/【插入】/【注释】△菜单命令,弹出【注释】属性管理器,可以单击【关闭】上方下拉按钮 ▼ ,对输入的文本进行各种属性设置。移动光标,在绘图区空白处单击出现文字输入框,在文字输入框中输入文字。当需要修改注释文字的字体、字高等格式时,也可以双击选中要修改的文字,此时文字呈反色显示,再移动光标到【注释】属性管理器中,就可以做相应的修改。

8. 技术特性表格的生成

选择菜单【菜单】/【插入】/【表】/【表格注释】圖命令,弹出【表格注释】属性管理器,在【表大小】栏中设置列数为3,行数为2,单击"关闭"按钮;移动光标到图纸合适位置,单击插入表格;再双击表格中的单元格,就可以输入文字。

9. 插入零件明细表和修改材料明细表

(1)插入零件明细表。选择菜单【插入】/【表】/【零件明细表】圖命令,进入【零件明细表】设置对话框,设置如图 12-37 所示。选择右下锚点,锚点是零件明细表拖动时的具体点。在【零件明细表】设置对话框中单击"原点"按钮图,零件明细表原点的作用是:在工程图中确定"零件明细表"的位置,如图 12-38 所示的断点,单击"确定"按钮。

(2)修改材料明细表。添加的材料明细表,其中的列数、列宽、行高等参数,不一定符合国家标准规定,需要人为对其进行修改,使其符合有关规定。在零件明细表中,可以通过拖动方式添加列或行,并通过编辑单元格和列属性来添加项目。这些操作可通过在零件明细表中任意位置单击,在弹出的快捷菜单中选择相应的命令进行操作,将零件明细表设置为符合国家标准规定的明细表。

10. 标注零件

在装配图中,零件序号表示与材料明细表相对应的零部件。在装配图中插入零件明细表,系统自动生成零件的各种属性,可以使用手动添加属性。

图 12-37　【零件明细表】设置对话框　　　　　　图 12-38　零件明细表定位原点

12.3.2　二维零件图的生成

二维零件图的生成步骤与二维装配图基本相同，不同点主要在于尺寸标注、粗糙度、基准以及形位公差的标注，下面简要介绍二维零件图的生成方法。

1.　新建工程图文件

启动 NX，选择菜单栏中【文件】/【新建】，弹出【新建】对话框，单击"图纸"按钮选择 A3 图纸，然后单击"确定"按钮。

2.　图纸设置

单击"编辑"按钮，弹出【工作表】对话框，在对话框中设定【比例】为 1：1。选择【标准尺寸】选项，在列表框中单击选择 A3(GB)。最后单击"确定"按钮。

3.　插入视图

单击【工程图】工具栏中的"基本视图"按钮，系统自动弹出文件目录，选择"低速轴"，单击"打开"按钮，弹出【模型视图】属性管理器，单击"定向视图工具"按钮，选择合适的视图方向，将视图放置在合适的位置上。

4.插入移出剖面图

单击【工程图】工具栏中的"剖视图"按钮，弹出【剖视图】属性管理器，选择两条边线，如图 12-39 所示，单击两条边线插入移出剖面图，如图 12-40 所示。

5.　尺寸标注

(1)标注基本尺寸。选择菜单【插入】/【尺寸】/【快速】，或者单击【尺寸】工具栏中的"智能尺寸"按钮，手动为零件图标注必要的基本尺寸等。

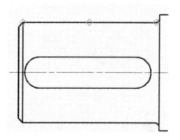

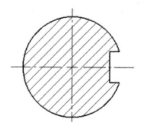

图 12-39　选中的两条边线　　　　图 12-40　剖面图

(2)标注倒角。单击【尺寸】工具栏中的"倒斜角"按钮，弹出【倒斜角尺寸】属性管理器。选择倒角的两条边线(注意先后顺序)弹出标记结果。

(3)标注表面粗糙度。单击【注释】工具栏中的"表面粗糙度符号"按钮，弹出表面粗糙度属性管理器。选择图示格式，在需要的位置标注。

(4)标注基准。单击【注释】工具栏中的"基准特征符号"按钮，弹出【基准特征】属性管理器。选择图示格式，在图中标注，如图 12-41 所示。

(5)标注形位公差。单击【注释】工具栏中的"特征控制框"按钮，弹出【特征控制框】属性管理器。选择图示格式，在图中标注。单击属性管理器中第一基准参考中文本下方的"复合基准参考"按钮复合基准参考，弹出【复合基准参考】属性管理器，单击"添加新集"按钮，选择基准 B。选择图示格式，在图中标注，如图 12-42 所示。

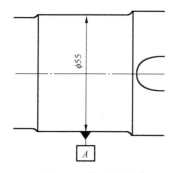
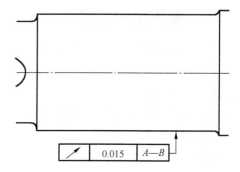

图 12-41　标注的基准　　　　图 12-42　形位公差的标注

(6)编辑标题栏。选择菜单【菜单】/【插入】/【表】/【表格注释】命令，弹出【表格注释】属性管理器，单击视图中合适位置，进入编辑状态，即可编辑标题栏的信息，编辑结果如图 12-43 所示。

图 12-43　标题栏

12.3.3　NX 工程图转换为 AutoCAD 格式

如果把 NX 自动生成的工程图，直接"另存为"AutoCAD 的 dwg 格式，再用 AutoCAD 打开，有的文字会出现乱码。NX 的工程图是与三维实体关联在一起的，在工程图中对零件所做的修改都会自动改变该零件的三维模型的结构，反之亦然。所以，为了使 NX 自动生成的二维工程图符合国家制图标准，需要把 NX 自动生成的二维工程图转换为 AutoCAD 的 dwg 格式或者 dxf 格式。

(1) 打开工程图，单击【文件】/【导出】中的 AutoCAD DXF/DWG，自动弹出【导出 AutoCAD DXF/DWG 文件】对话框，如图 12-44 所示，选择需要保存到的位置。

图 12-44　【导出 AutoCAD DXF/DWG 文件】对话框

(2) 单击左侧对话框中的【选项】，选择导出文件的版本格式，可以选择经典版本 AutoCAD2004。样条导出为选择"样条"。其他选项都可以使用默认，单击"完成"按钮，等待导出即可。

(3) 在 AutoCAD 软件中打开转换完成的 CAD 文件，可能会有少部分符号不太美观，但可以在 AutoCAD 中自行修改。

12.4　主要零件的有限元分析

本节利用 NX 软件对减速器的主要零件进行有限元分析，其目的是验证其强度的可靠性、找出薄弱环节。本节就以一级减速器的机座为例，介绍其在 NX 中线性静态应力的分析过程。

1．建立机座的几何模型

在进行有限元分析时，要先建立分析对象的几何模型；由于前面章节已经建立了机座的几何模型，这里只需要在 NX 软件中打开该模型。

2．进入有限元分析模块

在 NX 软件中打开机座的三维模型，在最上方的选项条中单击"应用模块"按钮，在弹出的应用模块选项卡中单击"前/后处理"按钮 ，如图 12-45 所示。

图 12-45　应用模块中的"仿真"模块

选择菜单【文件】/【实用工具】/【新建 FEM】命令，弹出【新建部件文件】属性管理器，单击"确定"按钮，系统自动弹出【新建 FEM】属性管理器，如图 12-46 所示选择默认属性，单击"确定"按钮，完成文件的创建。

3．进入理想化环境

在界面左侧有仿真导航器，如图 12-47 所示，鼠标右键单击"26-机座_fem1_i.prt"，选择【设为显示部件】命令，然后选择菜单【插入】/【关联复制】/【提升】命令；或者从最上面的快速访问工具条的【开始】栏中单击"提升"按钮 ，系统弹出【提升体】属性管理器，选择体，单击"确定"按钮。

图 12-46　【新建 FEM】属性管理器

图 12-47　仿真导航器

4．进入有限元环境

在界面左侧的仿真导航器中用鼠标右键单击"26-机座_fem1_i.prt"选择【显示 FEM】命令，单击"26-机座_fem1.fem"，自动弹出一个对话框，将其关闭。

5．对模型进行指派材料

选择菜单【工具】/【材料】/【指派材料】命令按钮📇，系统自动弹出【指派材料】属性管理器，在材料库中选择"Iron_Cast_G25"材料。如果需要其他材料，可以在【指派材料】属性管理器中创建新的材料，手动输入材料的各个属性。

选择菜单【插入】/【物理属性】命令📇，系统弹出【物理属性表】管理器，单击"创建"按钮，弹出【PSOLID】对话框，将材料选项中改成"Iron_Cast_G25"，然后关闭。

选择菜单【插入】/【网格收集器】命令，也可以单击最上面的快速访问工具条中"网格收集器"按钮📇，系统弹出【网格收集器】属性管理器，将【实体属性】选择为刚刚建立的物理属性"PSOLID1"。

6．对模型进行网格划分

选择菜单【插入】/【网格】/【3D 四面体网格】命令，也可以单击最上面的快速访问工具条中的"3D 四面体"按钮📇，自动弹出【3D 四面体网格】属性管理器，选择体模型，单元大小可以单击"自动单元大小"按钮⚡，适当改动合适的大小，单击"确定"按钮，生成网格，划分网格结果如图 12-48 所示。

7．对模型施加约束和载荷

(1)进入仿真界面，选择菜单【文件】/【实用工具】/【新建仿真】命令，弹出【新建部件文件】对话框，选择存储位置，单击"确认"按钮。系统自动弹出【新建仿真】对话框，选择默认属性，单击"确认"按钮，接下来弹出【解算方案】对话框，解算类型选择"SOL 101 线性静态-全局约束"，其他选择默认，单击"创建解算方案"按钮。

(2)对模型进行施加约束，在主页选项卡【载荷和条件】组中单击"约束类型"按钮📇，选择其中的"固定约束"，此时选定固定机座下表面和用地脚螺栓连接处，设定这些面为固定平面，限制其转动和移动，如图 12-49 所示。

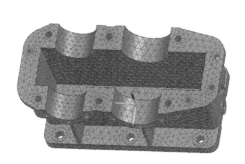 

图 12-48　生成网格　　　　　　　　　图 12-49　施加固定约束

(3)对模型进行施加载荷，在主页选项卡【载荷和条件】组中单击"载荷类型"按钮📇，选择其中的"轴承"，以施加轴向载荷，弹出【轴承】属性管理器，如图 12-50 所示，选择对象为模型中一组圆柱面或壳体圆形边线，将载荷施加在真正受力的面上，指定矢量选择 Z 轴向下，力选择合适的大小，这个模型根据设计数据选择 9000N，结果如图 12-51 所示。

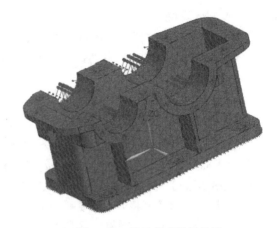

图 12-50　【轴承】属性管理器　　　　　　图 12-51　轴承载荷设置结果

8．求解

选择菜单【分析】/【求解】命令按钮🔲，弹出【求解】对话框，单击"确定"按钮，等待一段时间，待求解完毕后关掉弹出的【信息】对话框和【分析作业监视】对话框。

分析结束后，可以在【仿真导航器】界面中找到结果，单击结果前面的加号 ᐩ，然后双击结果下方的"Structural"，自动出现【后处理导航器】界面，如图 12-52 所示。

若想结果图中去掉网格划分线，可以用鼠标右键单击【后处理导航器】中"Post View1"，弹出【后处理视图】属性管理器，如图 12-53 所示，单击最上方【显示】，在【边和面】中将边后面的空白框中选择"特征"，单击"确定"按钮，可以去除网格线，使图更加清晰。

图 12-52　【后处理导航器】界面

图 12-53　【后处理视图】属性管理器

9. 结果后处理

分析结束后，可以在【后处理导航器】中的 "Structural" 下双击需要查看的云图结果。双击 "应力-单元" 可查看应力云图，如图 12-54 所示；双击 "位移-节点" 可查看位移云图，如图 12-55 所示；双击 "应力-单元-节点" 可查看应变云图，如图 12-56 所示。

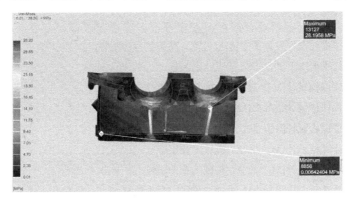

图 12-54　应力云图

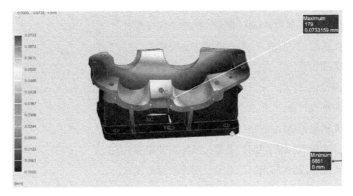

图 12-55　位移云图

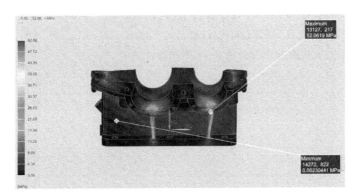

图 12-56　应变云图

至此，用 NX 软件实现了减速器从零件的三维建模、装配体的建立、爆炸视图的生成、二维工程图的生成，到主要零件的有限元分析等完整的产品设计过程。

参 考 文 献

陈铁鸣, 2020. 新编机械设计课程设计图册[M]. 北京: 高等教育出版社.

成大先, 2016. 机械设计手册[M]. 北京: 化学工业出版社.

冯立艳, 2019. 机械设计课程设计[M]. 北京: 机械工业出版社.

龚溎义, 2006. 机械设计课程设计指导书[M]. 北京: 高等教育出版社.

郭聚东, 2015. 机械设计课程设计[M]. 武汉: 华中科技大学出版社.

寇尊权, 2011. 机械设计课程设计[M]. 北京: 机械工业出版社.

李建功, 2016. 机械设计课程设计[M]. 北京: 机械工业出版社.

林秀君, 2019. 机械设计基础课程设计[M]. 北京: 清华大学出版社.

孟琳琴, 2009. 机械设计基础课程设计[M]. 北京: 北京理工大学出版社.

濮良贵, 2013. 机械设计[M]. 北京: 高等教育出版社.

任秀华, 2015. 机械设计基础课程设计[M]. 北京: 机械工业出版社.

王大康, 2021. 机械设计课程设计[M]. 北京: 机械工业出版社.

王洪, 2010. 机械设计课程设计[M]. 北京: 北京交通大学出版社.

王慧, 2016. 机械设计课程设计[M]. 北京: 北京大学出版社.

王军, 2018. 机械设计课程设计[M]. 北京: 机械工业出版社.

王旭, 2019. 机械设计课程设计[M]. 北京: 机械工业出版社.

王之栎, 2016. 机械设计综合课程设计[M]. 北京: 机械工业出版社.

吴宗泽, 2012. 机械设计课程设计手册[M]. 北京: 高等教育出版社.

徐起贺, 2018. 机械设计课程设计[M]. 北京: 机械工业出版社.

于惠力, 2013. 机械设计课程设计[M]. 北京: 科学出版社.

周海, 2011. 机械设计课程设计[M]. 西安: 西安电子科技大学出版社.

朱龙英, 2012. 机械设计[M]. 北京: 高等教育出版社.

朱永梅, 2020. 机械设计综合训练[M]. 4 版. 北京: 科学出版社.